IMPRESSUM

Text: Werner Koch

Technische Beratung für Kapitel 10, elektronische Fahrwerke:
Rob Jacobs/Tractive, Emrich Pasching/WP-Suspension,
Burkhard Bender/ZF, Burkhard Stember/Wilbers

Technische Korrektur: Andy Vogt/GL Suspension, Klaus Wassermann/UNO

Fotos: Werner Koch, Dave Schal, Markus Jahn

Pressefotos:
BMW, Bridgestone, Ducati, Dunlop, Honda, Kawasaki, KISKA, KTM, Michelin, Öhlins, Pierobon, Triumph, Touratech, Tractive, WP-Suspension, Wilbers, ZF, Felix Wiessmann

Diagramme und Skizzen: Motochassis by Tony Foale, 2D Datarecording
Aufzeichnungen: 2D-Datarecording
Zeichnungen: Wolfgang Müller, Christoph Waldner, Wilbers

ISBN 978-3-613-04374-9

2. Auflage 2022

Sie finden uns im Internet unter WWW.MOTORBUCH-VERLAG.DE

Druck und Bindung: PBtisk a.s. Pribram
Einbandgestaltung: Frank Zähringer
Innengestaltung: Markus Köllmann, tebitron gmbh
Printed in Czech Republic

DANK

Vielen Dank an dieser Stelle für die langjährige und engagierte Zusammenarbeit, die ihren Teil zu diesem Buch beigetragen hat.

Andy Vogt / GL-Suspension
Arne Tode / Testfahrer
Benny Wilbers / Wilbers Fahrwerke
Dirk Debus / 2D Datarecording
Emil Schwarz / Motorrad Präzisionsteile
Franz-Josef Schermer / Verleger
Gerd Krüger / Krüger Technik
Gerhard Lindner / BMW
Gerry Wagner / MOTORRAD
Hans Helms / VH Motorradtechnik
Helmut Dähne / Metzeler
Hennes Fischer / Yamaha
Herbert Speer / Speer Racing
Hubert Hofmann / HH race-tech
Karsten Jerschke / Horex Landsberg
Karsten Schwers / MOTORRAD
Klaus Vosteen / VH Motorradtechnik
Klaus Wassermann / UNO Motorräder
Kurt Stückle / Stückle Tuning
Manfred Schickbauer / KTM
Nico Bakker / Bakker Fahrwerke
Peter Öttl / KTM
Philipp Habsburg / KTM
Reinhard Sucher / Michelin
Robert Rieder / UNO und HOREX VR6
Reinhard Berrier / Dunlop
Ronald Hoenselaar / Tractive
Salvo Pennisi / Pirelli
Tim Röthig / Bridgestone
Thomas Ekhardt / MTE-Testfahrer
Waldemar Schwarz / MOTORRAD
Wolfgang Felber / KTM

Mein Dank gilt auch meinem leider viel zu früh verstorbenen Freund und Rennfahrerkollegen Wolfgang Müller, der mit seinen Skizzen und Zeichnungen die technischen Details und Informationen technisch perfekt aufs Papier brachte.

Der geniale KTM-Ingenieur und MotoGP-Techniker Wolfgang Felber setzte zusammen mit seinem Team bei der RC8 R einen Meilenstein. Durchdacht bis zur letzten Schraube, mit komplett einstellbarer Ergonomie und einem nur rund 8 Kilogramm leichten Stahlrohr- Brückenrahmen, gilt das V2-Superbike bis heute als Fahrmaschine erster Güte.

brembo

KAPITEL 1

KAPITEL 2

KAPITEL 3

KAPITEL 4

KAPITEL 5

KAPITEL 6

KAPITEL 7

KAPITEL 8

KAPITEL 9

KAPITEL 10

KAPITEL 11

KAPITEL 12

Inhaltsverzeichnis

KAPITEL 1

Vorwort

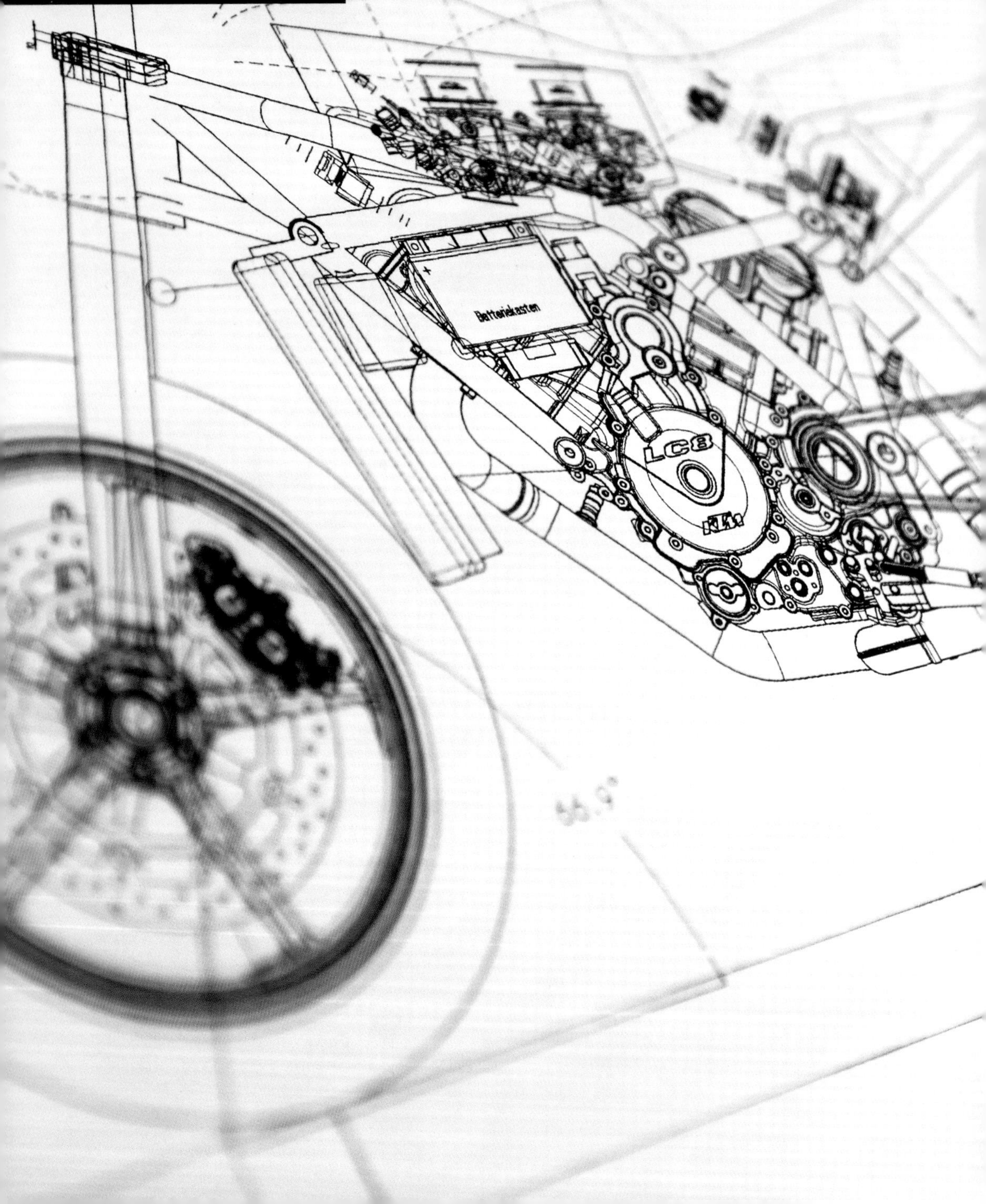

Der Autor (links) mit Sam Wassermann und Robert Rieder von UNO und dem KTM RC8 Prototyp von 2001. Das Rahmenlayout wird in ähnlicher Form auch in der KTM Superduke 1290 R ab 2020 verbaut.

Auch wenn man das Gefühl hat, dass sich das Leben nur noch digital und auf großen Displays abspielt, bleibt dem technikbegeisterten Motorrad-Fan eine kleine analoge Insel aus Werkbank, Öldosen und dem Geruch nach Benzin und Metall. Mittendrin: das Motorrad. Eine höchst mechanische Skulptur, die dem Trend nach autonom und anonym fahrenden Fortbewegungsmitteln trotzt.

Für diese leidenschaftlichen Maschinisten und Schrauber haben wir dieses Buch geschrieben. Ein Buch, das in seiner Grundlage bereits 1988 zum ersten Mal in Kooperation mit meinem Freund und Fahrwerks-Guru Benny Wilbers erschienen ist. 2001 entstand mit »Neue Fahrwerkstechnik im Detail« die zweite Auflage und jetzt, zwanzig Jahre später, die aktualisierte Version. Aus hunderttausenden von Test- und Entwicklungs-Kilometern wurden die Tipps und Tricks gebündelt und detailliert in dieses Buch eingebracht.

Im Unterschied zu 1988 hat die Motorrad Szene das Thema Fahrwerk heute klar im Fokus. Denn Leistung ist, wenn man möchte, im Überfluss vorhanden. Was oftmals fehlt, ist das perfekte Fahrwerk, das beim zackigen Kurvenwetzen dem schwerelosen Vergnügen die Krone aufsetzt.

Egal ob Einsteiger, Tourenfahrer oder Rennstrecken-Heizer, ein Motorradfahrwerk sollte niemals gegen den Fahrer arbeiten. Ein gutes Fahrwerk muss den jeweiligen individuellen Fahrstil unterstützen, die Lenkimpulse eins-zu-eins umsetzen, sich exakt auf der gedachten Linie einfädeln und messerscharf der Blickführung folgen. Motorräder, die sich eigensinnig sträuben, dem Plan des Fahrers zu folgen als »charakterstark« oder »eigenständig« zu betiteln, ist meist dem Mythos geschuldet - und nüchtern betrachtet völliger Quatsch. Unser Motto für dieses Buch: »Ein richtig gutes Chassis muss nicht bezwungen werden, sondern setzt die Gedanken seines Fahrers wie von Zauberhand um.«

1968: Zündapp Supercombinette, ohne Rücksicht massiv gewichtsreduziert, gebaut für den den großen Preis der Halbstarken.

2018: Mit Datarecording, viel Erfahrung und einer großen Portion Leidenschaft bei Test- und Entwicklungsfahrten.

25 Jahre aktiver Rennsport: Mit der UNO-Rotax in Speyer vorne mit dabei. Motorrad Rennen auf Eigenbau-Chassis ist das denkbar beste Umfeld, um sich mit Fahrwerk und Fahrdynamik zu beschäftigen.

Wer es erlebt hat, wie sich aus einem »Geht-gerade-so« Fahrwerk mit Know-how und Fingerspitzengefühl eine Kurvensuchmaschine erster Güte entwickelt, weiß, warum wir dieses Buch geschrieben haben. Und es so geschrieben haben, dass man dafür kein abgeschlossenes Ingenieurstudium benötigt. Was sicher auch daran liegt, dass das Team und der Autor, wie man so schön sagt, »auf der Gass'« aufgewachsen sind. Im Fahrerlager, auf der Rennstrecke oder der Cross-Piste, bei Renntrainings und Fahrwerks-Workshops, als Instruktoren. Das ich »ganz nebenbei« 30 Jahre lang für MO, MOTORRAD und PS die besten Rennmaschinen und Moto GP-Werksmaschinen fahren und analysieren durfte, war mir eine ganz große Ehre und unersetzliche Erfahrung.

Das theoretische Wissen und der praktische Umgang mit Fahrwerken aller Art habe ich auch den vielen Freunden, Kollegen und Spezialisten zu verdanken, mit denen ich tausende von Testkilometern abgespult habe. Im engagierten Austausch und mit dem Ziel, das Beste aus den Motorrad-Fahrwerken herauszuholen, haben wir viel gelernt und umgesetzt.

Bei Industrie-Aufträgen wie der KTM RC8, der Horex VR6 und vielen erfolgreichen Rennmaschinen und Prototypen, die in der hauseigenen Werkstatt auf die Räder gestellt wurden, konnte ich mich auf die weltweit geschätzten Techniker und Spezialisten verlassen. Diese aufzuzählen, sprengt den Rahmen dieses Editorials und wurde deshalb auf Seite eins dieses Buches vorgezogen.

Learning by doing: Wenn aus dem KTM RC8 Prototyp-Chassis ein 78 PS starker Einzylinder wird, gibt es viel zu schweißen, biegen, drehen und fräsen. Schön, wenn's am Ende auch so fährt wie gedacht.

Diese Erfahrung soll unserem Leser helfen, sein Motorradfahrwerk so perfekt als möglich auf seine individuelle Fahrweise und Ansprüche anzupassen. Eine 08/15 Anleitung mit starren Einstellwerten wird man hier nicht finden. Weil jede Abstimmung immer ein Kompromiss sein wird.

Diesen Kompromiss individuell so auszutüfteln, dass das Fahrwerk den Fahrstil und die aktive Sicherheit bestmöglich unterstützt, das muss das Ziel sein. Dieses Ziel lässt sich erreichen, wenn man nicht nach einer starren Anleitung die Klicks und Umdrehungen zählt, sondern auch genau weiß, was die Klicks und Umdrehungen bewirken, wie Dämpfung und Federung in Kombination mit der Fahrwerksgeometrie zusammenhängen. Solides Grundlagenwissen auch zum Thema Fahrdynamik und jede Menge PRAXIS-Tipps sollen das komplexe Thema »Fahrwerk einstellen« transparent und verständlich machen.

Dennoch möchten wir darauf hinweisen, dass das Zerlegen oder Reparieren von Fahrwerkselementen den Spezialfirmen überlassen werden sollte. Dort können mit dem erforderlichen Spezialwerkzeug und der praktischen Erfahrung Gabel und Stoßdämpfer überholt und bei Bedarf mit hochwertigen Bauteilen ergänzt werden.

Damit der Leser als Kunde die Mängel seines Fahrwerkes exakt beurteilen und beschreiben kann, haben wir in Kapitel 11 eine Testanleitung angehängt, ähnlich wie sie auch von professionellen Testfahrern verwendet wird.

In diesem Sinne: Viel Spaß und Erfolg beim Schrauben, Tüfteln – und vor allem beim Fahren.

Werner »Mini« Koch

DER AUTOR

Motorräder waren und sind sein Leben. Werner Koch, in der Szene und von den Kollegen unter dem Kürzel »Mini« bekannt, wuchs einen Steinwurf entfernt von der berühmten Solitude Rennstrecke bei Stuttgart auf. Brüder, Freunde und Spezl vom Motorrad Bazillus infiziert, war der Lebensweg vorgezeichnet. Mit 15 Jahren die Oberschule gegen eine Mechaniker-Lehre getauscht, mit 16 Mopedführerschein, mit 18 Motorradmechaniker, mit 20 das erste Motorradrennen. Vierter Platz auf Anhieb – es sollte noch besser kommen.

Beim Motocross-Training 1980 knirschte es gewaltig. Knie demoliert. Sechs Monate Zwangspause und von Franz-Josef Schermer unter die Fittiche genommen, wechselte der blonde Schwabe zum Motorradmagazin MO, 1987 zu MOTORRAD und PS. Hunderttausende Testkilometer, einen Schrank voller Pokale und genau 30 Jahre später machte er sich, seinem Unruhezustand geschuldet, mit der Firma MTE (Motorrad Test Entwicklung) selbstständig. Bei Test- und Entwicklungsaufträgen namhafter Fahrzeug- und Reifenhersteller ist »Mini« immer noch up to date.

Aktuell ausschließlich für KTM in Österreich unterwegs, blieb Zeit genug, um dieses Motorradfahrwerksbuch zu schreiben. Ein Buch, das von den praktischen Erfahrungen lebt. Auch wenn das Tony Foale Chassis-Programme und ein 2D-Datarecording genauso dazu gehören wie die alte Drehmaschine, entsteht ein gut abgestimmtes Fahrwerk immer noch an der Werkbank und auf der Teststrecke. Deshalb wurden für dieses Buch sämtliche Fotos, Skizzen und Messwerte live aus der Werkstatt, dem Testbetrieb und der Entwicklung von schnellen Straßen- und Rennmaschinen übernommen.

2007 entstand im Auftrag des damaligen Aprilia-Pressesprechers Thomas Bayer die 71 PS starke und 134 Kilogramm leichte RSX 550. Basierend auf dem Supermoto-Fahrwerk wurde der Stahlrohr-Vorderbau komplett neu angefertigt und die Geometrie auf den Rennstreckeneinsatz getrimmt. 2021 setzt Aprilia mit der RS 660 auf ein sehr ähnliches Konzept.

aprilia
RSX 550

KAPITEL 2

TECHNIK Grundfunktion von Rahmen und Federsystemen

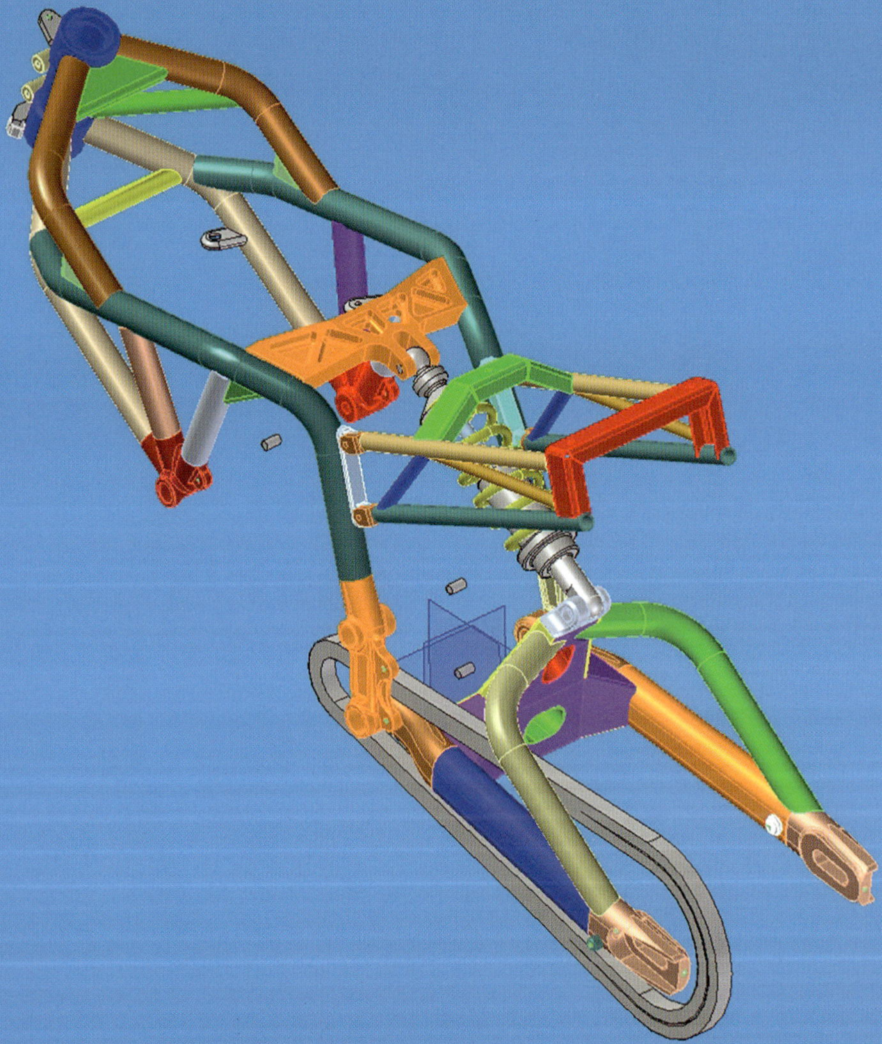

Volle Kraft voraus: Der Motorradrennsport war und ist die Triebfeder für sichere und innovative Serienfahrwerke. Und bietet nicht nur mit der MotoGP beste Unterhaltung und Spannung bis zur letzten Runde.

- Die Entwicklung der Rahmenbauarten
- Lenk- und Rahmengeometrie
- Federsysteme
- Gefederte und ungefederte Massen
- Einfluss der Reifen als Federelement und Fahrdynamik-Bauteil

TECHNIK DIE ENTWICKLUNG IM FAHRWERKSBAU

Die klassischen Doppelschleifenrahmen der 70er- und 80er-Jahre erlebten zwar im Zuge der Retro-Welle eine Wiederbelebung, doch wenn kostengünstiger Leichtbau gepaart mit erforderlicher Steifigkeit und ansprechender Optik gefragt ist, führt kein Weg an der Brückenkonstruktion vorbei. Egal, ob aus Aluminiumguss, aufwendigen Formpressteilen oder als kluges Konstrukt aus dünnwandigen Stahlrohren, die Kombination aus verwindungssteifem Hauptrahmen und dem Motor als tragendem Element ist auf dem Durchmarsch.

Ein ganz entscheidender Schritt war neben den soliden Brückenrahmen auch die Umstellung auf die Zentralfederung. Vom erfolgreichen Einsatz im Cross-Sport auf die Werksrenner übertragen, wanderten die Stoßdämpfer direkt hinter den Motor und wurden indirekt über mehr oder weniger ausgefeilte Hebelsysteme betätigt. »Uni Trak« nannte sich die Hebelei bei Kawasaki. Hondas »Pro Link«, ebenfalls im Cross-Sport bewährt, sorgte ab sofort bei den Flaggschiffen des Motorrad-Giganten für mehr Fahrkomfort und eine bessere Traktion. »Mono Cross« titelte Yamaha, und Suzuki ging mit dem »Full Floater« an den Start.

Natürlich wuchsen mit der Motorleistung auch die Rahmendimensionen. 200 PS und mehr reißen und biegen mit aller Macht am Material, Breitreifen im 200er-Format sorgen für zusätzliche Belastungen und Torsionskräfte am Fahrwerk. Also wird draufgepackt, was geht: Aus dem Superbike-Segment entliehene Bauteile verstärken nun auch die Rahmen der Tourensportler. Armdicke Standrohre, klotzige Schwingen, monströse Alurahmen aus Strangpressprofilen stemmen sich gegen die Kräfte und Momente.

Bei diesem Aufgebot schierer Kraft war es nur gut, dass Motorradfahren durch die konsequente Umsetzung aktueller Rennsport-Technologie nicht mehr zum unberechenbaren Eiertanz wird, zumal der Leistungsüberschuss durch die Elektronik abgefedert wird. ABS, Wheelie- und Traktionskontrolle, Schaltautomat und letztendlich semiaktive Federelemente zähmen die Monster und machen sie nicht nur auf der Rennstrecke noch sicherer.

Computergestützte Fahrwerks-Berechnungen erstellen nicht nur wunderbar transparente Zeichnungen, sondern liefern auch zuverlässige Simulationen im Bereich Steifigkeit und Dauerhaltbarkeit.

Was bleibt, sind die kleinen Mängel und großzügige Toleranzen in der Serienfertigung, die sich der perfekten und individuellen Abstimmung in den Weg stellen. Und genau diese gezielte Abstimmung und Feinarbeit macht den Unterschied von einem guten zu einem perfekten Fahrwerk aus.

Leichtbau und schiere Kraft übertrugen sich vom Supersport-Segment nun auch auf die neue Spezies der Power-Naked-Bikes. Die rasante Talfahrt der gesamten Supersport-Verkaufszahlen wurden durch das vielseitige und trotzdem höchst dynamische Konzept der spärlich verkleideten Nackten erfolgreich kompensiert. In allen Hubraumklassen, von den 125er Einsteigermodellen bis zur über 200 PS starken Oberklasse setzten die Motorrad-Hersteller auf die optisch archaisch aufgemöbelten Naked-Bikes. Was früher als Superbike-Umbau firmierte, also Rennsemmel mit gestutzter Verkleidung und breitem Rohrlenker, erfreute auch die eher touristisch orientierte Kundschaft mit agiler Handlichkeit, satter Power, gepaart mit langstreckentauglichem Komfort und Luxus.

Selbst die bis dahin bei Hardcore-Sportlern verwerflichen Gepäcksysteme wurden bei den Power-Naked-Bikes salonfähig und verwandelten die ursprünglichen Racer zur touristischen Allzweckwaffe.

TECHNIK RAHMEN- UND SCHWINGENKONSTRUKTIONEN

- Konstruktion und Anforderungen
- Tabelle Flexibilität im Vergleich

Forderten die Testfahrer und Ingenieure jahrelang eine möglichst hohe Steifigkeit der Rahmenkonstruktion, erkannte man Anfang der 1990er-Jahre im Rennsport die Möglichkeit, durch eine definierte Flexibilität von Rahmen oder Schwinge das Fahrverhalten dramatisch zu verbessern. Dieser Flex bewirkt, dass der Fahrer den Grenzbereich der Reifen besser erkennt und mit einer klaren Rückmeldung das Limit weiter verschieben kann. Auch die Reifenhaftung, neudeutsch Grip, wird durch den gezielten Flex speziell der Hinterradschwinge beeinflusst.

Geradlinige, schnörkellose Rahmenkonstruktionen, die den Motor als tragendes Element mit einbeziehen, wie hier am Kawasaki ZX 10 RR Superbike, werden auch in vielen anderen Kategorien verbaut.

Die Federwirkung der Hinterradaufhängung entlastet den Reifen von zu großer mechanischer und damit auch thermischer Beanspruchung, indem die Schwinge bei Bodenwellen oder starken Kompressionen seitlich ausweichen kann. Denn bei Schräglagen bis weit über 60° können die nur in der Fahrzeughochachse arbeitenden Federelemente die seitlich einwirkenden Biegemomente bei Bodenwellen und Stößen nicht genügend abfangen. Diese Aufgabe der zusätzlichen Federung übernehmen dann die flexibel gestalteten Rahmen-Bauteile.

Stand früher die möglichst hohe Steifigkeit im Lastenheft der Konstrukteure, sucht man seit Mitte der 90er-Jahre immer mehr nach einem Mittelweg aus Stabilität und Flexibilität.

Wird die Steifigkeit zu hoch angesetzt, leidet der Fahrkomfort und die Rückmeldung an den Fahrer. Das heißt, der Rahmen sollte im Lenkkopfbereich in vertikaler Richtung, also bei kurzen harten Stößen (Längssteifigkeit), mit einer bestimmten Flexibilität die Federung unterstützen. Damit sich diese Nachgiebigkeit nicht auf die Bremsstabilität auswirkt, verhindern hinter dem Lenkkopf eingeschweißte oder angegossene Querstreben ein Aufspreizen der Rahmenprofile unter Druck, ohne den Rahmen in horizontaler Ebene zu sehr zu versteifen.

Aufgaben, die sich zwar durch Computerberechnungen grob entwerfen, aber nur in echten Fahrtests tatsächlich nachweisen lassen. Diesen Mix aus der nötigen Steifigkeit und gezielter Flexibilität erreichen die Konstrukteure durch den Einsatz unterschiedlich dicker Wandungen und Profilquerschnitte.

Die Verformung der Rahmen und Schwingen darf natürlich nur im sogenannten elastischen Bereich erfolgen. Das heißt, die Fahrwerkskomponenten federn nach der Belastungsspitze wieder in ihre ursprüngliche Lage zurück. Da der Elastizitäts-Modul, kurz E-Modul, bei Stahl als auch bei Aluminium bei höheren Temperaturen, also Erhitzung durch Auspuff- und Motorabwärme, geringer wird, müssen die Techniker auch diesen Faktor in die Berechnungen und Versuche mit einkalkulieren. Der E-Modul,

Wenn die MotoGP-Piloten mit irrwitzigen 60° Schräglage um die Kurven driften, geht die Stoßrichtung bei Bodenwellen (rote Pfeile) fast quer zur eigentlichen Raderhebungskurve (gelbe Pfeile). Dann müssen Rahmen wie Schwinge durch eine berechnete Flexibilität diese Stöße und Kompressionen auffangen. Andernfalls zerstören solche Überlastungen die Reifen.

also die Biegesteifigkeit, liegt bei Aluminium bei rund 70 N/mm², bei Stahl mit 210 N/mm² dreimal so hoch. Zudem ist der E-Modul, anders als die Zug- oder Bruchfestigkeit, unabhängig von der Legierung.

Allerdings treibt diese Technologie die Kosten dramatisch in die Höhe. Abhängig von der Reifenkonstruktion, der Rennstrecke und dem Fahrstil des jeweiligen Piloten, müssen die Rahmenbauteile individuell in ihrer Flexibilität abgestimmt werden. Um diese Abstimmung schneller und effizienter umsetzen zu können, verwenden einige Hersteller am Rahmen oder Schwinge verschraubte oder verklebte Stabilisatoren aus Aluminium oder Kohlefaser. Auch wenn die computergestützten Berechnungen nahezu jede Situation simulieren können, geben letztendlich nur die Zufriedenheit des Fahrers und die effektiven Sektions und Rundenzeiten Auskunft über den tatsächlichen Nutzen der eingebauten Flexibilität.

Für den überwiegenden Teil der Serienmotorräder hat diese Entwicklung jedoch nur einen geringen Einfluss. Beim Serienbau stehen die Kosten, die Montagefreundlichkeit und die Dauerfestigkeit im Vordergrund. Natürlich versuchen die Konstrukteure auch hier eine optimale Fahrbarkeit und ein möglichst neutrales Lenkverhalten mit bester Stabilität und hoher Tragfähigkeit zu kombinieren. Oftmals wird der Motor als tragendes Element in das Rahmenkonzept integriert. Allerdings mussten die Motorgehäuse statisch entsprechend stabil ausgelegt werden, um die Kräfte schadlos zu übertragen. Speziell die über lange Zuganker verschraubten Dichtflächen von Zylinder- und Zylinderkopf konnten sich durch die eingeleiteten Kräfte verziehen und undicht werden.

Mit ein Grund, dass einige Hersteller die tragenden Motorgehäuse als Monoblock ausführen, bei denen die Zylinderbank fest mit dem oberen Kurbelgehäuse vergossen ist. Nicht zu vergessen: Diese Konstruktion funktioniert nur dann perfekt, wenn der Motor starr, also ohne vibrationshemmende Gummilagerung im Rahmen verschraubt wird. Um die Kräfte, die zum Beispiel beim Beschleunigen auf der linken Rahmenseite an der Motor- und Rahmenkonstruktion zerren, zu beherrschen, werden die Schraubverbindungen oftmals über Adapterplatten mit mehreren Befestigungspunkten entlastet.

Um zu verhindern, dass die Aluminium-Gussteile des Rahmens unter der Spannung der Motorbolzen einreißen, können die rechtsseitigen Motoraufnahmen oftmals mittels Gewindespindeln so ausdistanziert werden, dass der Motor spannungsfrei verschraubt werden kann. Auf der linken Rahmenseite hingegen sorgen die maßhaltig gefrästen Verschraubungen dafür, dass der Motor mittig im Rahmen sitzt und die Kettenlinie (Flucht von Ritzel vorn zu Kettenrad hinten) stimmt.

Wird dann noch die Schwingenlagerung in das Motorgehäuse integriert, entfällt ein Großteil der schweren und komplizierten Bauteile in diesem Bereich, da die Schwingenachse durch Motorgehäuse und Schwinge geführt wird.

Solche stufenlos einstellbaren Gewindespindeln verhindern bei Motorverschraubungen an den Aluminium-Brückenrahmen Verspannungen im Rahmen und damit die Gefahr eines Dauerbruchs.

Eine andere Lösung ist die Verteilung der Kraft auf mehrere Punkte, wie hier am KTM RC8 Rahmen. Die Aluminium-Spinne verbindet nicht nur den Motor mit dem Rahmen, sondern stützt auch die Zylinder des V2 ab.

Ducati packte den V4-Desmo-Motor der Panigale Superleggera in einen auf dem Motorblock verschraubten, sehr kurzen Rahmen aus Kohlefaser. Extrem leicht, aber nicht ganz einfach in der Abstimmung.

RAHMENWERTE

Bei der Konstruktion des Hauptrahmens werden folgende Parameter festgelegt.

1. Position des Motors und damit der rotierenden Massen in vertikaler und horizontaler Lage, somit Einfluss auf Gesamtschwerpunkt und Gewichtsverteilung.
2. Winkel und Position des Lenkkopfes in vertikaler und horizontaler Lage, somit Einfluss auf Gewichtsverteilung und Radstand.
3. Gesamthöhe des Schwingenlagers und Höhe/Abstand zum Kettenritzel, somit Einfluss auf Anti-Squat-Verhalten und Radstand.
4. Biegesteifigkeit, Seitensteifigkeit und Torsionssteifigkeit
5. Dauerfestigkeit, die mittels Fahrsimulation auf einem sogenannten »Pulser-Prüfstand« getestet wird.
6. Maximalfestigkeit bei extremer Beanspruchung, die rund viermal so hoch angelegt ist, als die im regulären Fahrbetrieb auftretenden Kräfte.

Im Rennsport ist man jedoch von dieser kompakten, aus dem Motocross-Sport übernommenen Bauart wieder abgerückt, auch um bei der Lage des Schwingendrehpunktes im Verhältnis zum Antriebsritzel eine optimale und im Rennsport variable Position zu finden. Ein anderer Grund für die Abkehr von den kompakten und kurzen Hauptrahmen: Die Flexibiltät in alle Richtungen lässt sich bei einer langen Rahmenkonstruktion wesentlich

RAHMENSTEIFIGKEIT

Die Daten der unterschiedlichen Rahmensteifigkeitswerte stammen aus einer Forschungs- und Entwicklungsabteilung, daher müssen Typen und Hersteller anonym bleiben, Rahmenbauart und Kategorie hingegen dürfen benannt werden. Es handelt sich um im Rennsport eingesetzte und damit relevante Motorräder. Die Werte geben die elastische Verformung des Rahmens in Millimeter oder Verdrehwinkel in Grad pro Belastungseinheit/NM wieder. **Ein Newton** entspricht der Gewichtskraft von 0,102 Kilogramm, also 102 Gramm.

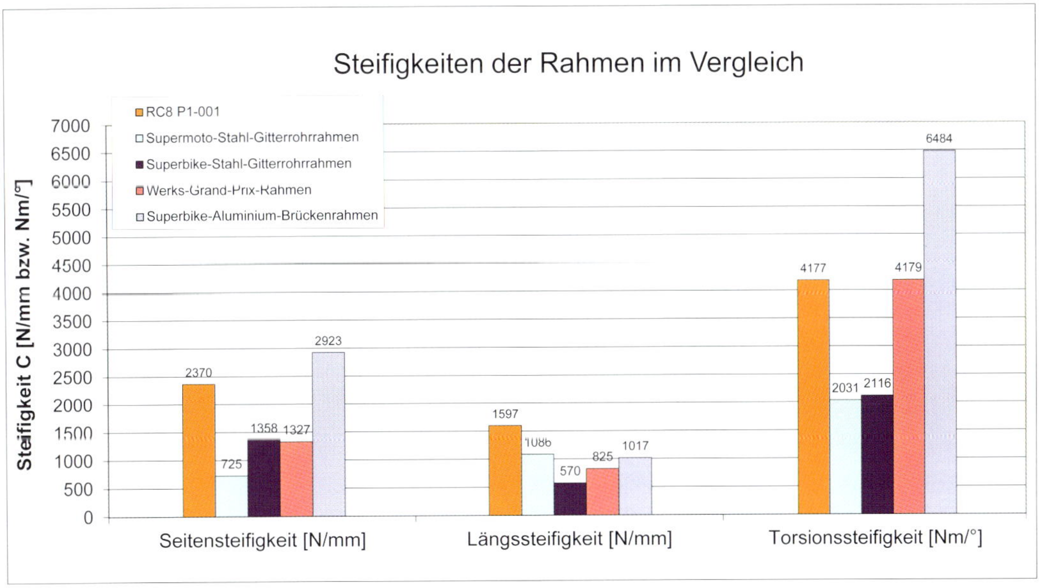

SEITENSTEIFIGKEIT

Seitensteifigkeit in Newton pro Millimeter (N/mm): der am Schwingenlager eingespannte Rahmen mitsamt Motor (tragendes Bauteil) wird mit einer horizontal auf den Lenkkopf wirkenden Seitenkraft beaufschlagt. Dabei weicht der Lenkkopf zur gegenüberliegenden Seite aus. Wie bei einer Feder wird dabei die Kraft in Newton pro Millimeter Verformung gemessen. Beispiel: Wird der Lenkkopf am Rahmen mit 2920 Newton, (entspricht 298 Kilogramm Gewichtskraft) belastet, weicht der Rahmen um einen Millimeter seitlich aus.

LÄNGSSTEIFIGKEIT

Längssteifigkeit in Newton pro Millimeter (N/mm): Auch hier ist der Rahmen/Motor-Verbund am Schwingenlager fixiert. Der Lenkkopf wird bei dieser Messung von unten in vertikaler Richtung belastet, der Rahmen biegt sich also nach oben durch. Beispiel: Bei 1017 Newton Belastung, weicht der Lenkkopf um einen Millimeter nach oben aus.

TORSIONSSTEIFIGKEIT

Torsionssteifigkeit in Newtonmeter pro Grad (Nm/°) Verdrehwinkel. Am Schwingenlager eingespannt, wirkt die Kraft über den einen Meter langen Hebel am Mittelpunkt des Lenkkopfes. Das daraus entstehende Drehmoment verschränkt den Lenkkopf aus seiner vertikalen Position.

einfacher berechnen und umsetzten als bei einem kurzen Chassis. Nur Ducati setzt bei den Panigale V4-Konstruktionen auf einen sehr kurzen »Rahmen«, der eigentlich mehr einen auf dem Motor verschraubten Lenkkopf-Torso darstellt. In der MotoGP hingegen landete Ducati nach vielen Versuchen mit dem aufgesetzten Lenkkopfträger aus Stahlrohr, Karbon oder Aluminium letztendlich bei einem konventionellen Brückenrahmen aus Aluminium-Formblechteilen.

Ein wichtiger Punkt bei der Rahmenkonstruktion: Der Schwingenwinkel, also die Auslenkung der Schwingarme aus der horizontalen Ebene nach unten, der einen großen Einfluss auf den sogenannten Anti-Squat-Effekt hat. Dabei entsteht ein sogenannter Anti-Dive-Effekt, der das Motorrad beim Beschleunigen aus Kurven in eine optimale Position von Rahmen und Lenkgeometrie versetzt. Dieser für das Fahrverhalten entscheidende Faktor wird in Kapitel 7 noch speziell beleuchtet.

Zudem legen die Konstrukteure beim Rahmen viele Eckdaten fest, die sich gravierend auf das Fahrverhalten auswirken (siehe Skizze »Rahmenwerte«) und im Nachhinein kaum mehr verändert werden können. Neben den Geometriedaten sind das auch so scheinbar banale Dinge wie Lenkeinschlag, Sitzhöhe oder Zuladungsfestigkeit.

Beispiel: Um den Lenkkopf des Superbike-Alurahmens um ein Grad zu verdrehen, müssen 6484 Newton, oder anders ausgedrückt 661 Kilogramm Gewichtskraft, an dem einen Meter langen Hebel angesetzt werden.

TECHNIK RAHMEN- UND SCHWINGENBAUARTEN

Gitterrohrrahmen

Die meist in steifen Dreiecksverbänden angelegten Stahlrohr-Konstruktionen wurden von Bimota bereits Anfang der 70er-Jahre für Sportmotorräder maßgeschneidert und durch die erfolgreichen Ducati-Baureihen von der Pantah bis zur 1098 salonfähig gemacht.

Klassischer Gitterrohrrahmen. Im Prinzip ist dieser KTM Rahmen selbsttragend, auch wenn der Motor integriert ist. Die Dreiecksverbände sind sehr steif, garantieren aber durch die große Baulänge genügend Flexibiltät.

Während Ducati bei den Panigale-Modellen auf Aluminium-Werkstoff umstieg, war es KTM, die bei allen Modellen vom Crosser bis zum MotoGP-Projekt auf den Stahlrahmen setzten.

Der Vorteil: Hohe Steifigkeit bei niedrigem Gewicht, kleinstmögliche Baumaße, gute Abführung der Motorwärme durch die großen freien Flächen, gute Raumausnutzung zur Unterbringung von elektronischen Baugruppen und Nebenaggregaten.
Der Nachteil: Aufwendige Anfertigung vieler einzelner Rohrstücke mit guter Passgenauigkeit und viele Schweißvorgänge in oft schlecht zugänglichen Positionen.

Stahlrohr-Brückenrahmen
Im Gegensatz zum Gitterrohrrahmen trägt bei dieser sehr leichten und effizienten Konstruktion der Motor als tragendes Element einen großen Teil zur Steifigkeit bei. Bereits in der Grundkonstruktion berücksichtigt, sind die Verschraubungspunkte am verstärkten Motorgehäuse so gewählt, dass die Stahlrohre über kurze Distanzen eine mehr oder weniger steife Einheit bilden. Über Durchmesser, Wandstärke und Geometrie können die Stahlrohrbrücken exakt und mit wenig Aufwand der gewünschten Flexibilität angepasst werden.

Selbst die »Erfinder« des Alu-Rahmens, die japanischen Motorrad-Hersteller, kehrten nicht nur in der kostengünstigen Mittelklasse zum Stahlrahmen zurück. KTM setzt selbst im Rennsport in allen Klassen auf die Stahlrohrkonstruktion. Allerdings werden dabei auch Rohre verbaut, die von 3D-Druckern in Form und Wandstärke so angelegt werden, wie das mit konventionellen, auch durch Hydroforming gestalteten Rohren schwer machbar ist.

Der Vorteil: Hohe Steifigkeit bei sehr niedrigem Gewicht, kleinstmögliche Baumaße, gute Abführung der Motorwärme durch die großen freien Flächen, sehr gute Raumausnutzung zur Unterbringung von elektronischen Baugruppen und Nebenaggregaten.
Der Nachteil: Aufwendige Anfertigung mit hoher Passgenauigkeit, Schweißvorgänge in oft schlecht zugänglichen Positionen. Hohe Belastung der Motorgehäuse mit entsprechender Materialzugabe.

Dicht am MotoGP-Konzept: Der Alu-Brückenrahmen der Honda Fireblade CBR 1000 RR/2021 kommt mit nur einer festen Querverbindung der Rahmenhälfte aus. Ein Zeichen für einen gewollt hohen Flex.

Aluminium-Brückenrahmen
Aus Aluminiumguss oder Profilen gefertigt, ziehen sich dabei zwei Rahmenzüge auf möglichst direktem Weg vom Lenkkopf zum Schwingendrehpunkt. Um eine kostengünstige Fertigung zu realisieren, sind die Bereiche Lenkkopf, Schwingendrehpunkt und Motorlagerung als Gussteile ausgeführt und mit den Rahmenprofilen verschweißt. Für eine ausreichende Stabilität sorgen groß dimensionierte Profile, oftmals mit innen liegenden Verstärkungen. Um eine ausreichende Stabilität beim Bremsen zu gewährleisten, müssen die Rahmenprofile nach dem Lenkkopf durch eine Querverstrebung verbunden werden, um eine Aufweitung unter starker Biegebelastung (Bremsen) zu vermeiden. Diese Querverbindung kann als Motorverschraubung oder als eingeschweißte Strebe ausgeführt sein.

Die Vorteile: Kostengünstige Herstellung durch einfache Guss- und Profilteile. Wenige und gut zugängliche Schweißverbindungen. Bei großzügiger Dimensionierung hohe Stabilität. Ansprechende Optik.
Die Nachteile: Schlechte Ableitung der Motorwär-

Am Stahlrohr-Brückenrahmen des UNO/KTM RC8 Protoyp sind die Querverbindungen hinter dem Lenkkopf sehr gut zu erkennen (Pfeile). Sie verhindern, dass die Kraft beim Bremsen den Rahmen aufweitet bzw. einzieht.

me durch die großflächigen, geschlossenen Profile, große Baumaße, sturzempfindliche seitliche Profilteile, spannungsempfindliche Gußteile, deshalb Motor- und Schwingenlagerungen mit einstellbarem Axialspiel (Gewindespindeln oder Klemmungen) notwendig.

Doppelschleifen-Rahmen

Die klassische Bauart aus Stahlrohren, die sich vom Lenkkopf über den Motor im Bogen zur Schwingenlagerung spannen. Der Motor bleibt dadurch im Sichtfeld und Mittelpunkt der Maschine. Deshalb bedient man sich bei den Neo-Klassikern gerne dieses Rahmenkonzepts.

Für sportliche Bikes hat es den großen Nachteil, dass die Oberzüge den nach oben gerichteten Fallstrom-Einlasskanälen moderner Hochleistungsmotoren im Wege stehen.

Die Vorteile: Klassisches Erscheinungsbild, gute Ableitung der Motorwärme durch völlige Freistellung des Motors, geringe Baubreite.

Die Nachteile: Hohes Gewicht, sperrige Bauform.

Ein klassischer Doppelschleifen-Rahmen aus japanischer Fertigung. Der VF 1000 V4-Honda-Motor ist eng umschnürt von den Vierkantstahlrohren, der linke Unterzug ist zur Motormontage verschraubt.

Der Monocoque-Rahmen der Kawasaki ZZR 1400 stülpt sich weit über die Zylinderbank. Diese Bauart war in den 1980er-Jahren sehr verbreitet und wurde unter anderem bei der Werks-Kawasaki KR 500 eingesetzt.

Monocoque-Bauweise

Eine Bauart, die lange in der Versenkung verschwand und erst mit Kawasakis Flaggschiff ZZR 1400 wieder in Erscheinung trat. Allerdings wagte sich Kawasaki mit diesem Bauprinzip bereits in den 80er-Jahren mit der 500er-Vierzylinder-Werks-Maschine in die Motorrad-Weltmeisterschaft.

Bei diesem Konzept werden Tank und Luftfilterkasten als großvolumige Elemente in den Rahmen aus Alu-Blech oder Guss integriert.

Die Vorteile: Geringe Baubreite, relativ niedriges Gewicht, gute Steifigkeit.

Die Nachteile: Eingeschränkte Wartungsfreundlichkeit an Zylinderkopf und Vergaser/Einspritzung. Schlechte Eindämmung von Motorvibrationen (Resonanzverhalten), aufwendige Herstellung.

Zweiarmschwinge

Die symmetrisch angeordneten Arme dieser Konstruktion haben sich als die wohl beste Lösung zur Hinterradführung bewährt. Entweder in einfachem Stahlrohr, aus Aluprofilen oder Aluguss.

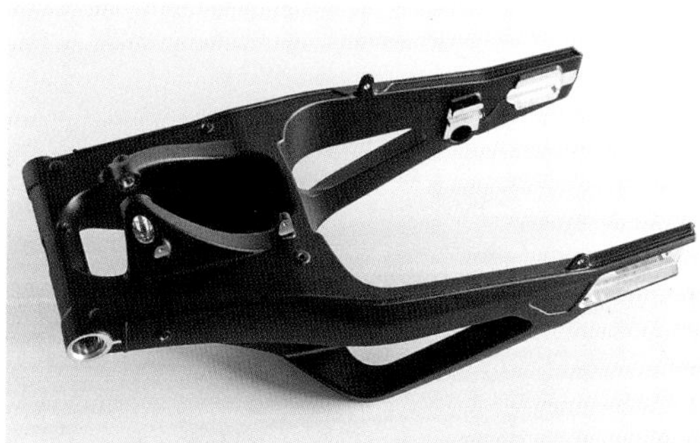

Einteilig gegossene Aluminium-Zweiarmschwingen, wie hier bei der BMW S 1000 RR/2020, ersetzen zusehends die mehrteiligen, verschweißten Konstruktionen. Der Unterzug lässt eine gewollte Flexibilität zu.

Bei Sportlern mit aufgesetzten, stabilisierenden Oberzügen ausgestattet, hat sich die Zweiarmschwinge auch im Rennsport endgültig durchgesetzt. In Verbindung mit großdimensionierten Radachsen und stabilen Ausfallenden erreicht dieses Bauprinzip eine enorm hohe Torsions- und Biegesteifigkeit.

Ebenfalls als einteiliges Gussstück hergestellt, ist die Einarmschwinge der KTM Superduke 1290 R eher der Optik geschuldet. Rein technisch macht das Konzept weniger Sinn, weshalb es in der MotoGP nicht zum Einsatz kommt.

Einarmschwinge

Von Honda 1988 mit der Superbike-Replica RC 30 in die moderne Motorradwelt eingeführt und bei Ducati für die 916er-Baureihe übernommen, ist diese massige Konstruktion nicht mehr Stand der Dinge.

Relativ schwer, mit zwangsläufig sehr großen Radlager- und Simmerring-Durchmessern dementsprechend hohem Reibungswiderstand, kehrte Honda im Rennsport wieder zum bewährten Zweiarmsystem zurück, während die Italiener mit der Ducati und der MV Agusta dem asymmetrischen Konzept den Vorzug geben.

Momentabgestützte Kardanschwinge

Um die Einflüsse der Antriebskraft bei Kardanmaschinen zu unterbinden, beziehungsweise in Richtung Anti-Squat-Effekt zu nutzen, führte allen voran BMW die sogenannte Paralever-Einarmschwinge ein. Dabei werden die Momente der Antriebskraft über eine Schubstange, die nahezu

BMW-Einarmschwinge mit integrierter Kardanwelle und Momentabstützung. Durch die insgesamt sechs Lagerstellen und zwei kardanischen Gelenke sehr aufwendig zu fertigen und relativ schwer.

Bauarten der Lenkkopflager. Links das sehr häufig verbaute, leichtgängige Schulterkugellager. Rechts ein Kegelrollenlager, dass empfindlicher auf die Einstellung reagiert, dafür eine höhere Traglast aufweist.

Um das Lagerspiel einzustellen, werden die oberen Lagerrinnenringe auf einem Schiebesitz geführt, auf dem sich der Lagerinnenring durch die beiden Kontermuttern in seiner vertikalen Position verstellen lässt.

Schulterkugellager mit dem auf die Einstellmutter aufgepressten Innenring. Dieses Patent von Emil Schwarz reduziert das Spiel zwischen Innenring und Lenkrohr und lässt sich sehr fein einstellen.

auf unrunde Lagersitze, weisen kleinere Durchmesser auf und ermöglichen somit bei Alurahmen eine stärkere Wandung des Lenkkopfs bei gleichen Außenmaßen. Schulterlager haben zudem den Vorteil, dass sie selbst bei einer zu strammen Einstellung durch die nur punktuellen Auflageflächen der Kugeln wenig Reibung aufbauen und somit geringen Einfluss auf das Lenkverhalten erzeugen. Allerdings verschleißen sie unter einer zu großen Vorspannung schneller, indem die Kugeln regelrechte Dellen in die Lagerringe einarbeiten. Pendellager, Wälzlager mit tonnenförmigen Rollen, werden meist nur an Supersportmaschinen verbaut, an denen der Lenkkopfwinkel mittels dreh- oder austauschbarer Einsätze verändert werden kann.

Das Lagerspiel im Lenkkopf sollte generell so klein wie möglich eingestellt werden, ohne dass dabei jedoch die Losbrechkraft, also der Reibungswiderstand zu Beginn einer Lenkbewegung, spürbar erhöht wird. Wird das Spiel zu groß gewählt, können sich Lenkerschlagen, starke Motorvibrationen in den Lenkerenden oder Pendelneigung bei hohem Tempo und welligen Kurven einstellen. Zu stark angezogene Lagerringe verderben dagegen in langsamen Kurven die Lenkpräzision, da die gewünschte Fahrlinie ständig korrigiert werden muss. Auch die Geradeauslauf- und Kurvenstabilität kann beeinträchtigt werden. Zudem drücken sich bei zu großer Vorspannung die Wälzkörper bereits nach kurzer Laufzeit in die geschliffenen Oberflächen der Lagerschalen ein und zerstören diese irreparabel.

TECHNIK FUNKTION VON LENK- UND FAHRWERKSGEOMETRIE

Damit sich ein Motorrad messerscharf, stabil und mit leichter Hand dirigieren lässt, müssen die relevanten Parameter perfekt aufeinander abgestimmt sein. Wenn das Puzzle aus Lenkgeometrie und Fahrwerksaufbau harmoniert, geraten auch bärenstarke Power-Bikes selbst bei 300 km/h nicht aus der Spur.

Der Hauptgrund für die erstaunliche Stabilität der Einspur-Renner: die rotierenden Massen (Reifen, Räder, Bremsscheiben) sowie die rotierenden Massen im Motor bauen stabilisierende Zentrifugalkräfte auf, die sich nur durch gezielte Krafteinleitung über die Lenkung aus ihrer Drehebene, also der jeweiligen Position, zwingen lassen. Je höher die rotierenden Massen, desto stabiler läuft ein Motorrad geradeaus.

Der Nachteil: Gewollte Richtungswechsel, also Einlenken in Kurven oder schnelle Schräglagenwechsel, lassen sich nur durch eine hohe Lenkkraft bewerkstelligen.

Neben diesen rotierenden Massenkräften sorgen auch die geometrischen Werte für eine mehr oder weniger ausgeprägte Fahrstabilität. Erstaunlich dabei: die Eckdaten haben sich seit Mitte der 1990er-Jahre kaum mehr verändert. Schon damals rollte die überwiegende Zahl der Motorräder auf 17-Zoll-Reifen mit bis zu 180 Millimeter Baubreite.

Und so liegen die Geometriedaten der Kawasaki ZXR 750 von 1990 mit denen der Honda CBR 1000 RR Fireblade SP Modelljahr 2020, also der Superbike-Basis, fast gleichauf: Der Radstand ist mit 1455 mm identisch, der Lenkkopfwinkel einen Hauch steiler (65,9 zu 65,5 Grad) und der Nachlauf mit 101 mm um einen Millimeter länger als beim Kawasaki-Oldie. Auch die Gabeltauchrohre (jeweils 43 mm) und die Federwege (120/137 und 120/140 mm) unterscheiden sich nach fast 30 Jahren nur minimal.

Dieses Beispiel zeigt auch, dass Veränderungen an einer von Haus aus gelungenen Geometrie nur in kleinen Schritten sinnvoll sind. Beim Verändern der Nulllage, also beim Verdrehen der Maschine, sind deshalb einzelne Schritte mit maximal 20 Winkelminuten (1/3 Winkelgrad), das entspricht einer Niveauänderung/Fahrhöhe von rund 8 Millimetern, völlig ausreichend.

Auf die Superbike-WM zugeschnitten, wurden der Honda CBR 1000 RR aktuelle bewährte Geometriedaten verordnet: 1455 mm Radstand, knapp 66 Grad Lenkkopfwinkel und 101 mm Nachlauf.

Als fester Grundlagenwert am Fahrwerk gilt **der Radstand**, der sich aus dem Abstand von Vorder- zu Hinterachse ergibt und der in gewisser Weise auch einen Nachlauf darstellt – nämlich den Nachlauf des Hinterrades zur Drehachse (Lenkkopf) des Vorderrades. Die aktuellen Werte liegen bei rund 1380 bis knapp 1500 mm bei Supersportmaschinen und über 1700 mm bei Choppern und Cruisern. Er kann nur durch den Einbau einer anderen Schwinge oder durch eine begrenzte Veränderung am Kettenspanner (durch Kürzen/Verlängern der Antriebskette) verändert werden.

Ein kurzer Radstand macht das Motorrad handlich und wendig. Der Grund: Ein Motorrad mit kurzem Radstand benötigt für einen bestimmten Kurvenradius weniger Lenkeinschlag und damit weniger Lenkkraft als eine baugleiche Maschine mit langem Radstand. Ein Motorrad mit kurzem Radstand kann jedoch zu Fahrwerksunruhen bei Höchstgeschwindigkeit neigen. Zudem reagiert ein kurzer Radstand sensibler auf Störungen durch Bodenwellen, und die Motorräder mit kurzem Radstand tendieren beim Beschleunigen stark zu »Wheelies« – speziell dann, wenn sich der Schwerpunkt durch Zuladung oder Zweipersonenbetrieb nach oben und hinten verschiebt.

Auch der aerodynamische Auftrieb und die damit verbundene Entlastung des Vorderrades ist bei Motorrädern mit kurzem Radstand ausgeprägter. Bei Sportmaschinen mit handlicher Lenkgeometrie und straffer Feder-/Dämpferabstimmung kann ein »leichtes« Vorderrad zum gefürchteten Lenkerschlagen führen, da der Anpressdruck und somit die Rückstellkraft nachlässt und das Vorderrad nervös über den Asphalt tänzelt.

Doch die scheinbar logische Analyse, dass eine nervöse oder gar schlagende Lenkung nur durch eine zu straffe Gabelabstimmung ausgelöst wird, kann täuschen. Bei unzähligen Abstimmungsfahrten und Fahrwerkstests lag die Ursache für das gefährliche Lenkerschlagen am knochig harten Federbein, das beim Überfahren von Kanten und Querrillen das Heck abrupt aus der Spur warf und somit einen Schräglauf, also einen Spurversatz, erzeugte. Und selbst eine zu steife Karkasse am Hinterreifen ist in der Lage, das Lenkerschlagen auszulösen. Dieses Problem verstärkt sich bei leichten Motorrädern und/oder einem extrem kurzen Radstand.

Nahezu die identische Rahmengeometrie findet sich an der 1990er ZXR 750 wieder. Ein Beweis dafür, dass die Superbikes, wie auch viele Alltagsmotorräder, bereits vor 30 Jahren schon sehr gut aufgestellt waren.

Rahmen- und Lenkgeometrie

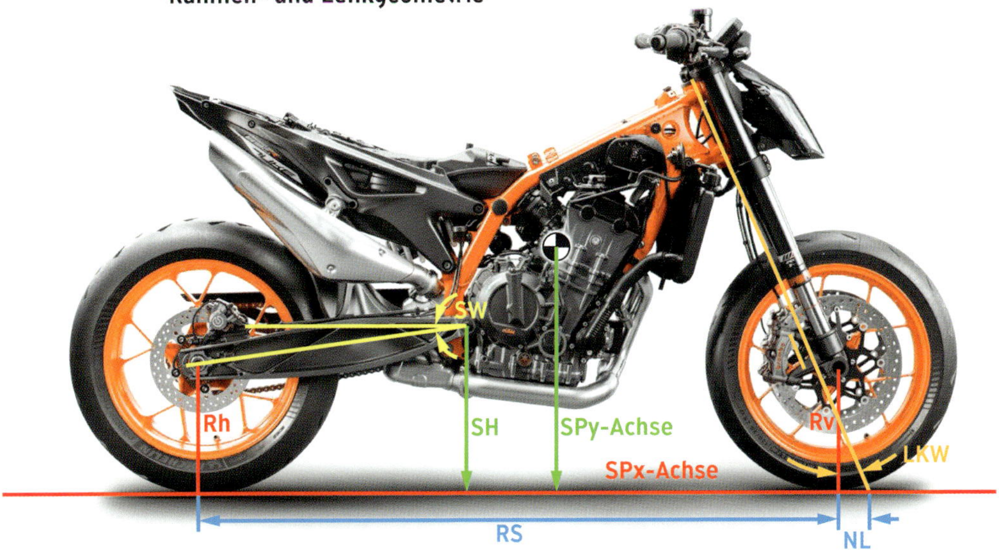

Rahmengeometrie auf einen Blick: RS=Radstand, LKW=Lenkkopfwinkel, NL=Nachlauf, , Rv/Rh=Radhalbmesser vorn/hinten, SW=Schwingenwinkel, SH=Schwingenhöhe SP=Schwerpunkt, wobei dieser in SPy-Achse (Abstand zum Boden) als auch in der SPx-Achse (Abstand zum Vorderrad) definiert wird. Aus Letzterem ergibt sich die statische Radlastverteilung.

Der Radstand hat, wie oben bereits erwähnt, Einfluss auf die statische und dynamische **Radlastverteilung**.

Die statische Radlast wird vollgetankt ohne und mit Fahrer ermittelt. Bei Tourenmotorrädern geht man in Richtung einer ausgewogenen 50/50 %-Verteilung, da hier der übliche längere Radstand das Vorderrad sicher am Boden und das Motorrad auch mit voller Zuladung stabil auf der Bahn hält. Der tatsächliche Wert der Radlastverteilung ist natürlich abhängig von der horizontalen Schwerpunktlage und der Ergonomie und Sitzposition des Fahrers, die bei Choppern extrem aufrecht ist und den Wert noch stärker in Richtung Hinterradlast verschiebt, während Sportler mit ihren tief angebrachten Lenkerstummeln den Fahrer eher in eine neutrale Position bringen.

Ein weiterer Punkt, der bei Konstruktion und Zielsetzung berücksichtigt werden muss, ist **die Schwerpunkthöhe**. Sie ergibt sich aus der vertikalen Positionierung des Motors und sämtlicher Anbauteile wie Tank, Batterie, Elektronikbauteile, ABS-Modulator und Sitzhöhe. Ein zu hoch angelegter Schwerpunkt hätte ein instabiles Kurvenverhalten und eine extrem starke dynamische Radlaständerung beim Beschleunigen und Bremsen zur Folge. Im Gegenzug klappen Motorräder mit einem hohen Schwerpunkt leichter in Schräglage und lassen sich insgesamt ausgesprochen wendig bewegen. (Siehe dazu auch Kapitel 7).

Die Schwerpunktlage ist mit X- und Y-Koordinaten erfasst. Zum einen wird der Abstand horizontal zur Vorderradachse im Verhältnis zum Gesamtradstand ermittelt (X-Koordinaten). Zum anderen geben die Y-Koordinaten die Schwerpunktlage in der Vertikalen wieder, also die Schwerpunkthöhe vom Boden aus gemessen.

Bis auf sehr wenige, supersportliche und sehr teure Motorradmodelle lassen sich die grundlegenden Eckdaten der Fahrwerke, also Lenkkopfwinkel, Radstand oder Nachlauf bei Serienmaschinen nicht oder nur minimal verändern, sind also festgelegte Größen. Doch immer mehr Maschinen bieten durch variable Gabel- und Federbeinlängen genügend Spielraum für eine individuelle Abstimmung der Rahmengeometrie.

Die Lenkgeometrie gehört zu den wichtigsten Aspekten bei der Konstruktion eines Motorrad-Chassis. Zwei entscheidende Werte sind hierbei der Lenkkopfwinkel und der Nachlauf.

Der Lenkkopfwinkel bezeichnet die Neigung des am Rahmenvorderbau angebrachten Lenkkopfes. Dieses Bauteil dient zur Aufnahme der beiden, durch einen Schaft – das Lenkrohr – verbundenen Gabelbrücken. Die Neigung des Lenkrohres liegt im Bereich zwischen 55 Grad (bei extremen Choppern) und über 70 Grad (Trial-Maschinen). Diese Werte beziehen sich auf die Schrägstellung des Lenkkopfes, gemessen an der horizontalen Ebene. Es gibt jedoch auch Länder und Hersteller, die den Lenkkopfwinkel aus der vertikalen Ebene heraus angeben (siehe Skizze), dann entsprechen beispielsweise 65 Grad Lenkkopfwinkel nach unserer Messmethode denen aus der vertikalen Ebene von 25 Grad.

Je steiler die Gabel angestellt wird, desto größer wird die Handlichkeit bei einer höheren

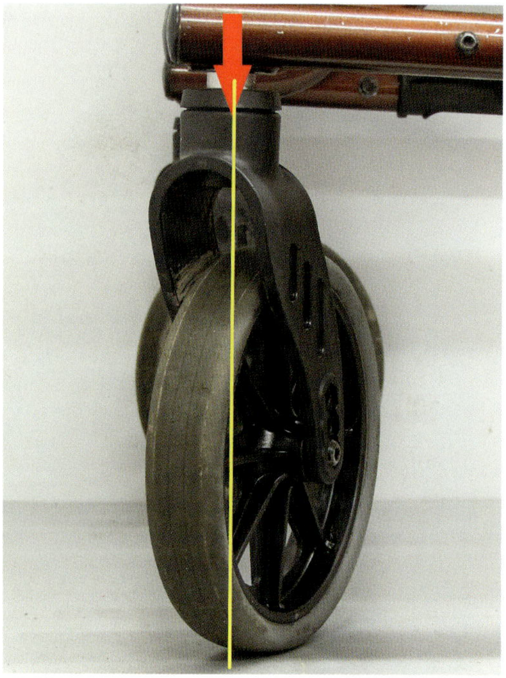

Physik im Alltag: Sehr anschaulich ist die Wirkungsweise des Nachlaufs beim Einkaufswagen oder Rollator. Im Ruhezustand steht das Rad quer zur Fahrtrichtung …

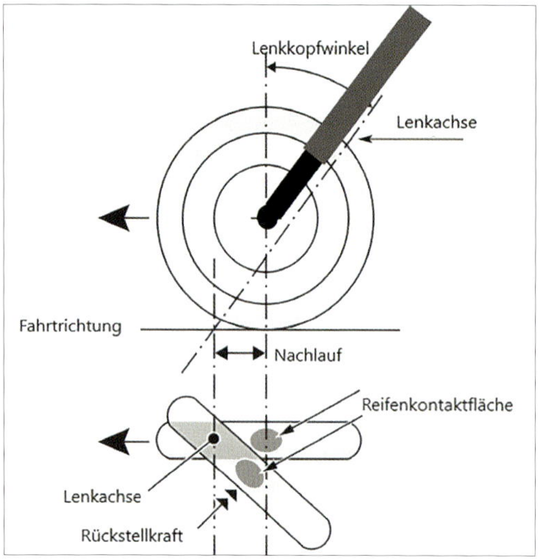

Der Nachlauf ist abhängig von: Radhalbmesser, Lenkkopfwinkel, Versatz der Gabelstandrohre zur Lenkachse. Je länger der Nachlauf, desto größer der Versatz der Reifenkontaktfläche aus der Längsachse. Aus diesem Versatz entsteht eine Kraft, die das Rad in Geradausstellung zwingt, die sogenannte Rückstellkraft. Je höher die Geschwindigkeit, desto höher die Rückstellkraft.

Nervosität der Lenkung bei Unebenheiten oder Bodenwellen. Der Grund: Die Lenkbewegung des Fahrers bewirkt bei einem steilen Lenkkopfwinkel eine fast vertikale Drehbewegung des Rades und damit eine sehr direkte Richtungsänderung, während flach angestellte Gabeln sich mehr in der horizontalen Drehebene bewegen, wodurch die Lenkimpulse bei gleichem Lenkeinschlag wie beim steilen Lenkkopfwinkel deutlich abgeschwächt werden. Auf der anderen Seite wirken sich störende Einflüsse von der Fahrbahn, etwa Bodenwellen oder Schlaglöcher, bei einem flachen Lenkkopfwinkel weniger auf die Lenkstabilität aus, als bei einem direkten, steilen Winkel.

Ganz entscheidenden Einfluss hat der Lenkkopfwinkel auf das zweite Maß, **den Nachlauf.** Er beziffert in Millimetern den Abstand, mit dem die Radaufstandsfläche hinter der Drehachse des Lenkkopfs herläuft. Dabei wird die Lenkung durch den Rollwiderstand des Reifens in Längsrichtung

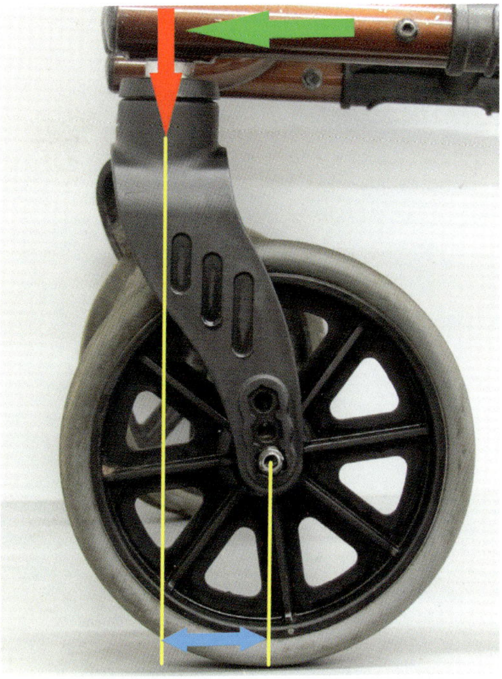

... und richtet sich gerade aus, sobald sich das Vehikel in Bewegung setzt (grüner Pfeil). Dann läuft das Rad hinter der Lenkachse her und bildet den Nachlauf (blauer Pfeil).

nachgeschleppt und somit stabilisiert. Die Lenkung richtet sich von selbst geradeaus, man spricht dann vom »Rückstelleffekt« der Lenkgeometrie.

Ein bildlich gutes Beispiel für die Funktion des Nachlaufes sind die Räder an den Einkaufswagen, die bei 90 Grad Lenkkopfwinkel und einem deutlichen Offset von mehreren Zentimetern das Rad stabil nachschleppen.

Diese in Millimeter angegebene Einheit wirkt sich, ebenso wie der Lenkkopfwinkel, auf Handlichkeit und Fahrstabilität aus. Auch hier gilt als Faustregel: Je länger der Nachlauf, desto besser der Geradeauslauf. Je kürzer der Nachlauf, desto agiler und direkter reagiert die Maschine auf Lenkimpulse, ist aber anfälliger für störende Einflüsse, etwa Bodenwellen oder Längsrillen. Die Werte liegen bei etwa 95 Millimeter (Sportmaschine) und bis zu 150 mm (Enduros).

Die Zeichnung verdeutlicht, dass die Lenkbewegung des Vorderrades um einen bestimmten

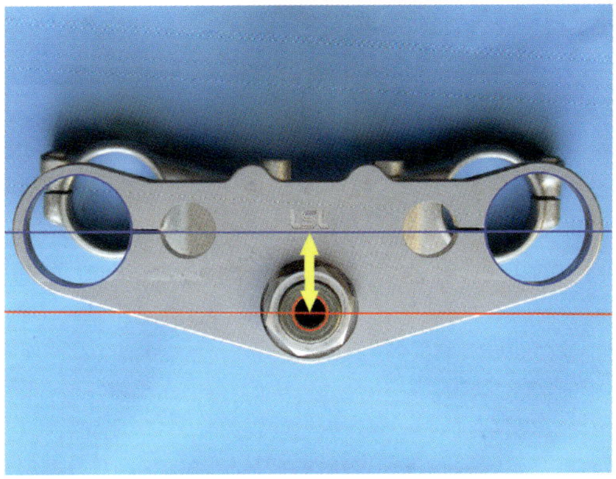

Sorgt gelegentlich für Verwirrung: Je größer der Versatz (Offset) der Gabelholme (Blaue Linie) zum Lenkrohr (rote Linie), desto kleiner fällt der Nachlauf am Vorderrad aus – und umgekehrt.

Winkel den Radaufstandspunkt weiter aus der Längsachse verlagert, je größer der Nachlauf ist. Der daraus resultierende Hebel, der das Vorderrad wieder in Fahrtrichtung zurückstellt, ist größer als bei einem kurzen Nachlauf. Das Vorderrad benötigt jedoch auch mehr Kraft zum Einlenken in Kurven, bei dem durch den Lenkimpuls das Rad aus der Längsrichtung verdreht werden muss, um die notwendige Schräglage einzuleiten.

Die stabilisierende Wirkung der Lenkgeometrie ist jedoch nur dann vorhanden, wenn das Vorderrad belastet wird. Hebt es vom Boden ab, etwa bei einem Wheelie, oder wird nur wenig angepresst, zum Beispiel bei hohem Tempo durch den aerodynamischen Auftrieb, wird der Effekt aufgelöst und die Lenkung kann nervös und instabil werden.

Deshalb versuchen die Techniker bei Renn- und Supersportmaschinen durch aerodynamische Optimierungen der Verkleidungsfront oder auch durch sogenannte Winglets, also flügelähnliche Konstruktionen an der Verkleidungsfront, aus dem Auftrieb einen Abtrieb zu gestalten.

Auch eine hohe statische Achslast auf dem Vorderrad fördert die Lenkstabilität in allen Lagen. So kann die Verlagerung schwerer Bauteile in den vorderen Bereich des Motorrades eine bessere Fahrstabilität bewirken. Dasselbe kann eintreten, wenn die Maschine in der Balance nach vorn »gekippt« wird und der verstärkte Druck des Fahrergewichts auf den Lenker die stabilisierenden Rückstellkräfte erhöht.

Der Nachlauf kann aber auch für lästige und zum Teil gefährliche Drehschwingungen im Lenksystem verantwortlich sein. Wird beispielsweise das Rad in einer bestimmten Situation durch das Rückstellmoment über die Geradeausstellung zurückgedreht, etwa bei rasantem Schräglagenwechsel, können die Massen des Lenksystems (Rad, Gabelholme, Gabelbrücken, Lenker, lenkerfeste Verkleidungen, Instrumente etc.) wie ein Pendel in eine Resonanzschwingung geraten und die Lenkung destabilisieren. Dieser Fall tritt in der Praxis als Lenkerschlagen, etwa bei Bodenwellen oder Brückenabsätzen auf.

Ein langer Nachlauf garantiert also nicht zwingend eine in allen Lagen stabile Lenkung. Bei Fahrversuchen mit Supersport- wie auch mit Motocross-Maschinen verschob sich die Tendenz zum Lenkerschlagen. Sie setzte mit langem Nachlauf zwar später, aber umso heftiger ein. Je höher die Massen um die Lenkachse (schwere Gabelbrücken, Gabelbeine, Räder, Lenkergewichte, lenkerfeste Instrumente oder Verkleidungen), desto weniger anfällig reagiert das Motorrad auf Störimpulse, die durch die Massenträgheit gedämpft werden. Dennoch kann nur ein hydraulischer Lenkungsdämpfer solch gefährliche Drehschwingungen unterbinden oder zumindest abschwächen.

Der Nachlauf resultiert aus den Werten:

1. Lenkkopfwinkel
2. Versatz der Standrohre in den Gabelbrücken (bei Enduro- und Cross-Gabeln kommt der Versatz der Achsaufnahme aus der Mittellinie des Tauchrohres hinzu)
3. Effektiver Reifenhalbmesser

Bei der Vollbremsung kippt das Motorrad extrem nach vorn. Durch die sogenannte dynamische Radlaständerung wirkt das gesamte Fahrzeuggewicht auf das Vorderrad, während das Hinterrad vom Boden abhebt und sich die Lenkgeometrie signifikant in Richtung »handlich« verändert, wodurch die leichte Manövrierbarkeit erhalten bleibt.

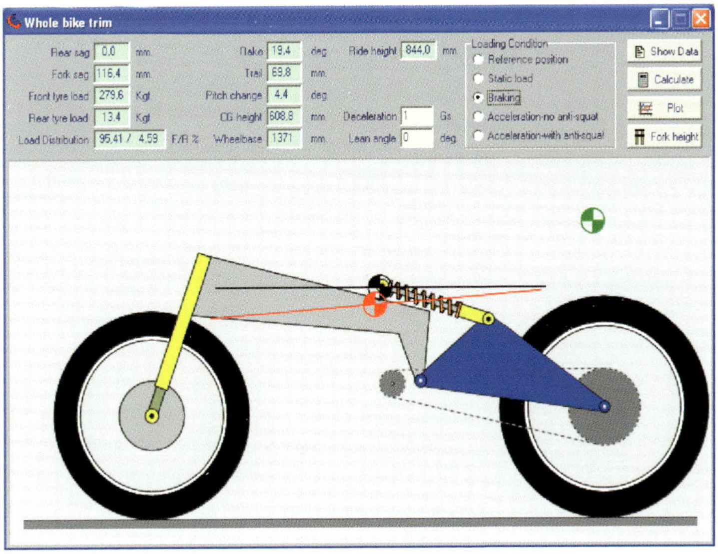

Das Rechenprogramm zeigt einen Lenkkopfwinkel von unter 70 Grad und einen Nachlauf von knapp 70 Millimeter. Diese sehr »kurze« Geometrie erlaubt trotz hoher Verzögerung ein relativ leichtes Einlenken.

ACHTUNG: Nicht täuschen lassen: Ein großer Versatz von Lenkrohr zu Standrohr ergibt einen kurzen Nachlauf und umgekehrt.

Lenkkopf und Nachlauf zusammen ergeben die Lenkgeometrie eines Motorrades und werden in statischem, ganz ausgefedertem Zustand gemessen. Eine Veränderung beider Werte tritt dann ein, wenn beim Fahrbetrieb Gabel oder Federbein einfedern.

Extreme Abweichungen von den Grundwerten stellen sich vor allem bei scharfen Bremsvorgängen ein. Hierbei taucht die Maschine fast über den gesamten Federweg der Telegabel vorn ein, während die Heckpartie durch die dynamische Radlastverteilung ganz ausfedert.

Bei Sportmaschinen hebt dabei sogar das Hinterrad vom Boden ab. Durch die Veränderung des effektiven Lenkkopfwinkels verkürzt sich auch der Nachlauf.

Auch Bodenwellen oder Fahrbahnabsätze können den tatsächlichen Nachlauf für einen kurzen Moment drastisch verändern, wenn sich die Reifenaufstandsfläche durch die Bodenunebenheit in Richtung des gedachten Durchstichpunkts der Lenkachse vorverlagert. In diesem Moment entfällt die stabilisierende Wirkung des Nachlaufs, die Lenkung kann unruhig werden und unter Umständen ein mehr oder weniger starkes Lenkerschlagen oder Shimmy auslösen. Solche Situationen entstehen beispielsweise an Brückenabsätzen, Fahrbahnkante, oder Schlaglöchern und können für eine kurzen Moment die stabilisierende Wirkung des Nachlaufs außer Kraft setzen.

Den Einflüssen der Federwege ausgesetzt ist ebenfalls die dritte Komponente, der Radstand.

Auch hier tritt eine Verkürzung ein, sobald die Telegabel einfedert. Bedingt durch die Schrägstellung der Telegabel federt das Vorderrad nicht nur nach oben, sondern gleichzeitig auch nach hinten, wodurch der Abstand zur Hinterachse verringert wird. Der maximale Radstand ist dann erreicht, wenn die Telegabel voll ausgefedert ist und die Hinterradschwinge parallel zur Horizontalen verläuft.

Im Gegensatz zur Veränderung der Lenkgeometrie bleibt die Auswirkung des minimal veränderten Radstandes im Fahrbetrieb fast unbemerkt. Ein Beweis dafür ist auch die Tatsache, dass eine Veränderung durch das Spannen der Antriebskette, auch im Bereich von 15 und mehr Millimetern, von den wenigsten Fahrern registriert wird. Ein längerer Radstand erfordert bei gleichem Kurvenradius zwar einen etwas größeren Lenkeinschlag, doch verschiebt sich dieser Wert nur in einem kleinen Bereich, der erst bei Änderungen von 100 Millimeter und mehr einen spürbar größeren Lenkwinkel und damit eine höhere Lenkkraft erfordert.

Einfluss auf das Fahrverhalten nimmt auch der Spurversatz, der im optimalen Fall gar nicht vorhanden ist. Doch konstruktive Zwänge und vor allem Serienstreuungen in der Massenproduktion sind dafür verantwortlich, dass kaum ein Großserienmotorrad ohne Spurversatz ausgeliefert wird. Die Toleranzen liegen, je nach Fahrwerkskonstruktion, Bereifung, Einsatzzweck, Lenk- und Rahmengeometrie, bei bis zu 5 Millimetern. Für eine optimale Funktion des Fahrwerks sollte jedoch die maximale Abweichung der Spur von Vorder- zu Hinterrad nicht mehr als zwei Millimeter betragen. Ein zu großer Spurversatz wirkt sich negativ auf die Lenkstabilität (Lenkerschlagen durch permanenten Schräglauf des Vorderrades), den Geradeauslauf sowie die Lenkpräzision aus. Mit Spurversatz fährt sich das Motorrad oftmals in eine Kurvenrichtung leichter als in die andere.

Allerdings ist bei vielen Serienmaschinen auch ohne Spurversatz eine asymmetrische Gewichtsverteilung vorhanden. Bedingt dadurch, dass sich schwere Bauteile oder weit aus der Längsachse ragende Motorenkomponenten (Auspufftopf, Kupplung, Lichtmaschine, Einarmschwingen, o. ä.) nicht so unterbringen lassen, um eine perfekte Balance zwischen rechter und linker Fahrzeughälfte zu erreichen.

Die einfachste Methode, den Spurversatz zu korrigieren, ist das Vermessen der Spur mittels zweier Messlatten und das anschließende Ausdistanzieren des Hinterrades in der Schwinge. Dazu werden neue Distanzhülsen angefertigt, die das Rad in die Flucht zum Vorderrad einspuren. Zu beachten ist dabei, dass die Position des Kettenrades bei korrekter Flucht zum Abtriebsritzel nicht verändert werden darf. Deshalb muss die korrigierte Raddistanzierung zwischen Kettenradträger und Radnabe erfolgen oder das Kettenritzel durch Abdrehen oder Unterlegen in seine korrekte Position der gevorgebenen Kettenlinie gebracht werden. Eine Arbeit, die nur von erfahrenen, gut ausgerüsteten Werkstätten durchgeführt werden sollte.

TECHNIK FEDERBEWEGUNGEN DER GEFEDERTEN UND UNGEFEDERTEN MASSEN

Federbewegungen lassen sich grob in zwei Kategorien unterteilen. Zum einen sind es Federbewegungen der gefederten Massen (Rahmen, Motor, Fahrer), zum anderen die der ungefederten Massen (Räder, Bremsanlagen, Gabeltauchrohr und am Hinterrad Anteile der Schwingenkonstruktion), die durch Bodenunebenheiten, also Schlaglöcher, Bodenwellen, Quertrennfugen, Bordsteine etc. entstehen. Dabei weicht das Rad nach oben in Stoßrichtung aus und absorbiert somit den Schlag, der ohne Federsystem ins Fahrwerk und an den Fahrer weitergeleitet würde. Konventionelle Telegabeln wie auch Hinterradschwingen sind von ihrem Federverlauf her, der sogenannten Raderhebungskurve, fast optimal ausgelegt, um Stöße abzufangen, da Stoßrichtung und Federrichtung nahezu parallel verlaufen.

Da alle ungefederten Massen zwangsläufig jedem Stoß einen Widerstand in Form der Massenträgheit entgegensetzen, die eine schnelle, sensible Stoßabsorbtion erschwert, greifen in diesem ersten Moment die Reifen als Federelemente ein. Trifft der Reifen auf eine Kante, verformt sich die Reifenkarkasse zum Teil extrem und dämpft somit diesen Stoß je nach Bauhöhe und Steifigkeit der Reifenkonstruktion mehr oder weniger ab. Speziel Enduro- und Motocross-Fahrwerke profitieren enorm von dieser Flexibilität der Reifen, die mit einem Luftdruck von unter 1 bar befüllt werden. Straßenmotorräder benötigen einen hohen Reifenfülldruck von über 2 bar, die in Verbindung mit den Niederquerschnittsreifen (Bauhöhe deutlich kleiner als Baubreite) zwar auch komfortabel abrollen, in ihrem »Federweg« aber begrenzt sind.

Der entscheidende Faktor bei der Stoßdämpfung durch den Reifen ist aber neben dem Reifenluftdruck der Aufbau der Reifenkarkasse. Die Karkasse, also der Unterbau des Reifens, wird unterteilt in Seitenwand (Sidewall) und Lauffläche (Tread). Beide Elemente sind auf der Reifenflanke in englischer Sprache aufgeführt. Beispiel: Sidewall: 2 Plies Polyester, Tread: 2 Plies Polyester + 1 Ply Steel.

Das bedeutet, dass die Karkasse, die von einer Schulter (Sidewall) zur anderen verläuft, aus einem

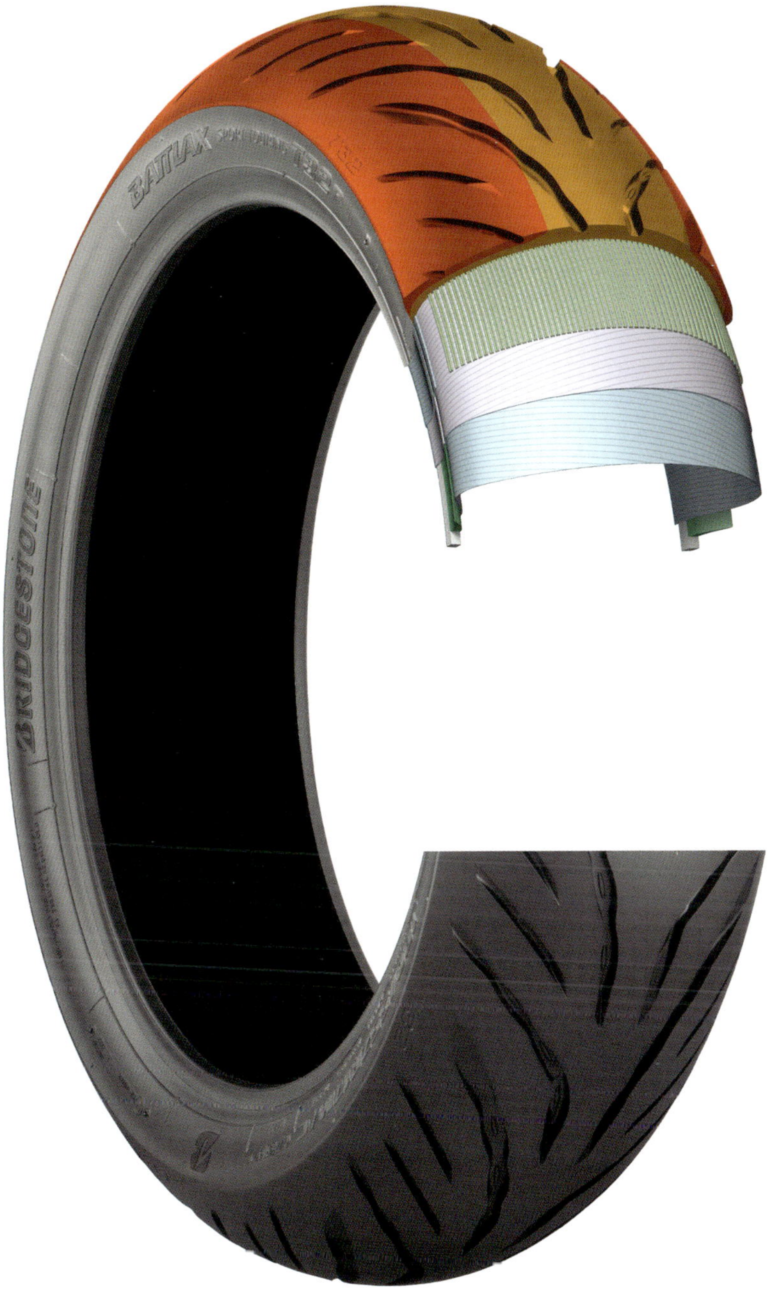

Das Federelement Nummer eins: der Reifen. Hier ein Bridgestone Radialreifen mit zwei Karkasslagen, über die der Nullgrad-Gürtel gewickelt und mit zwei unterschiedlich harten Gummimischungen versehen ist.

zweilagigen Polyestergewebe besteht. Über diesem Polyesterverbund verläuft eine sogenannte endlos gewickelte Lage aus einem dünnen Stahlseil oder einer hochfesten Kunstfaser, etwa Aramid. Dieser sogenannte Null-Grad-Gürtel unter der Lauffläche (Tread) garantiert, dass der Reifen bei hohem Tempo durch die Zentrifugalkräfte nicht »wächst«, sich also in seinem Durchmesser ausdehnt.

Mit entscheidend für die Steifigkeit, und damit auch für die Flexibilität eines Reifens, ist der Winkel der einzelnen Karkasslagen. Kreuzen sich die Fäden im Winkel von 45 Grad, entsteht daraus eine sehr steife Konstruktion, beispielsweise für Motocross- oder Enduro-Reifen. Die Nachteile dieser sogenannten Diagonalkarkasse sind ein weniger stabiler Geradeauslauf und ein poltriges Abrollverhalten. Diagonalreifen mit (Bias Belted-Reifen) oder ohne darüberliegendem Gürtel (Diagonal-Reifen) werden nur noch in wenigen kleinen Dimensionen für leichte Motorräder oder bei den 21-Zoll großen Enduro-Vorderreifen angeboten.

Wird der Winkel der diagonalen Karkassfäden hingegen in einem spitzen Winkel, also mehr in Laufrichtung, angeordnet, verbessert sich der Geradeauslauf bei mehr Abrollkomfort, aber einer weniger stabilen Lauffläche.

Der Großteil der aktuellen Straßenmotorräder rollt auf sogenannten Radial-Gürtelreifen. Die Konstruktion besteht hier meist aus einem zweilagigen Unterbau, bei dem die Fäden im Winkel von knapp 90 Grad, also fast quer zur Laufrichtung, verlaufen.

Einlagige Karkassen, meist am Hinterrad zu finden, sind exakt im 90 Gradwinkel verlegt (radial).
Über diesem radialen Unterbau verläuft dann der sogenannte Null-Grad-Gürtel, der in Laufrichtung gewickelt, dem Reifen eine sehr gute Fahrstabilität bei besten Dämpfungseigenschaften garantiert.

Um die Kurvenstabilität in großen Schräglagen zu verbessern und das Einknicken der Karkasse zu unterbinden, werden in der Reifenseitenwand sogenannte Kernfüller verbaut. Diese dreieckig

Am Vorderrad spannen sich zwei schräge Schnittgürtel von einer zur anderen Seite (orange und rot), die an der Felge den Kernfüller (hellblau) umschlingen. Dieser sorgt für eine stabile Seitenwand und damit präzises Lenkverhalten.

Nicht nur bei extremen Bremsmanövern der MotoGP Piloten bildet sich an der Kontaktfläche des Vorderradreifens durch die hohe Last (gelber Pfeil) ein sehr großer Latsch aus, der für besten Grip und Verzögerung sorgt, während das Hinterrad in der Luft schwebt (grün).

angelegten Kerne aus einer mehr oder weniger harten Gummimischung stützen sich auf dem umlaufenden Stahlkern ab und stabilisieren die Reifenschulter in Schräglage, begrenzen jedoch in gleicher Weise die Federeigenschaften der Seitenwand.

Ein weiterer »Trick«, um die Reifenflanke zu stabilisieren, ist der sogenannte Umschlag der Karkasslagen um den Stahlkern. Dabei werden die Karkassfäden nach der Umschlingung des Stahlkerns über die Seitenwand wieder nach oben Richtung Lauffläche gezogen. Dies bewirkt eine Verdoppelung der Karkasse aber nur im Bereich der Seitenwand, während die Lauffläche nur von einer Lage gestützt wird.

Die Bauhöhe der Reifen hat sich im Lauf der Jahre ständig erhöht, um die Federwirkung in Schräglage zu verbessern und die Reifenaufstandsfläche in Schräglage zu vergrößern. Sie wird durch das prozentuale Verhältnis Baubreite zu Bauhöhe bestimmt. Durch die große Gesamtbauhöhe kann der Konstrukteur auch die Seitenwand breiter anlegen, ohne dass er die Reifenkontur zu flach gestalten muss.

Man erkennt also auch beim Federelement Reifen, dass, wie beim Stoßdämpfer auch, der Kompromiss aus Stabilität und Komfort gefragt ist.

Ein entscheidender Punkt bei der Reifenkonstruktion ist der vom Karkassaufbau und dem Reifenluftdruck abhängige dynamische Reifenlatsch, also der Kontaktfläche zwischen Reifen und Fahrbahn. Dieser elliptische Latsch verändert sich je nach Fahrsituation dramatisch. Beispiel: Beim Beschleunigen titscht das Vorderrad nur noch leicht über den Boden, die Kontaktfläche ist minimal und kann somit nur sehr wenig Seitenführung aufbauen. Geht man aber voll in die Bremsen presst es den

Derselbe Vorgang beim Beschleunigen: Das Hinterrad wird auf den Boden gepresst (rot) und erzeugt einen großen Latsch am Reifen, das Vorderrad hebt ab (grün) und die g-Kraft der Schräglage (blau) sorgt für eine zusätzlich Kompression. Die Schwinge federt durch den Anti-Squat-Effekt weit aus.

Reifen mit dem Gesamtgewicht von Fahrer und Motorrad auf den Asphalt. In diesem Zustand vergrößert sich der Latsch um das Vielfache. Gut so, denn damit kann er sich effizient mit dem Fahrbahnbelag verzahnen und eine maximale Bremsverzögerung von über einem g, also 9,81 m/s^2 ermöglichen. Das selbe spielt sich unter umgekehrten Verhältnissen am Hinterradreifen ab, der bei voller Beschleunigung extrem viel Leistung übertragen kann. Für den Reifenkonstrukteur stellt sich also die Aufgabe, diese Verformung so zu gestalten, dass er maximalen Grip generiert, der Reifen aber in keiner Fahrsituation teigig und instabil wird.

Ein weiterer Faktor für die Steifigkeit der Lauffläche ist das Profildesign. Reifen mit einem hohen Anteil an Negativprofil, also viele und tief geschnittene Profilrillen, geben dem Reifen ein geschmeidiges, weiches Abrollverhalten und damit einen guten Federungskomfort. Die Profilrillen wirken dabei wie eine »Sollknickstelle«, die den Profilblöcken eine verstärkte Walkarbeit bescheren. Speziell Tourenreifen, die auch mit einer guten Wasser-Drainage bei Regen ausgestattet sind, werden deutlich stärker profiliert als Sportreifen.

Bei Sportreifen hingegen versucht man mit so wenig wie möglich Profilrillen eine stabile Lauffläche mit großer Auflagefläche zu erzeugen und an der Reifenschulter oft gänzlich darauf zu verzichten.

Ein weiterer Faktor bei der Reifenstabilität ist der Laufflächengummi. Auch diese Gummilage stabilisiert den Reifen in Abhängigkeit von der Temperatur und Mischung. Je wärmer, desto flexibler, je kälter desto härter. Ab einer bestimmen Minus-Temperatur wird die Lauffläche regelrecht spröde, man spricht dann vom Glasverhalten des Reifens. Dieses Glasverhalten kann speziell bei Rennreifen

Rennsport-Reifen für die Straße. Die konsequent reduzierten Profilrillen im Schulterbereich gestatten maximalen Sidegrip bei noch ausreichender Wasserdrainage und Nasshaftung.

Supersport-Reifen mit kompromissbereiter Anordnung der Profilrillen über die gesamte Lauffläche, die durch eine verstärkte Walkarbeit auch für eine schnelle Erwärmung des Laufflächengummis sorgen.

Im Design dem Supersportreifen sehr ähnlich, jedoch mit zusätzlichen feinen Rillen versehen, wird der Tourensportreifen klar auf beste Kaltlaufeigenschaften und Nasshaftung getrimmt, die am Vorderrad auch die Bremsverzögerung verbessert.

Das Federelement Nummer zwei zwischen Fahrbahn und Chassis: das Drahtspeichenrad. Im Enduro- und Motocross-Bereich wegen der Elastizität des Speichenverbundes nicht wegzudenken.

soweit gehen, dass die Lauffläche bei Minustemperaturen unter Belastung, also bei unsachgemäßem Transport oder Lagerung bricht.

Bei modernen Motorradreifen werden zwei oder drei unterschiedlich harte Mischungen auf die Karkasse aufgebracht, um je nach Einsatzzweck eine sehr gute Haftung in Kurven mit geringem Abrieb auf dem mittleren Laufstreifen zu kombinieren. Diese Multi-Compound-Reifen werden sowohl im Touren, wie auch im Rennsport eingesetzt und bestimmen mit, wie flexibel oder stabil der Reifen bei Betriebstemperatur ist. Straßenreifen werden auf kurvigen Landstraßen etwa 40 bis 60 Grad warm, Rennreifen können sich bis zu 180 Grad aufheizen.

Die Reifenkontur, also die Krümmung der Lauffläche, macht letztendlich den entscheidenden Unterschied im Lenk- und Fahrverhalten des Reifens. Die triangulare, also eher dreieckige Kontur der Sportreifen, wurde im Lauf der Jahre auch auf die früher meist flach gebauten Tourenreifen übertragen. Die spitzige Krümmung verbessert die Handlichkeit, baut in Schräglage eine große Kontaktfläche auf und macht das gesamte Motorrad agiler und leichter manövrierbar.

Auch die Räder selbst werden von den Ingenieuren oftmals noch als Federelement berücksichtigt. Wobei modernen Gussrädern für den Straßenbetrieb weniger Elastizität abgefordert wird als denen, die bei Enduros und Offroad-Bikes verbaut werden. Dort gelten die klassischen Drahtspeichenräder als ein weiteres wichtiges Federelement, weshalb Versuche mit steifen Gußrädern im Motocross-Sport in den 80er-Jahren hoffnungslos gescheitert sind.

Andererseits können Drahtspeichenräder durch ihre Flexibilität zwischen Nabe und Felge die Hochgeschwindigkeits-Stabilität bei schweren Reiseenduros und hoher Zuladung negativ beeinflussen.

Die Federbewegungen der gefederten Massen (alle Fahrzeugbauteile mit Ausnahme der Räder, Bremsen, Gabel, Schwinge, etc.) entstehen durch dynamische Fahrzustände, beziehungsweise durch die dynamische Massenträgheit.

Beim Bremsen beispielsweise taucht das Motorrad durch die Massenkräfte vorne ein (Nickbewegungen). Dabei entsteht eine sogenannte dynamische Radlaständerung, in diesem Fall eine höhere Belastung des Vorderrades.

Gegensätzlich dazu wird durch die dynamische Radlaständerung beim Beschleunigen das Hinterrad verstärkt auf den Boden gepresst. Dass dabei die Federung nicht oder nur sehr wenig eintaucht, hängt mit dem sogenannten Anti-Squat-Verhalten der Schwinge zusammen. Steht diese im richtigen Winkel (mindestens 9 bis 10 Grad), wirkt sie dem Einfedern beim Beschleunigen entgegen.

Damit beide Federbewegungen das Motorrad nicht destabilisieren, greift die hydraulische Dämpfung von Zug- und Druckstufe ein. Dabei wird der Federvorgang hydraulisch abgebremst und ein unkontrolliertes Aufschaukeln der Rad- und Fahrzeugmassen verhindert. Bei diesem hydraulischen »Bremsvorgang« wird Bewegungsenergie in Wärme umgewandelt. Weshalb sich Gabel und vor allem Stoßdämpfer spürbar erwärmen.

Generell gilt: Je geringer die ungefederten Radmassen, desto sensibler fällt das Ansprechverhalten aus, was dem Komfort und einem sicheren Bodenkontakt zwischen Reifen und Asphalt zugutekommt. Das Verhältnis von gefederten zu ungefederten Massen ist je nach Motorradtyp sehr unterschiedlich.

Schwere Tourer mit rund 350 kg fahrfertigem Gewicht und einer Gewichtsverteilung von 50 zu 50 Prozent mit Fahrer kommen (ungefederte Massen zirka 15 Kilogramm vorn, zirka 20 Kilogramm hinten) auf etwa 11,7 kg bzw. 8,8 kg zu eins. Generell ist ein leichtes Motorrad mit relativ hohen ungefederten Massen wesentlich schwieriger abzustimmen, als eine schwere Maschine. Denn ein feinfühliges Ansprechverhalten (wenig Dämpfung, weiche Feder) mit stabilem Fahrverhalten (satte Dämpfung, straffe Feder) zu kombinieren, ist sehr schwierig – und manchmal unmöglich.

Erfreulicher Nebeneffekt von leichten Rädern: Das Motorrad wird mit Rädern zum Beispiel aus Magnesium oder Carbon handlicher und agiler. Weniger erfreulich: Die Stabilität nimmt ab, Stichwort stabilisierende Kreiselkräfte. Zudem neigen leichte Räder und Radmassen zu hochfrequenten Schwingungen und Unruhen.

Stabil, kostengünstig, pflegleicht: Gussräder in jedem nur erdenklichen Design haben sich durchgesetzt. Durch verfeinerte Gusstechnik lassen sich auch in Großserie extrem leichte und bruchsichere Räder herstellen.

Bei der R1 M setzt Yamaha auf das elektronische ERS-Fahrwerk vom Haus- und Hof-Lieferanten Öhlins. Mehr Hightech für jedermann ist kaum zu finden.

KAPITEL 3

TECHNIK Funktion der Teleskopfedergabel

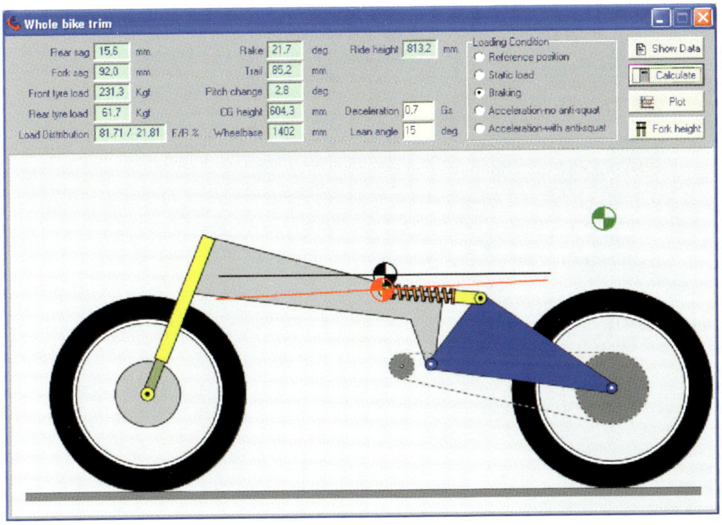

Passend zum Foto zeigen die Daten, dass die KTM Duke 790 bei 15 Grad Schräglage mit 0,7 m/s² verzögert und dabei durch die »kurze« Lenkgeometrie und beherzter Lenkkraft noch die Spur wechseln kann.

- Upside-down und Rightside-up-Telegabel
- Dämpfung offen, Cartridge, Big Piston, Gasdruck
- Federbauarten und Funktion
- Ölstand und Federfunktion

FUNKTION UND BAUARTEN DER TELESKOP-FEDERGABEL

Lenken, bremsen, federn, dämpfen, Spur halten – mit diesen komplexen Aufgaben ist die Teleskopfedergabel ein echtes Multifunktions-Talent. Grund genug, dass die gute alte Telegabel sämtliche alternativen Vorderradführungen in den Schatten stellt. Die Revolution ging spurlos an ihr vorüber. Schon in den Anfangszeiten der mobilen Zweiräder konstruierten eifrige Ingenieure an allen möglichen und unmöglichen Alternativen zur Telegabel.

Aus heutiger Sicht erledigte keine noch so raffinierte Vorderradführung die vielfache Aufgabenstellung so perfekt, wie die Telegabel. Hinterleuchtet man diese Konstruktion genauer, kommen zwar einige offensichtliche Schwächen zutage, doch in der Summe ihrer Eigenschaften ist das Rohr-in-Rohr-Konstrukt unschlagbar.

Zumal sich manche theoretischen Nachteile in der Praxis umkehren. So verandert sich beim Bremsen mit der Telegabel, egal ob Upside-Down oder konventionell, die Lenkgeometrie je nach Federweg dramatisch in Richtung »handlich«. Kleines Beispiel: Durch das Eintauchen der Front bei

Multifunktions-Talent: Bremsen, Lenken, Federn – die Teleskopfedergabel wird auch mit extremen Belastungen und Anforderungen fertig. Je nach Ausstattung und Dimension ist das Einsatzgebiet weit gesteckt.

gleichzeitigem Ausfedern des Hecks verringert sich der Nachlauf eines sportlichen Naked Bikes von 104 auf 80 Millimeter, während der Lenkkopf-

Alternative, Teil 1: Das BMW Duo-Lever-System basiert auf dem Hossack-Patent. Zwei Längslenker führen die Gussholme, ein Scherengelenk überträgt die Lenkbefehle. Unterm Strich nicht besser als die Telegabel.

winkel sich von 66 auf über 70 Grad verändert und somit extrem steil steht. Weil die Telegabel bedingt durch die Schrägstellung (Lenkkopfwinkel) sich nicht nur nach oben, sondern auch nach hinten bewegt, verkürzt sich zudem der Radstand von 1475 auf 1415 Millimeter.

Insgesamt hat das Naked Bike in dieser Bremsphase theoretisch also eine höchst instabile Geometrie, die aber den Vorteil hat, dass sich das Motorrad auf der Bremse leicht und schnell in Schräglage bringen lässt.

Im umgekehrten Fall, also beim Beschleunigen, federt die Telegabel aus und die Lenkgeometrie wird »stabiler«.

So passen sich die dynamischen Veränderungen durch das Ein- und Ausfedern der Telegabel nahezu perfekt der jeweiligen Fahrsituation an.

SCHWINGGABELN, ACHSSCHENKEL, NABENLENKUNG – DIE TELEGABEL WAR ALLEN ANDEREN SYSTEMEN ÜBERLEGEN

In den 60er-Jahren machte sich die Telegabel daran, die Schwinggabeln zu ersetzen. Wobei ihr die anfänglich drastische Unterdimensionierung schwer zu schaffen machte. Mit anfänglich 30 Millimeter dürren Standrohren ausgerüstet, waren sie den Kräften und Biegemomenten beim Kurvenfahren und Bremsen einfach nicht gewachsen, da halfen auch monströse Gabelstabilisatoren nicht wirklich weiter.

In ihrer Not behalfen sich die Konstrukteure mit drastisch vergrößerten Standrohrdurchmessern (bis zu 50 Millimeter), ehe man Ende der 80er-Jahre das ganze System auf den Kopf stellte. Upside-Down, kurz USD, nannte sich die Sache, die ein paar entscheidende Vorteile mit sich brachte. Zum einen wurde die mit extremen Biegekräften belastete Stelle an der unteren Gabelbrücke durch große Durchmesser nachhaltig entschärft. Zum anderen schiebt sich beim Einfedern und dem damit einhergehenden Biegemoment das Tauchrohr in das Standrohr, was bei vielen USD-Konstruktionen zu einer weiteren Stabilität durch den vergrößerten Überlapp beiträgt.

Diese hohe Stabilität ist mit ein Grund dafür, dass sich die Durchmesser der USD-Bauteile in den letzten 20 Jahren nur bei wenigen Herstellern verändert haben. So sind in den meisten Großserien-Straßenmaschinen aktuell nur 41 oder 43 Millimeter dicke, oder in wenigen Fällen 45er- oder gar 48er-Tauchrohre verbaut. Was dem Gewicht guttut und gleichzeitig die Reibung vermindert. Das Handicap der unerwünschten hohen Reibung war oft Anlass, die Telegabel durch reibungsarme Vorderradkonstruktionen zu ersetzen.

BMW machte sich zuerst mit Telelever, bei den K-Vierzylindern mit dem Duo-Lever-System einen Namen. Dort stützen sich die Radträger über massive Längslenker am Rahmen ab. Federung und Dämpfung übernimmt ein dazwischengeschalteter Stoßdämpfer.

War damit die Telegabel am Ende? Mitnichten, denn nicht nur der Münchner Supersportler S 1000 RR, sondern auch viele andere BMW-Modelle federn und dämpfen wieder mit konventionellen Teleskopgabeln.

Der Versuch, die Telegabel flächendeckend zu ersetzen, wurde im Keim erstickt. Und das, obwohl die alternativen BMW-Vorderradaufhängungen weltweit die einzigen Systeme sind, die sich auf dem Markt etablieren konnten. Zur Erinnerung: Yamaha versuchte sich 1993 mit einer Achsschenkellenkung am Sporttourer GTS 1000 und Bimota wollte die Supersportszene mit der Nabenlenkung in der Tesi 1D revolutionieren. Beide Systeme konnten den Beweis ihrer theoretischen Vorteile in der Praxis nicht umsetzen und verschwanden vom Markt. Auch wenn Kawasaki in Kooperation mit Bimota die Tesi Nabenlenkung aktualisiert, waren die Tests der Fachzeitschriften vernichtend und bestätigten die grundlegenden Nachteile der Difazio-Nabenlenkung.

ZUVIEL DES GUTEN: STABILITÄT UND STEIFIGKEIT

Nimmt man die Verwindungssteifigkeit moderner Radführungen in der Praxis unter die Lupe wird deutlich, dass eine gewisse Flexibilität durchaus von Vorteil sein kann. So werden Störungseinflüsse durch die Fahrbahn, also Querrillen, Trennfugen oder kurz aufeinanderfolgende Bodenwellen bei einem flexiblen System absorbiert, während extrem steife Konstruktionen diese Schläge ins Fahrwerk einleiten und Lenkerschlagen oder Chattering, also hochfrequente Vibrationen am Vorderrad, auslösen können.

Zudem ist die sogenannte Raderhebungskurve, also der Verlauf des Rades beim Einfedern aufgrund von Bodenwellen, bei der Telegabel nahezu perfekt. Alle anderen Systeme, die gezogene Langschwingengabel ausgenommen, federn zum Teil gegen die Stoßrichtung.

Ein schönes Beispiel für die gezielt ausgelegte Flexibilität einer Telegabel sind die Gabelbrücken der Moto GP-Maschine. Dort halten auf den ersten Blick skurril gefräste obere Gabelbrücken die Standrohre und erlauben durch die tiefen Einschnitte eine mehr oder weniger große Verwindung. Auch die extrem massiven und vielfach geklemmten unteren Gabelbrücken sind im Rennsport und in der Serie ausnahmslos verschwunden. Nur einige Tuner setzen noch heute aus optischen Erwägungen auf solche martialischen Bauteile.

Alternative, Teil 2: BMW Telelever-System der Boxer-Baureihen, eine Kombination aus Telegabel und Längslenker-Radführung. Höchst komfortabel und mit integriertem Anti-Dive-Effekt, aber wenig Rückmeldung und Torsionsteifigkeit.

Massive Gabelbrücken mit dreifach Klemmung und hohlgegossener unterer Brücke. Extrem verwindungssteif und stabil – und gerade deshalb nur noch selten verbaut und eher der martialischen Optik geschuldet.

Fast zierlich dagegen die USD-Gabel der über 200 PS starken Kawasaki ZX 10 RR mit geschmiedeten Aluminium-Brücken und mit aufwendigem Closed-Cartridge-Dämpfer. Die Ansaugluft durchströmt den Lenkkopfbereich.

REIBUNG, STABILITÄT UND LOSBRECHKRAFT

Im Lauf der Jahre wurden die konstruktionsbedingten Nachteile der Telegabel systematisch ausgemerzt. Mit reibungsarmen Oberflächenbeschichtungen der Standrohre mit Titannitrid oder Kohlenstoff reduzierte man die Reibung der Gleitlagerstellen massiv.

Ein ganz entscheidender Punkt bei der Konstruktion einer Telegabel ist es, die Durchbiegung von Stand- und Tauchrohr unter Last so anzulegen, dass sich das Rohr-in-Rohr-System möglichst synchron verbiegt. Nur so kann der Konstrukteur auch beim Bremsen die unerwünschte Reibung reduzieren und damit das Ansprechverhalten bei maximaler Biegekraft verbessern. Dazu werden die Durchmesser und Wandstärken der Gabelrohre, die Gabelbrücken und die Lagerstellen in computergestützten Rechenprogrammen festgelegt.

Bei der Lagerung gibt es bei den USD-Gabeln zwei Methoden: Zum einen werden beide Lagerschalen fest im Standrohr eingebaut. Der Vorteil: Der Kontakt zwischen den Dreistofflagern mit dem hartverchromtem Tauchrohr läuft immer auf verchromtem Stahl ab. Der Nachteil der starren Lagerung: Durch die unverrückbaren Lagerbuchsen ergibt sich beim Einfedern, also auch beim Bremsen, keine Vergrößerung des Überlapp der Lagerstellen, um die Seitenkräfte zu reduzieren.

Dieser variable Überlapp findet sich an der zweiten, sehr weit verbreiteten Methode, bei der das untere Lager fest im Alu-Standrohr eingepresst wird, während das zweite Lager schwimmend am oberen Ende des Tauchrohres sitzt und beim Einfedern nach oben wandert. Der Nachteil der sogenannten schwimmenden Lagerung: Das Dreistofflager läuft in der beschichteten Aluminiumoberfläche des Tauchrohres, was zu einem verstärkten Abrieb führen kann. Teilweise werden im Rennsport und bei Motocross-Fahrwerken mit extrem langen Federwegen über 300 Millimeter auch Telegabeln mit zwei festen und einer dritten »schwimmenden« Lagerbuchse verwendet.

Ein Problem aller USD-Systeme: Die oberen Lagerstellen laufen im Klemmbereich der unteren Gabelbrücke. Deshalb muss diese Klemmung in der Brücke absolut rund ausgeführt sein. Was bei Großseriengabeln nicht immer der Fall ist, zumal bei der Montage die Gabelbeine schnell und ohne Reibung oder Beschädigung der Oberfläche in die Brücken geschoben werden müssen.

Um diese Verformung der Gabelrohre in der Großserie auszugleichen, wird sehr oft das Laufspiel, also die Differenz zwischen Innenrohr und den eingepressten Lagerschalen mit bis zu 0,45 Millimeter großzügig bemessen. Dementsprechend müssen die Simmerringe für eine zuverlässige und dauerhafte Abdichtung vorgespannt werden.

Das relativ große Laufspiel ist wichtig, um ein möglichst reibungsarmes Federverhalten auch dann zu sichern, wenn die Gabelbeine etwa bei einer Vollbremsung bis zu 20 Millimeter durchgebogen werden. Aus diesem Grund ist davon abzuraten, das Lagerspiel durch Unterlegen von dünnen Metallstreifen oder ähnliches zu verkleinern. Zumal sich dieses Spiel nicht oder nur minimalst auf die Verdreh- oder Biegesteifigkeit der Gabel auswirkt. Auch die Erneuerung der Lagerschalen im Rahmen von Gabelöl- oder Simmerringwechsel sollte nur dann erfolgen, wenn die obere, graue Beschichtung durch deutlichen Verschleiß abge-

Es ist nicht alles Gold was glänzt: Reibungsarme Titannitrid-Beschichtung der Tauchrohre an der Öhlins-Gabel. Kann auch schwarz ausfallen, wenn es sich um Diamond Like Carbon (Kohlenstoff) handelt, kurz DLC.

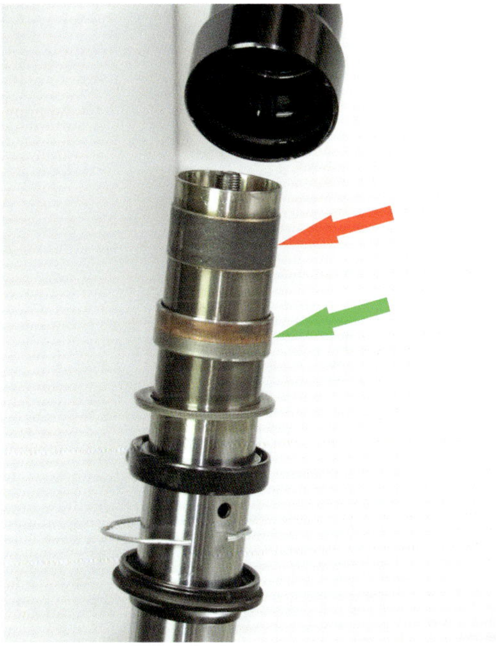

Führung der Tauchrohre mit zwei Lagerschalen. Rot »schwimmend« auf dem Tauchrohr, grün fest eingepresst im Standrohr. Weniger häufig findet sich die Lösung mit zwei festen Lagern.

tragen ist. Und das ist erfahrungsgemäß erst nach weit über 50 000 Kilometer Laufleistung der Fall. Vorausgesetzt natürlich, das Gabelöl wurde in den empfohlenen Intervallen gewechselt und die Gabelinnereien dabei gründlich gereinigt.

Doch ganz egal, welche Lagerart und welches Laufspiel, das korrekte Anzugsmoment der unteren Gabelbrücke und eine spannungsfrei montierte Vorderradachse sind entscheidend für die mechanische Leichtgängigkeit und eine minimale Reibung. Zusätzlich wirkt sich die Bauart und Qualität der Simmerringe und Staubkappen auf den Slipstick-Effekt aus. Die Erfahrung zeigt, dass für den Straßenbetrieb die Original-Simmerringe der Hersteller oder hochwertige Bauteile von SKF den besten Kompromiss zwischen Haltbarkeit und Freigängigkeit darstellen. Für den Rennsport, egal ob Straße oder Gelände, verschiebt sich der Kompromiss ganz klar in Richtung Ansprechverhalten, weshalb der Wechsel der Simmerringe in deutlich kürzeren Intervallen stattfinden muss. Für solche Sonderfälle bieten sich für Gabel wie auch für Stoßdämpfer Dichtsätze, im Fall des Stoßdämpfers komplettiert im sogenannten Dichtkopf, an.

Mit einer einfachen Methode lässt sich eine mehr oder weniger starke Verformung der Stand-

Die untere Gabelbrücke kann sich bei einem zu hohen Anzugsdrehmoment oval verformen und sollte nur mittels Drehmomentschlüssel angezogen werden.

TIPP: *Simmerringe von SKF funktionieren erfahrungsgemäß sehr gut und zuverlässig. No-name-Dichtringe sitzen oftmals sehr straff und arbeiten mit einer hohen Losbrechkraft.*

Mittels Mikrometer-Schraube lässt sich der ovale Verzug der Standrohre leicht vermessen. Die erste Messung vor dem Festziehen 90 Grad versetzt in zwei Richtungen …

… zweite Messung an den gleichen Messstellen nach dem Festziehen laut Drehmomentvorgabe/Handbuch oder bei Zweifachklemmung 14 N/m. Mehr als 0,05 Millimeter sollte der Verzug nicht betragen.

rohre nachweisen. Man misst mit der Mikrometerschraube den Standrohrdurchmesser an der unteren Gabelbrücke einmal quer zur Klemmnaht und dann im 90-Grad-Winkel dazu. Dann öffnet man die Klemmung und misst an denselben Positionen nochmal. Die Ovalität sollte maximal 5/100 Millimeter betragen.

Die Differenz zeigt, wie stark sich das Rohr verformt und damit das tatsächliche Laufspiel in diesem Bereich reduziert wird. Man kann mit dieser Methode auch überprüfen, ab welchem Anzugsdrehmoment sich die Standrohre über Gebühr verziehen. Ist dies der Fall, kann das Anzugsdrehmoment auf bis zu 12 Nm reduziert werden. Bei hohen Belastungen (Offroad, Straßenrennsport) können die Standrohre bei geringem Anzugsdrehmoment zusätzlich mit einem Lagerklebstoff in den unteren Brücken fixiert werden. Dieser Kleber muss dann allerdings zur Demontage erhitzt werden.

TECHNIK: HYDRAULISCHE DÄMPFUNG DER TELEGABEL

Man unterscheidet zwischen einfachen Kolben-Systemen bei Old- und Youngtimern, dem gebräuchlichen offenen Cartridge-Systemen (OC) und im hochpreisigen Supersport-Segment die gasdruckunterstütze Closed Cartridge (CC) Gabeldämpfung.

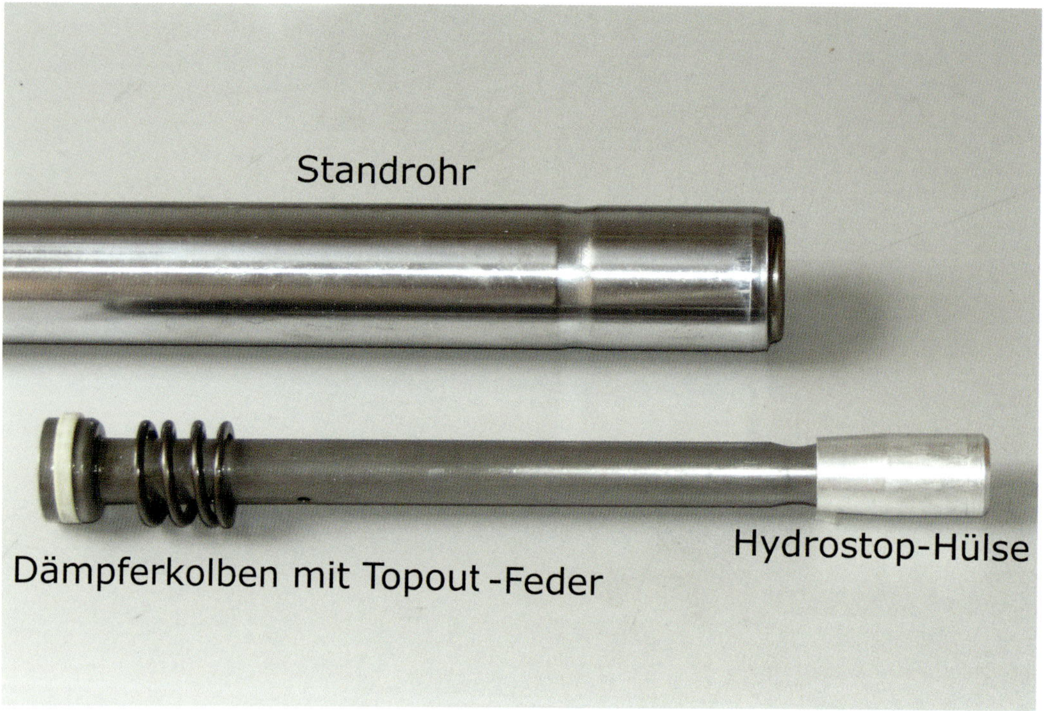

Innenleben einer klassischen Youngtimer-Gabel. Sehr einfacher Aufbau und mit wenig Möglichkeiten zur Dämpferabstimmung/Optimierung. Beste Lösung: mit angepassten Ölviskositäten befüllen.

Bei den offenen Kolbendämpfern, die meist nur noch an kostengünstigen Mittelklasse-Maschinen und Youngtimern bis Mitte der 1980er-Jahre verbaut sind, wird die Dämpfung von einem mit Bohrungen versehenen Kolben mit Dichtring gesteuert. Dieser ist fest mit dem Tauchrohr verbunden und gleitet an der Innenseite des Standrohres auf und ab. Das Öl wird bei den Federbewegungen durch die Bohrungen gepresst und sorgt somit für den notwendigen hydraulischen Widerstand. Aufwendigere Systeme arbeiten mit federbelasteten Wechselventilen, bei denen die Zugstufendämpfung höher ausfällt als die Druckstufendämpfung. Der Nachteil des einfachen Systems: Weil Einfeder- und Ausfederbewegung nur durch die Bohrungen geregelt werden, ist eine exakt kontrollierte Dämpfung bei kleinen Federhubbewegungen nur bedingt möglich. Zudem reagieren diese simplen Systeme sehr stark auf Temperaturschwankung.

Bei kalter Witterung arbeiten sie überdämpft und zäh, bei hohen Temperaturen zu weich und unkontrolliert, mit viel Bewegung. Der Wechsel auf ein zähflüssigeres Gabelöl in den Sommermonaten bringt in den meisten Fällen eine stabilere Dämpfung. Eine Einstellmöglichkeit ist für diese einfachen Systeme nur selten vorgesehen. Einzige Möglichkeit, Änderungen vorzunehmen, ist die Verwendung einer anderen Ölviskosität – oder der radikale Umbau auf ein modernes OC System, das von einigen Fahrwerksherstellern und im Fachhandel vertrieben wird.

DAS OFFENE CARTRIDE-SYSTEM (OC)

Der logische Schritt, diese Nachteile zu eliminieren, geschah mit der Einführung und Verbreitung des »Cartridge«-Systems. Dabei ist in jedem Gabelholm eine Kartusche (englisch: cartridge) untergebracht, in der ein Dämpferkolben, der sogenannte »bewegte Kolben«, mit Plattenventilen auf- und abgleitet. Dieser Kolben trägt nur kleinste ständig offene Bohrungen (freie Bleeds), durch die das Dämpferöl bei langsamen Ausfederbewe-

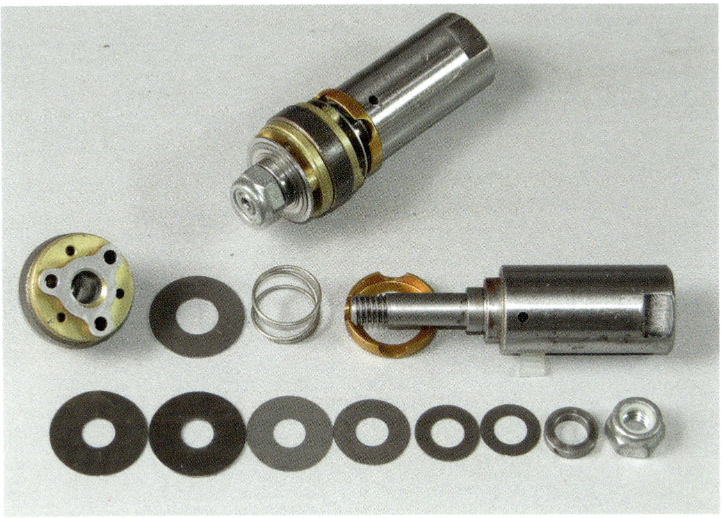

Bei den meisten offenen Cartridge-Systemen lassen sich die Dämpferelemente wie beim Federbein sehr fein auf alle Bedürfnisse durch das Shimpaket und das Checkvalve (Wechselventil) abstimmen.

gungen (Lowspeed) hindurchströmen kann. Damit wird gewährleistet, dass die Gabel auch auf kleinste Bewegungen sensibel anspricht. Nimmt die Federbewegung an Geschwindigkeit zu, etwa nach einer Bodenwelle, wird das Öl durch die mit Federstahlplättchen abgedeckten Kolbenbohrungen gepresst. Taucht die Gabel ein, öffnet auf der oberen Seite des »bewegten Kolbens« ein federbelastetes Wechselventil und lässt das Öl ohne großen Widerstand durch den Kolben hindurchströmen. Dadurch wird das Zylindervolumen hinter dem Kolben wieder mit Öl befüllt.

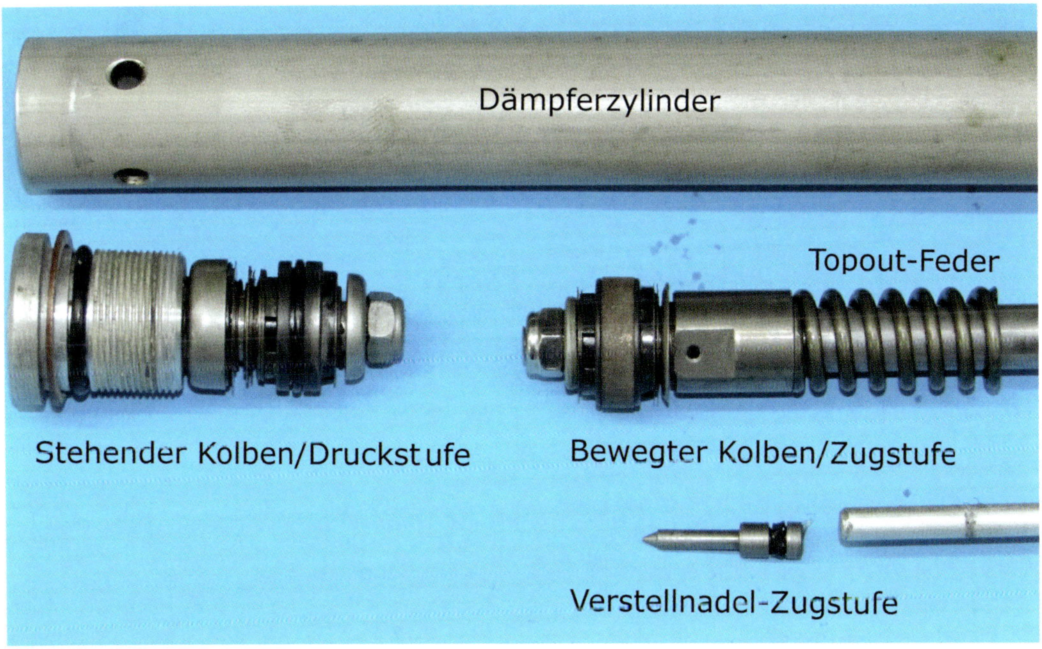

In der Cartridge steuert der »bewegte« Kolben die Zugstufendämpfung, der »stehende« Kolben am Gabelboden die Druckstufendämpfung, beide können durch ein Nadelventil verstellt werden.

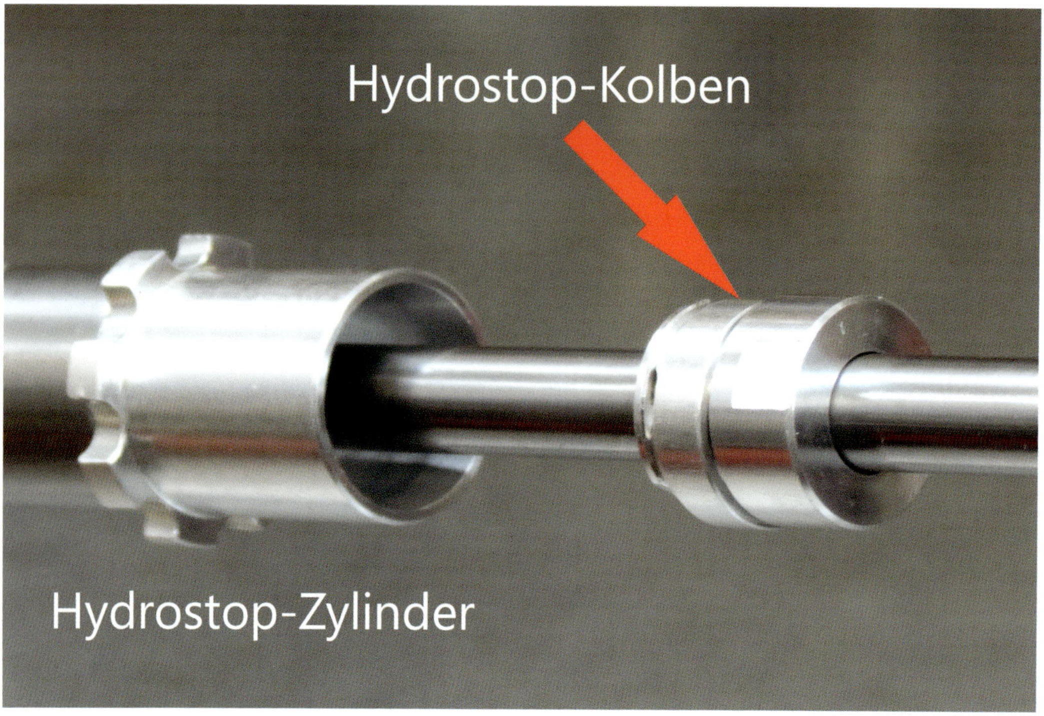

Auf der Kolbenstange sitzt der Hydrostop-Kolben (rot). Dieser taucht etwa 25 mm vor dem Federwegende in den Hydrostop-Zylinder, wird dort hydraulisch abgebremst und verhindert ein metallisches Durchschlagen.

Der hydraulische Widerstand beim Einfedern (Druckstufendämpfung) wird bei den meisten Cartridge-Systemen durch ein weiteres Plattenventil am unteren Ende der Dämpferkartusche, dem sogenannten »stehenden Kolben«, gesteuert. Dabei wird durch das Volumen der in den Zylinder eintauchenden Kolbenstange Öl aus dem Zylinder durch den stehenden Kolben gepresst, was eine exakte Steuerung der Druckstufendämpfung beim Einfedern ermöglicht. In der Mitte des Kolbenventils befindet sich eine Bohrung, deren Ringquerschnitt mittels Nadelventil mehr oder weniger stark verengt wird – dies ist die Druckstufeneinstellung. Diese Stellschraube findet sich am unteren Ende des Tauchrohres. Das Gegenstück dazu, die Zugstufeneinstellung, sitzt am oberen Gabelstopfen und regelt ebenfalls ein Nadelventil, das über eine Druckstange den freien Ringquerschnitt im bewegten Dämpferkolben verändert.

Als Anschlagpuffer in der Telegabel werden in der Großserie überwiegend sogenannte **Hydrostops** verbaut. Das sind Tassen, in die etwa 25 Millimeter vor dem Ende des Federwegs ein an der Dämpferstange angebrachter Kolben eintaucht und das dort befindliche Öl verdrängen muss. Durch ein Wechselventil kann der Kolben, ohne sich festzusaugen, wieder ausfedern. Bei älteren Hydrostops fehlt dieses Wechselventil, womit die Gabel für eine kurzen Moment durch den Unterdruck in dieser Position hängen bleibt und die Gabel blockiert. Ein Umstand, der beim Bremsen dazu führen kann, dass der Reifen überlastet wird und blockiert.

Bei gut abgestimmten Telegabeln, speziell im Rennstreckentrimm, ersetzt man den Hydrostop durch einen Gummianschlag oder kürzt diesen auf 10 bis 15 Millimeter ein. Generell sollte die Gabel den Hydrostop im normalen Fahrbetrieb nicht oder nur bei Vollbremsungen auf welligen Strecken touchieren.

Der oben beschriebene Aufbau ist bei nahezu allen in der Großserie verbauten Telegabeln identisch oder sehr ähnlich.

SPLIT-GABELN

Bei diesem Gabeltyp wird die hydraulische Dämpfung auf die beiden Gabelholme aufgeteilt. Eine Seite wird mit der Zugstufendämpfung bestückt, die andere mit der Druckstufendämpfung. Deshalb sitzen die Einstellschrauben in beiden Fällen oben am Gabelstopfen und verändern, wie gehabt, über ein Nadelventil die Dämpfkraft. Dadurch wirken links und rechts unterschiedliche Kräfte beim Ein- und Ausfedern, die sich jedoch nicht oder nur minimalst auf die Verwindungssteifigkeit der Gabel auswirken.

BIG PISTON FORKE (BPF)

Ein paar kluge japanische Köpfe erkannten bei den aktuellen Upside-Down-Gabeln die Möglichkeit, bereits vorhandene Bauteile mit noch mehr Aufgaben zu betrauen. Und so dient das Gabeltauchrohr, das bislang maßgeblich zur Radführung und Federung herhalten musste, bei der Big Piston Fork jetzt als ein präzise bearbeiteter und mit fein abgestimmten Ventilplättchen belegter Dämpferkolben direkt im Tauchrohr und steuert den Ölstrom beim Ein- und Ausfedern.

Bei der Split-Gabel werden Zug- und Druckstufendämpfung auf beide Holme verteilt und getrennt eingestellt. Dieses System setzt sich in allen Bereichen bis hin zu den elektronischen Fahrwerken immer mehr durch.

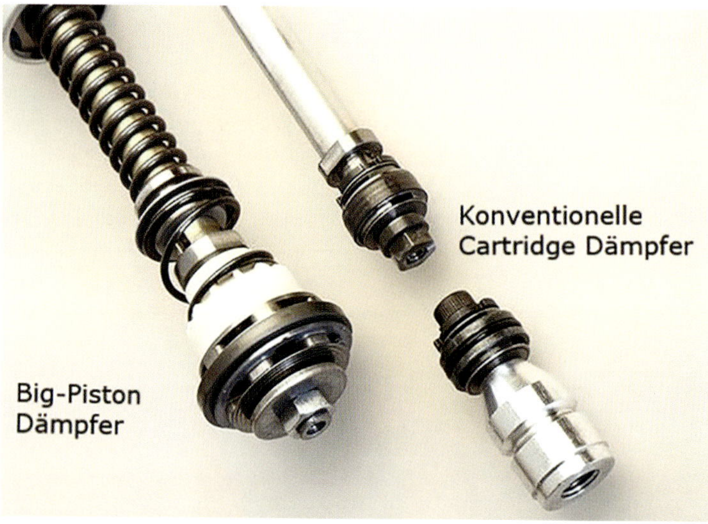

Neu – und schon wieder alt: Die Big-Piston-Gabeln arbeiten mit je einem großen, fein abzustimmenden Kolben wie ein Zweirohrdämpfer. Hohe Reibung und Kosten lassen diese Bauart verschwinden.

Bislang wurde unter der Bezeichnung Cartridge (Kartusche) ein Dämpfersystem verwendet, das als separates Bauteil in der Gabel Zug- und Druckstufe regelte. Um diese Kartusche in den relativ kleinen Tauchrohrdurchmessern unterzubringen, mussten zierliche und kleine Dämpferkolben und Dämpferplättchen, die sogenannten Shims, verwendet werden. Rund 20 Millimeter kleine Kolben und ein geringes Ölvolumen im Zylinder erschweren speziell bei kleinen Federbewegungen eine solide, kontrollierte und sämige Dämpfung.

Beim Big-Piston-System arbeitet, wie der Name schon sagt, ein mächtiger, 39 Millimeter großer Dämpferkolben. Mit seinen beidseitigen Shim-Paketen kann er den Ölstrom wesentlich exakter steuern und lässt sich besser und feiner abstimmen. Ein weiterer Vorteil der Big Piston Fork: Der Kolben arbeitet in beide Richtungen, steuert also die Druckstufendämpfung beim Ein- und die Zugstufendämpfung beim Ausfedern. Der Öldruck vor und hinter dem Kolben ist bei diesem System annähernd gleich, weshalb diese Gabeln von Showa auch als »Balance Free Frontfork« bezeichnet werden.

Beide Dämpfungen werden oben am Gabelstopfen eingestellt. Was jedoch nichts daran ändert, dass auch an der Big Piston Fork noch Potenzial zur Verbesserung bleibt. So stellten unabhängige Fahrwerks-Spezialisten bei Prüfstands-Messungen rund 30 Prozent mehr Reibung als beim konventionellen Cartridge-System fest. Was ganz einfach auf die rund doppelt so große Fläche der Kolbenringe zurückzuführen ist.

Weil aber speziell das feine, sensible Ansprechverhalten der Telegabel ein wichtiger Punkt bei Motorrädern aller Art ist, sind die Big-Piston-Gabeln bereits wieder in der Versenkung verschwunden und wurden durch den nächsten logischen Entwicklungsschritt in Sachen Federung/Dämpfung, ein geschlossenes Gas- oder Federdruck unterstütztes Dämpfersystem, ausgebremst.

GASDRUCK UNTERSTÜTZTE CC-TELEGABELN

Trotz riesiger Fortschritte im Großserienbau bleibt auch den aktuellen Cartridge-Systemen, ebenso wie beim Big-Piston-System, ein Mangel: Durch die Verbindung von Hydrauliköl und Luftpolster kommt es auch hier zum Aufschäumen des Öls und einer inkonstanten Dämpfungskraft.

Logischer Schritt deshalb: eine Gabel mit Trennung von Gaspolster und Hydrauliksystem. Was bei den Federbeinen bestens funktioniert, hat mit den sogenannten **Closed-Cartridge-Gabeln, kurz CC-Gabeln,** die Vorderradführung im Rennsport nochmals verbessert.

Anfänglich in den Motocross-Maschinen verbaut, haben sich die Gasdruck-Dämpfer auch im Straßenrennsport durchgesetzt. Und so war es

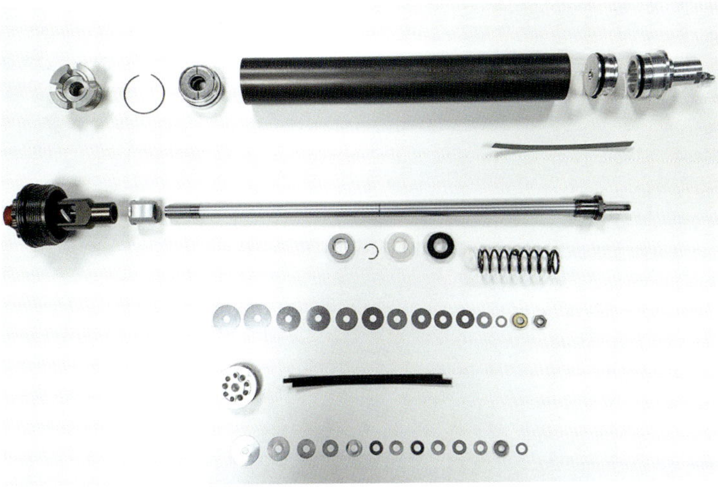

Schwer im Kommen: Das Wilbers/ZF Closed-Cartridge-System arbeitet wie ein Gasdruckstoßdämpfer: Der Kolben steuert Zug- und Druckstufe mit Shims, unten sitzen der Trennkolben und das Gasdruckventil.

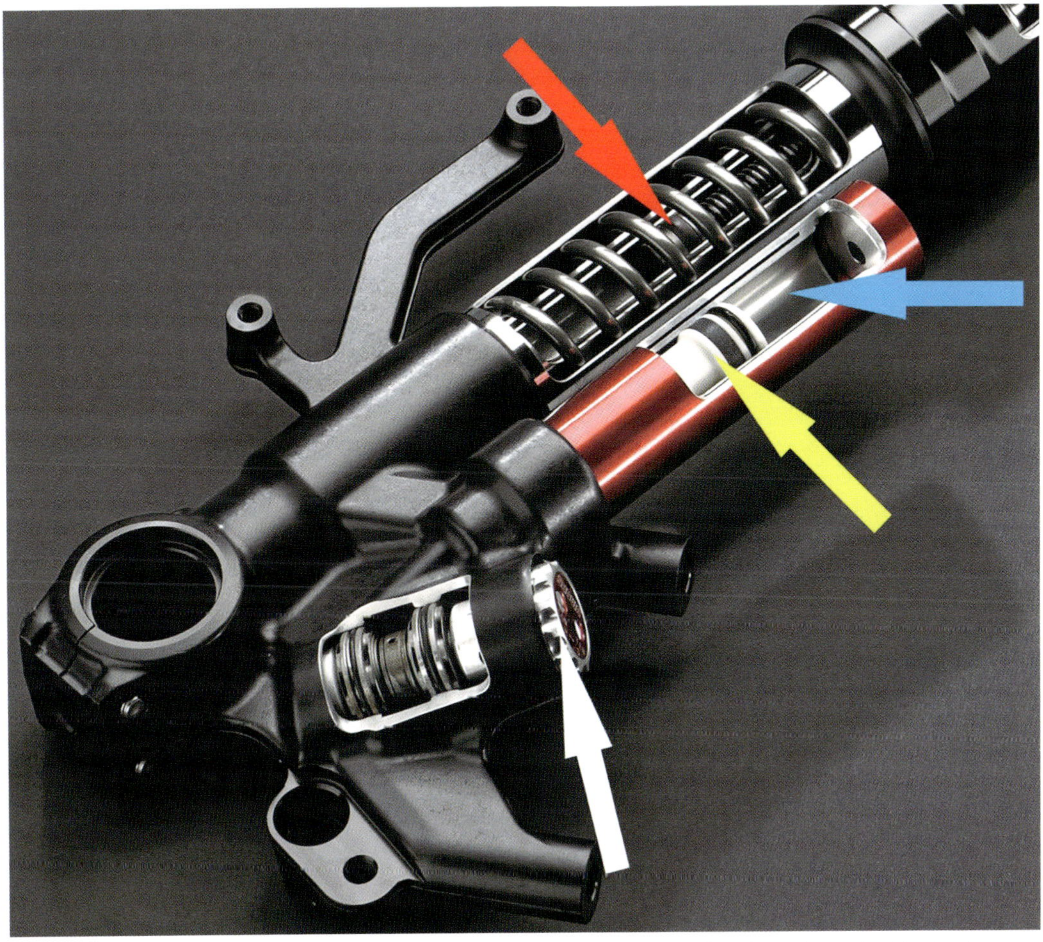

Showa Closed-Cartridge-Gabel: Der Dämpfer (rot) arbeitet im Zweirohr-Prinzip und sitzt im Tauchrohr. Die Stellschrauben (weiß) und der Trennkolben (gelb) zur Stickstoffkammer (blau) am Gabelfuß.

nur eine Frage der Zeit, bis die ersten japanischen Großserien-Superbikes damit ausgerüstet wurden.

Vom Bauprinzip einem simplen Stoßdämpfer sehr ähnlich, werden komplette Closed-Cartridge-Kits für nahezu alle gängigen Sportmotoräder angeboten. Mit einer dauerhaften Gasfüllung von rund 3 bar wird ein Trennkolben auf das Ölpolster gepresst. Durch ein getrenntes Split-Dämpfungssystem, also eine Seite Zugstufe, die andere Druckstufe, ausgestattet, gehört die Gasdruckgabel sozusagen zur Grundausstattung im Motorradsport. Doch ganz so revolutionär ist die CC-Gabel nicht. Bereits in den Moto Guzzi-Sportmotorrädern Le Mans und V7 Sport Anfang der 70er-Jahre waren geschlossene Gasdruckdämpfer montiert, während das Gabelöl ebenfalls nur noch zur Schmierung gebraucht wurde.

Nur wenige Telegabeln bei Straßenmaschinen sind mit einer solchen Entlüftungsschraube (WP-Gabel KTM RC8) ausgestattet, die es erlaubt, einfach und schnell möglichen Überdruck abzulassen.

Im Enduro- und Cross Bereich werden solche Entlüftungsventile verbaut, die mit einem Fingerdruck betätigt werden und somit Experimente, auch mit einem leichtem Unterdruck in der Gabel, sehr vereinfachen.

DAS LUFTPOLSTER ALS FEDERELEMENT

Eine weitere und oft genutzte Möglichkeit, die Federung und Progression in der Telegabel zu beeinflussen, ist das Luftpolster, das zwischen Gabelöl und Gabelstopfen entsteht. Dieses Luftpolster wird beim Einfedern komprimiert und erzeugt einen Druck, der die Gabelfedern unterstützt. Je kleiner dieses Luftpolster gewählt wird, desto größer ist die Federwirkung und umgekehrt. Da ein Luftpolster progressiv wirkt, steigt die Federwirkung des Luftpolsters gegen Ende des Federwegs deutlich an. Das Luftpolster ist abhängig vom Standrohrdurchmesser, dem Gesamtfederweg, dem Volumen der Tragfeder und der gewünschten Progression.

In Kapitel 8 dieses Buches sind die unterschiedlichen Füllhöhen für konventionelle Gabeln (RSU) und Upside-Down-Gabeln (USD) für Straßenmaschinen mit einem Federweg von maximal 130 mm aufgeführt.

Da sich bei Telegabeln ein Überdruck im an sich geschlossenen System aufbauen kann, zum Beispiel durch »angesaugte« Luft beim schnellen Ausfedern durch den Simmerring, sind bei einigen Typen Entlüftungsschrauben am Gabelstopfen angebracht. Damit wird bei komplett ausgefederter Gabel der Druck auf den Umgebungsluftdruck korrigiert.

AUFBAU UND WIRKUNGSWEISE DER GABELFEDER

Die Feder, im Fachjargon auch als Tragfeder bezeichnet, ist im Prinzip ein einfaches, dennoch hoch beanspruchtes Bauteil. Die Federhärte setzt sich aus folgenden Parametern zusammen:

- Federdrahtdurchmesser
- Durchmesser der Wicklung
- Länge der entspannten Feder
- Anzahl der Windungen über die gesamte entspannte Länge

Generell gilt:

- Je dicker der Federdraht, desto größer die Federrate bei sonst gleichen Baumaßen und umgekehrt.
- Je länger die Feder, desto kleiner die Federrate bei sonst gleichen Baumaßen und umgekehrt.

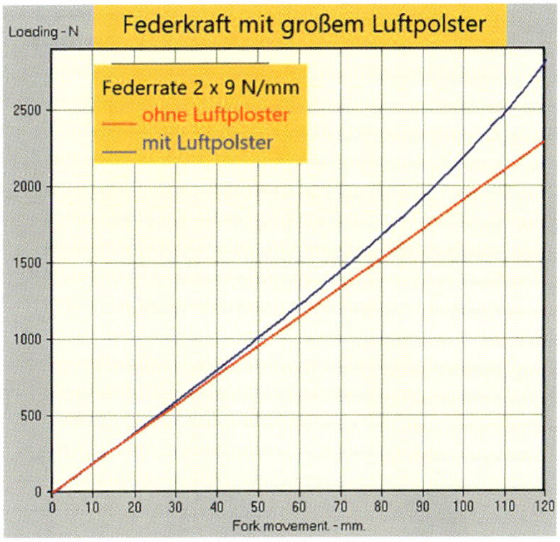

Gesamtfederrate aus Tragfeder und relativ großem Luftpolster (niedriger Gabelölstand).

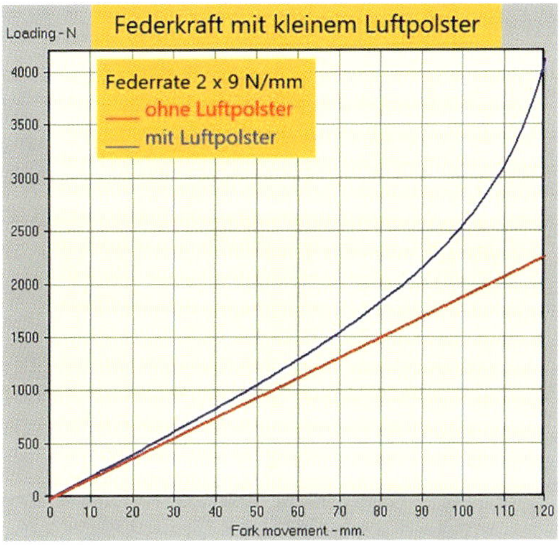

Gesamtfederrate aus Tragfeder und kleinem Luftpolster (hoher Gabelölstand).

Entgegen landläufigen Meinungen ist die Federkraft nicht abhängig von der Qualität des Federstahls. Ein Federstahl hat immer dieselbe »Härte«. Trotzdem gibt es Unterschiede in der Qualität des Federstahls. Eine blockfeste Feder zum Beispiel kann bis auf den Anschlag zusammengepresst werden und behält dabei ihre ursprüngliche Länge bei. Weniger hochwertige Federn können sich über die Betriebsdauer setzen und verlieren die ursprüngliche freie Länge, nicht aber ihre Federkraft. Eine Feder wird also über die Zeit nicht wei-

Beim Schnitt durch die Showa-Gabel ist gut zu erkennen, wie sich die Topoutfeder (grün) gegen die Tragfeder (rot) stemmt. Eine gute Möglichkeit, der Gabel ein sensibles Ansprechverhalten anzuerziehen.

Durch den bewussten Einsatz des Luftpolsters in der Gabel werden progressive Federn überwiegend bei Tourenmotorrädern oder Youngtimern eingebaut, bei denen ein komfortables Ansprechverhalten ganz oben steht im Lastenheft. Im Rennsport und bei hochwertigen Federelementen hingegen werden ausschließlich lineare Federn verwendet, die durch das Luftpolster oder eine wirksame Druckstufendämpfung unterstützt werden.

Zudem werden vor allem im Rennsport oftmals lange, aber weiche Topoutfedern verbaut, die nur im oberen Federbereich arbeiten und einen ähnlichen Effekt erzielen, wie progressive Federn. Solche Abstimmungen dienen dazu, dass zum Beispiel das Vorderrad nach einem Wheelie oder beim Beschleunigen weich und geschmeidig aufsetzen kann, ohne dass es zum Lenkerschlagen kommt. Ist der Funktionsbereich der Topoutfeder aufgebraucht, übernehmen die harten Tragfedern die Arbeit. Bei der Kombination von Tragfeder und Topoutfeder arbeitet in der Gabel wie auch im Federbein Feder gegen Feder. Das heißt: Zu Beginn des Federweges stemmt sich die Topoutfeder der Federkraft der vorgespannten Tragfeder entgegen. Die Fahrwerkspezialisten stimmen dabei Länge und Federrate der Topoutfeder auf die jeweilige gewünschte Federprogression ab.

In Länge und »Härte« sehr unterschiedlich, werden Topoutfedern sehr gerne und erfolgreich im Rennsport eingesetzt. Ein Puzzle aus Tragfeder, Luftpolster, Topoutfeder und Dämpfung für die richtig guten Spezialisten.

Selbst bei der Zündapp GS 50 Replica wurde Hand angelegt und die schlabbrige Telegabel durch einen außenliegenden Stoßdämpfer gebändigt.

KAPITEL 4

TECHNIK Funktion der Hinterradfederung

Knapp eine halbe Tonne schwer und trotzdem sicher und flink unterwegs: Speziell Touren- und Adventure-Bikes profitieren von hochwertigen Fahrwerkskomponenten und passend dazu abgestimmten Radialreifen.

- TECHNIK: Funktion Schwinge und Umlenkung
- TECHNIK: Stoßdämpfertechnik im Detail
- TECHNIK: Federkonstruktionen im Detail
- TECHNIK: Fahrdynamik und Massenkräfte

TECHNIK: AUFBAU UND FUNKTION DER SCHWINGE UND UMLENKUNG

Volle Brause, das Vorderrad eine Handbreit überm Asphalt, die Kette zum Bersten gespannt, krachen Ross und Reiter mit voller Wucht in eine tiefe Bodenwelle. Ein sanftes Blubb, den Fahrer komprimiert es für einen Moment in den Sitz – das war's dann auch schon. Was bei diesem sich zigtausend Mal wiederholenden Federvorgang tatsächlich abläuft, welche brutalen Lastspitzen und Biegemomente sich an Rahmen und Schwinge zu schaffen machen, ist einen tieferen Blick in die Hinterradaufhängung wert. Denn nicht allein die hohe Radlast von über 300 Kilogramm, sondern das extreme Hebelverhältnis zwischen Hinterrad und Federbein ist es, das den Hinterbau mit materialmordenden Kräften malträtiert.

So entsteht bei einer Schwingenlänge von rund 600 Millimetern und einer statischen Radlast von 300 Kilogramm zwischen Hinterachse und Umlenkung ein Hebelverhältnis von eins zu drei. Was bedeutet, dass sich die Biegebelastung im Bereich der Umlenkhebel auf 900 Kilogramm erhöht.

Kracht das Motorrad dabei in eine Bodenwelle, schnellt die dynamische Radlast am Hinterrad bis auf 600 Kilogramm hoch. In diesem kurzen Moment entsteht im Bereich der Federbein-Hebelmechanik eine Spitzenbelastung bis zwei Tonnen.

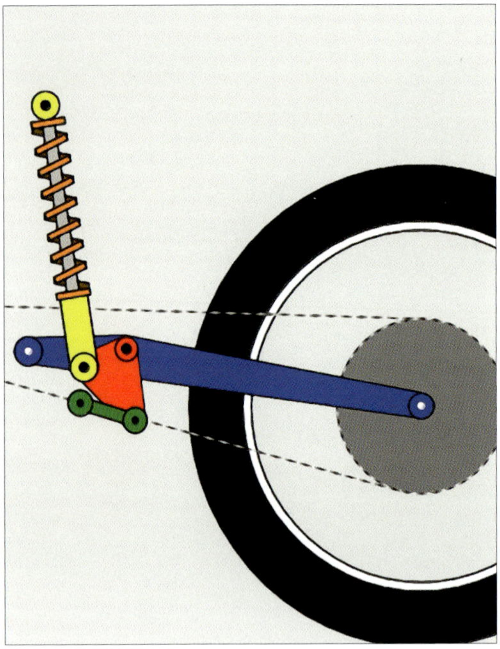

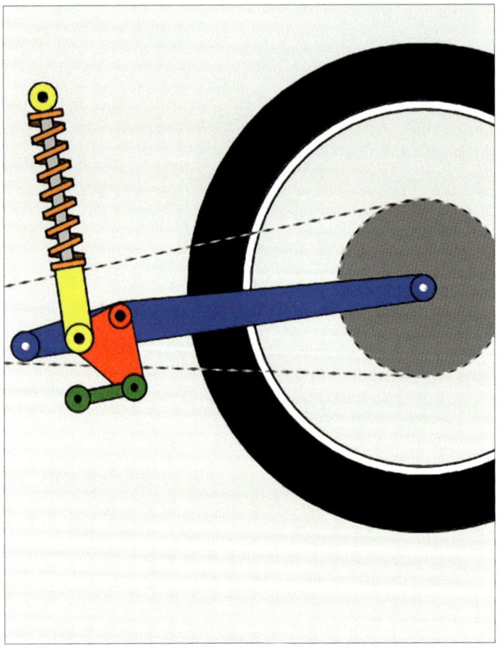

Die indirekte Federbeinbetätigung über Umlenkhebel kombiniert feines Ansprechverhalten und hohen Durchschlagschutz durch eine gezielt angelegte Progression. Das Ganze kompakt in Schwerpunktnähe verbaut.

Diese extreme Last lässt sich zwar auch mit einem direkt angelenkten Federbein abfangen, doch unterm Strich bereitet eine solch simple Bauart, die bei einigen aktuellen Maschinen wieder zum Einsatz kommt, mitunter Probleme in der Feinabstimmung von Dämpfung und Federung.

Wesentlich geschmeidiger funktioniert die Sache, wenn die extrem hohen Kräfte über variable Hebelkonstruktionen reduziert werden. Genau dies ist die Aufgabe von Systemen wie Pro-Link und Co. Dieser Trick reduziert das Hebelverhältnis zwischen Hinterrad und Stoßdämpfer auf etwa zwei zu eins. Das heißt: Bei 120 Millimeter Federweg am Hinterrad begnügt sich der Stoßdämpfer mit 60 Millimeter Hub.

Bedingt durch die Veränderung der Hebelposition und Winkelstellung erreicht man mit den Umlenksystemen auch eine mehr oder weniger progressive Feder-/Dämpferwirkung.

Ein Beispiel: Bei etwa zur Hälfte des Federwegs, also wenn das Motorrad ohne große Belastung über den Asphalt rollt, und das Hinterrad von 40 auf 50 Millimeter einfedert, wird die Feder am Stoßdämpfer um fünf Millimeter zusammengepresst. Taucht das Motorrad durch eine Bodenwelle hinten von 90 auf 100 Millimeter ein, nimmt die Hebelübersetzung in diesem Bereich zu (Progression).

Dann müssen Stoßdämpfer und Feder um sechs Millimeter komprimiert werden. Diese Progression (in diesem Fall 20 Prozent) schützt vor einem Durchschlagen der Federung und stabilisiert das Motorrad auf welligen Strecken oder bei sportlich flotten Wechselkurven.

Je nach Motorradtyp und Einsatzzweck fällt die Progressionskurve flach (leichte Mittelklassemaschinen und Sportler) oder stark (Motocross-Maschinen) aus. Bei Sport- und Rennmaschinen wird meist mit sehr geringer Progression gearbeitet, da hier die grundsätzlich harten Federn genügend Reserven bieten. Zudem baut sich beim Einfedervorgang eine dynamische, progressive Dämpfkraft auf, die einem Durchschlagen massiv entgegenwirkt.

Die Progression der Umlenkung setzt sich aus den wirksamen Hebellängen der einzelnen Bauteile zusammen. Bei einem Winkel von 90 Grad ist die

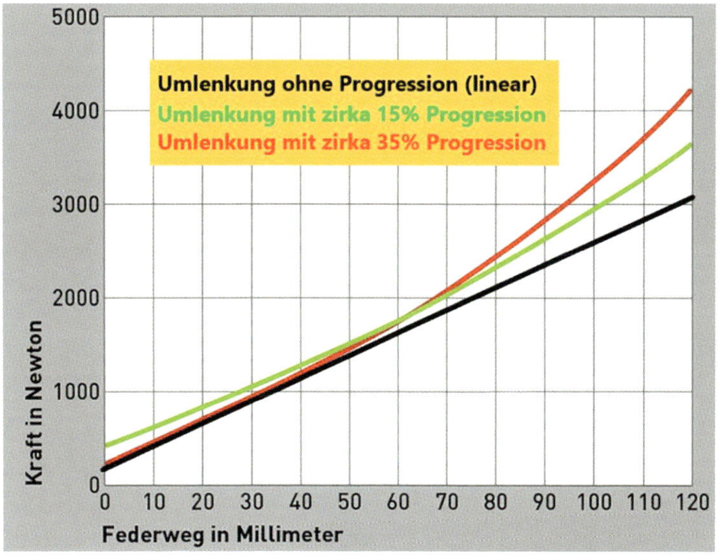

Vergleich von drei unterschiedlichen Hebelkonstruktionen. Wobei sich über die Jahre für Sport -und Straßenmaschinen die eher flachen Progressionskurven mit etwa 10 bis 15 Prozent bewährt haben.

Der Versuchsaufbau der Horex VR6 mit einer zu hohen Progression von knapp 40 Prozent. Durch geänderte Dreiecksplatten und eine angepasste Federbeinlänge wurde diese für die Serie auf etwa 15 Prozent reduziert.

größte Hebellänge und somit der größte Arbeitsweg und damit die höchste Progression erreicht. Wird dieser 90-Grad-Winkel überschritten, baut sich eine Degression auf, die Federung wird also wieder »weicher«.

Bei sanften Progressionswerten wird oftmals eine Kombination von progressiven und degressiven Hebeln verwendet, die in der Summe zu einer leicht progressiven Federung führen. Zwei Beispiele dafür sind auf den Skizzen und Diagrammen aufgeführt.

Auch direkt angelenkte Federbeine werden je nach Konstruktion progressiv beaufschlagt. Dies geschieht, wenn der Winkel zwischen Federbein und Schwingenlager über den Arbeitsbereich gesehen auf 90 Grad zuläuft.

KTM RC4 Prototyp mit direkter Federbeinbetätigung. Der Stoßdämpfer ist zwischen Schwinge und Rahmen untergebracht. Dennoch baut sich durch das schräg verbaute Federbein eine leichte Progression auf.

Bedingt durch die langen Hebel der Schwingenarme und die bis zu 200 Millimeter breite Bereifung am Hinterrad müssen moderne Schwingen außergewöhnlich hohen Biege- und Torsionskräften standhalten. Diese entstehen in Schräglage, wenn sich die Reifenaufstandsfläche bis zu 90 Millimeter aus der Motorradlängsachse verlagert.

Zu der ungünstigen asymmetrischen Belastung gesellen sich bei 50 Grad Schräglage etwa 40 Prozent der statischen Radlast als G-Kraft hinzu. In Kombination verdrehen diese Kräfte und Momente die Schwingenarme. Mit dem Resultat, dass sich das Rad gegen die Schräglage nach oben aufrichten kann. Auch wenn es sich dabei um wenige Winkelgrade handelt, stören solche unkontrollierten Eigenbewegungen das Kurvenverhalten. Zudem können zu »weiche« Schwingen mit einer regelrechten Eigenfederung lästige Vibrationen, im Fachjargon Chattering genannt, auslösen. Im Umkehrfall können diese Vibrationen aber auch durch zu steife Schwingenkonstruktionen entstehen. Wie bei den Rahmen, muss deshalb der beste Kompromiss zwischen tadelloser Spurhaltung und berechenbarer Flexibilität ausgetüftelt werden. Eine nicht ganz unwichtige Rolle in Sachen Biege- und Torsionssteifigkeit spielt dabei auch die Lagerung der Schwinge im Rahmen.

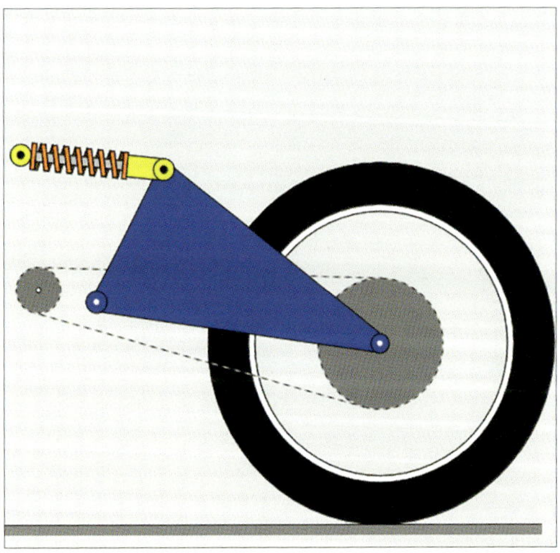

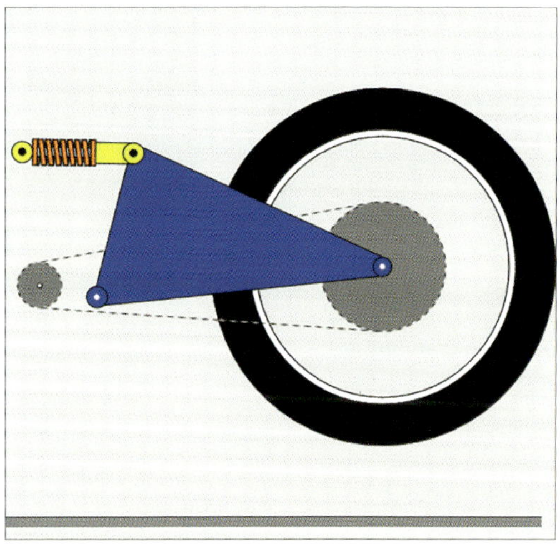

Die direkte Anlenkung: Die wirksame Hebellänge verändert sich beim Einfedern, sobald sich der Hebelarm dem 90-Grad-Winkel annähert und das Federbein mehr Weg zurücklegt.

Die in die Aluschwinge eingepressten Nadelhülsen weiten sich bei Erwärmung aus, das Spiel vergrößert sich. Ist dann der Innenring mit 24,95 mm bereits untermaßig, wird das betriebswarme Lagerspiel zu groß.

LAGERBAUARTEN UND EINBAUSPIEL

Wie bereits erwähnt, werden an den meisten Großserienschwingen Nadelhülsen und Innenringe in einer Standardgröße verwendet. Durch die Fertigungstoleranzen und die Erwärmung der Schwinge kommt es daher sehr häufig zu einem radialen Spiel in der Schwingenlagerung und in den Umlenkhebeln. Beides kann zu mehr oder weniger großen Problemen im Fahr- und Federverhalten führen. Bei einer Erwärmung der Schwinge durch die Abwärme von Motor und Auspuffanlage vergrößert sich auch das Spiel, wodurch die Schwinge keine perfekte Spurhaltung gewährleisten kann. Das Hinterrad lenkt je nach Belastung, also Zug- (Bremsen) oder Schubkräfte (Vollgas), aus der Längsachse aus und erzeugt damit einen leichten Schräglauf der Räder. Dazu kommt, dass die Torsionssteifigkeit bei absolut spielfreien, breit angelegten Nadellagern höher ist. Warum: Weil jeder Schwingarm für sich bereits über eine kippfreie Führung verfügt, die in der Summe eine Verwindung der Schwinge reduziert. Ganz speziell die im Motorgehäuse gelagerten Schwingenkonstruktionen, die ohne durchgängiges Verbindungsrohr von Lagersitz zu Lagersitz auskommen müssen, profitieren von einer auch im heißen Betriebszustand spielfreien Lagerung. Deshalb ist es sehr wichtig, das Spiel aller Lagerstellen von Schwinge und Federbeinumlenkung in heißem Betriebszustand zu kontrollieren.

Radiales Lagerspiel ist auch bei den Umlenkhebeln zu finden. Dort addiert sich das Gesamtspiel meist aus drei Lagerpunkten, die zudem hochbelastet sind. In der Summe lässt sich dies am freien Spiel an der Hinterachse anschaulich überprüfen und messen. Bei frei hängender Schwinge kann man das Hinterrad bei manchen Serienmotorrädern bis zu zwei Millimeter auf und ab bewegen. Natürlich spielt dieses Höhenspiel an der Radachse solange keine Rolle, solange das Rad satt belastet auf den Asphalt gepresst wird. Auch im Umkehrpunkt der Federung, also der Wechsel von Aus- zu Einfedern wirkt sich diese Lagertoleranz noch nicht aus. Doch sobald das Hinterrad über harte Straßenkanten oder Schlaglöcher rollt, der Reifen zurückprellt und das Hinterrad kurzeitig den Bodenkontakt verliert, können sich unkontrollierte Schwingungen aufbauen, die speziell bei Sportmaschinen zu hochfrequenten Vibrationen und einem Gripverlust führen können. Im Rennsport bereitet dieses Phänomen unter der Bezeichnung Chattering den Fahrwerksspezialisten und Reifentechnikern schweres Kopfzerbrechen. Gemessen rattert das Rad dann mit einer Frequenz von etwa 15 bis 20 Herz, also 15 bis 20 Bewegungen pro Sekunde über den Asphalt.

Auf holprigen Strecken baut sich bei einem zu großen Lagerspiel zudem ein metallisches, lästiges Klackern auf, das dadurch entsteht, dass die Innen- und Außenlagerringe aufeinander einhämmern.

Wer sein Fahrwerk von Grund auf optimal aufbauen möchte, kommt um eine absolut spielfreie Lagerung nicht herum. Dazu müssen jedoch nicht die Lagerhülsen ausgetauscht, sondern nur die Innenlager durch neue, mit leichtem Übermaß gefer-

Dasselbe gilt für die Wälzlager in den Umlenkhebeln und Zugsstreben. Dort addiert sich das Spiel aus vier Lagerstellen und kurzen Hebelarmen schnell zu einem freien Spiel an der Hinterachse von bis zu zwei Millimeter – im Neuzustand.

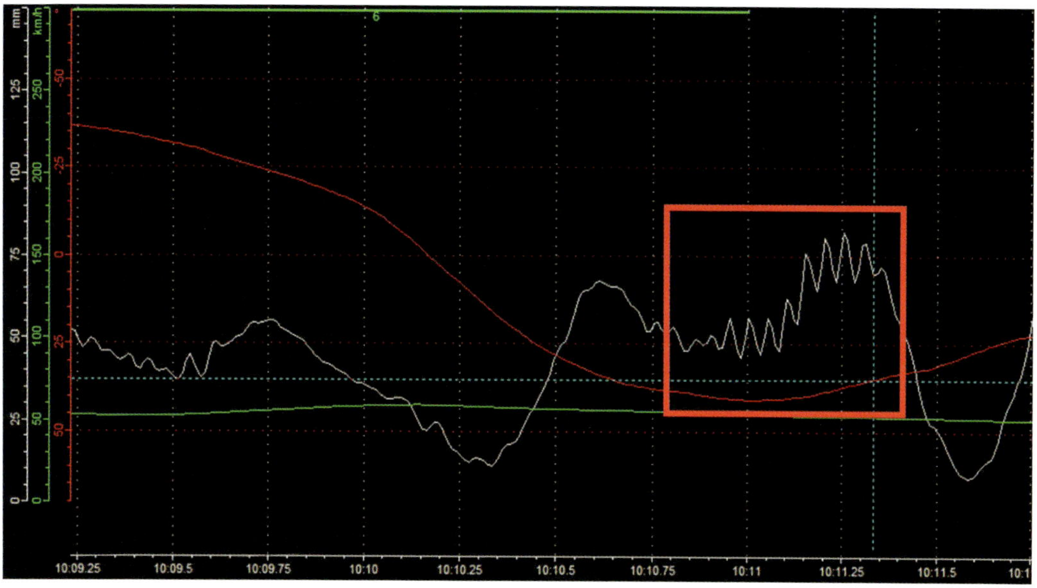

Als Folge dieser unkontrollierten Radbewegung können sich in Schräglage Vibrationen aufbauen, die dann im sogenannten Chattering (rot umrandeter Bereich) enden. Die Aufzeichnungen stammen von einem neuwertigen Serienmotorrad mit einem Höhenspiel von 1,5 Millimeter an der Radachse.

tigte Teile ersetzt werden. Die Firma Emil Schwarz (www.emilschwarz.de) hat sich auf solche Sonderlager spezialisiert und für viele Motorradtypen Übermaßlager im Programm.

Bei Motorrädern, die schon einige Kilometer auf der Uhr haben, sollte regelmäßig das Lagerspiel der Radlager und Schwingen/Umlenklager kontrolliert werden. Oftmals zerstört Wasser oder Feuchtigkeit die Lager durch Korrosion. Und das überwiegend auf der linken Fahrzeugseite. Aber nicht etwa weil dort die Belastung durch den Kettenzug größer ist, sondern aus dem einfachen Grund, weil das Kondenswasser auf die zum Seitenständer geneigte Seite fließt und sich dort ansammelt.

DIE ENTWICKLUNG DER SCHWINGENBAUARTEN

Noch bis spät in die 1970er-Jahre hinein stemmten sich zwei Federbeine am Schwingenende gegen die Last von Maschine und Fahrer. So angeordnet, war die Schwinge nahezu frei von jeglichen Biegekräften und musste lediglich mit einer ordentlichen Torsionssteifigkeit (Verdrehfestigkeit) aufwarten. Dazu genügten einfache, eindimensionale Konstruktionen aus Vierkant- oder Rundrohren mit spielfreier Lagerung und einer stabilen Klemmung des Hinterrads in den Achsführungen.

Erst mit Einführung der Zentralfederung änderten sich die Biegemomente dramatisch. Yamaha löste dieses Problem mit der Cantilever-Federung, die mit einem liegenden Zentralfederbein auskam und durch die Dreieckskonstruktion eine sehr hohe Biegesteifigkeit erreichte.

Aus dieser Erkenntnis mutierten die Hinterradschwingen von einem schlichten, unscheinbaren Bauteil zu einem monströsen Gebirge aus höchst eleganten und wertigen Aluminium-Formteilen, die so manchem GP-Renner in Form und Funktion kaum nachstehen.

Extravagant, aber aus technischer Sicht eher ein Statussymbol, kann die Einarmschwinge nur wenige Vorteile verbuchen. Extrem große Lagerdurchmesser und Simmerringe erhöhen die Reibung und im Verbund mit dem massigen Exzenter zur Kettenspannung fallen auch die ungefederten Massen eher größer aus als bei der konventionellen Zweiarmschwinge. Weshalb die asymmetrische Konstruktion im Rennsport, mit Ausnahme der Du-

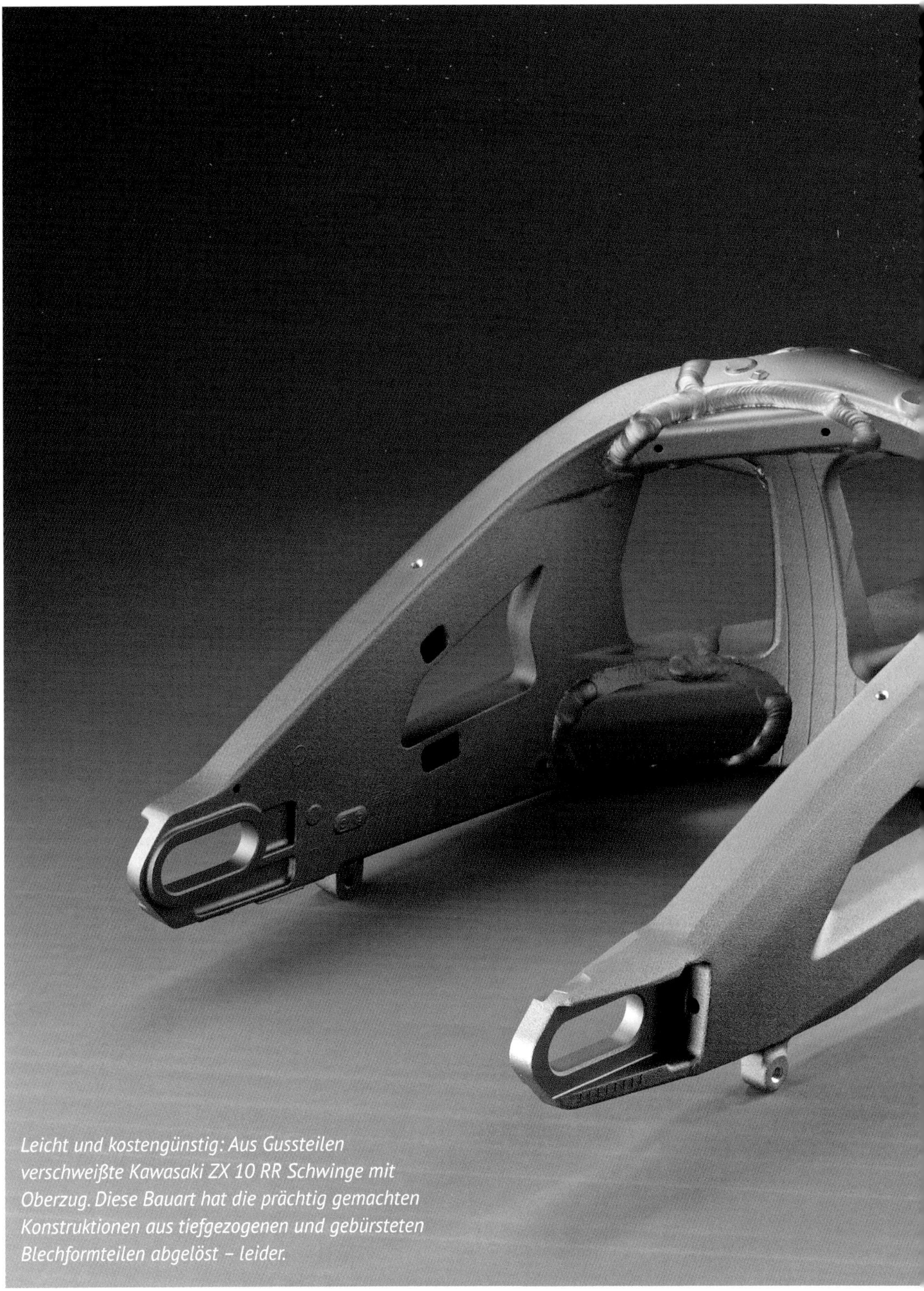

Leicht und kostengünstig: Aus Gussteilen verschweißte Kawasaki ZX 10 RR Schwinge mit Oberzug. Diese Bauart hat die prächtig gemachten Konstruktionen aus tiefgezogenen und gebürsteten Blechformteilen abgelöst – leider.

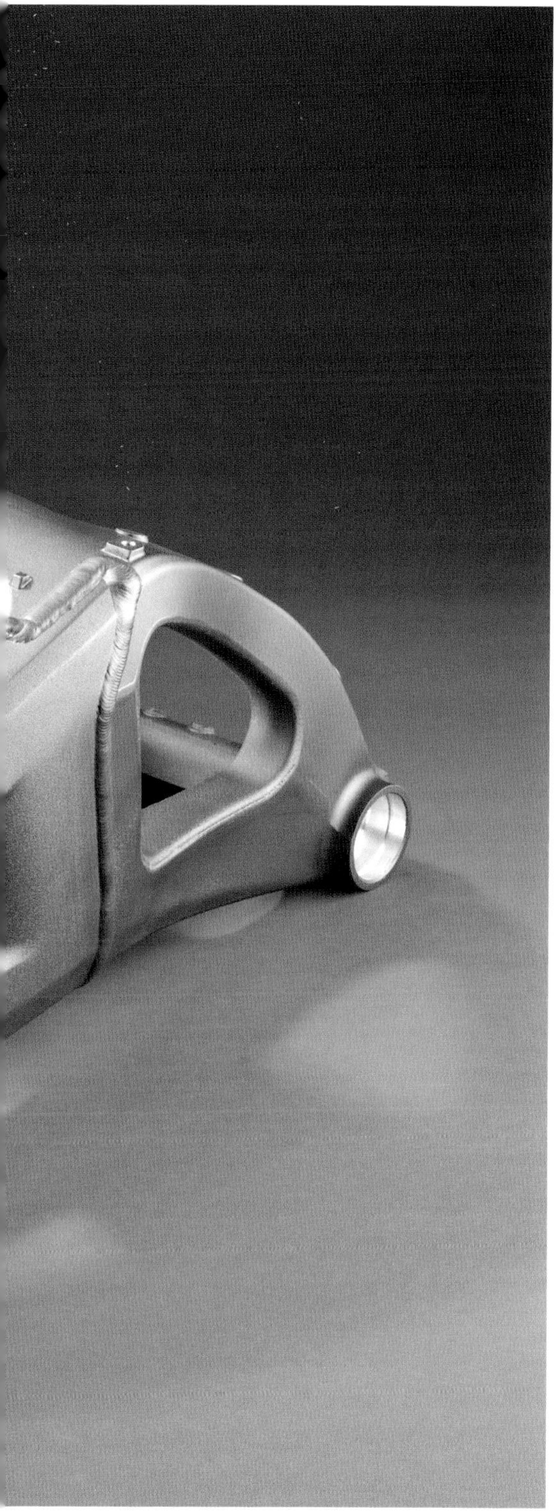

cati Panigale und der Supersport-/Superbike-MV Agusta F3 und F4, keine Rolle mehr spielt. Selbst Honda, Vorreiter der Monoarm-Schwinge beim RC 30-Superbike von 1988, hat sich von dieser Konstruktion verabschiedet.

Zumal es sehr kompliziert ist, der Einarmschwinge eine symmetrische Torsion und Flexibilität anzuerziehen.

Im Zuge der Kosteneinsparung wichen die mehrteiligen Blechkonstruktionen ein- oder zweiteiligen Gussformen mit zum Teil sensationell dünnen Wandungen und entsprechend geringem Gewicht. Eleganz und Wertigkeit allerdings bleiben mit den etwas pickeligen Gussoberflächen auf der Strecke. Dafür sind solche einteilig gegossenen Schwingenkonstruktionen unschlagbar günstig in der Herstellung.

TECHNIK: FEDERBEIN BAUARTEN

- Zweirohrdämpfer
- Gasdruck Emu-Dämpfer
- Gasdruckdämpfer mit Ausgleichbehälter
- Sachs/Wilbers Nivomat

Grundfunktion der unterschiedlichen Federbeinbauarten. Im Bereich der Federbeine wird zwischen drei Bauarten unterschieden:

1. **Der Zweirohrdämpfer**, wie die legendären KONI, werden nur noch in wenigen klassischen Motorrädern verbaut. In seiner Wirkungsweise ähnelt er der einfachen Ausführung der Telegabel. Dabei ist der eigentliche Stoßdämpfer von einem Rohr umhüllt, das als Ausgleichsbehälter dient. Er kommt ohne zusätzliches Gaspolster aus, kann aber nur stehend (mit dem Zylinder nach unten) montiert werden. Wird er kopfüber eingebaut, zieht das System Luft, wodurch die hydraulische Dämpfung außer Kraft gesetzt wird.
   Das Zweirohr-Bauprinzip hat Öhlins für die TTX Stoßdämpfer wiederentdeckt. Dort schiebt ein einfacher Kolben ohne Shimpaket das Öl von einer Kammer in die andere. Die dazwischen installierten Ventile sind von außen demontierbar, funktionieren mit Shims, Nadelverstellung und

je einem Wechselventil auf ähnliche Weise wie konventionelle »De Carbon«-Gasdruckfederbeine. Ein System, das auch von der japanischen Konkurrenz ins Programm genommen wurde.

2. Der Gasdruckdämpfer mit offener, sogenannter **»Emulsions-Dämpfung«**, kommt meist in einfachen, kostengünstigen Federbeinen zum Einsatz. Dabei wird das Stickstoff-Gaspolster über ein Ventil oder eine Füllschraube ohne Trennkolben in einen Raum über dem Hydraulik-System gepresst. Diese Art von Federbein muss unbedingt mit dem Dämpfergehäuse nach oben montiert werden, da sonst das Gas in den Ölraum eindringt und die hydraulische Dämpfung wirkungslos wird. Selbst bei fachgerechter Montage kann sich das unter etwa 10 bar Druck stehende Gaspolster während des Betriebs mit dem Öl vermengen. Man spricht dann von einer Emulsion, also einer Vermischung von Hydrauliköl mit Luft bzw. Gasbläschen, was unter extremen Bedingungen zu nachlassender Dämpferwirkung führen kann.
3. Der sogenannte **»De Carbon«-Gasdruckdämpfer** mit einem getrennten System arbeitet wesentlich stabiler und zuverlässiger. Er ist von außen nicht vom Emu-Dämpfer zu unterscheiden, trägt jedoch zwischen Gaspolster und Öl einen Trennkolben, um das Aufschäumen des Öls zu verhindern.

   Bei Gasdruckfederbeinen wird zunehmend versucht, den Gasdruck und damit den Einfluss auf die Federwirkung so niedrig wie möglich zu halten. Wurden vor Jahren noch 12 bis 15 bar in die Federbeine gepumpt, reduzieren die Fahrwerksspezialisten den Fülldruck heute bis auf 8 bar.

   Ist der Gasdruck jedoch zu niedrig, können sich durch Kavitation Luftbläschen bilden oder das ganze System lahmlegen. Kavitation entsteht dann, wenn das Federbein extrem schnell eintaucht und sich hinter dem Kolben ein Vakuum bildet, das als Luftblase die Dämpfung für einen kurzen Augenblick außer Kraft setzen kann. Bei einer starken, dauerhaften Kavitation können Schäden am Kolben durch herausbrechende Oberflächen entstehen, dem sogenannten Kavitationsfraß.

   Dass als Gas Stickstoff und keine Luft verwendet wird, hat damit zu tun, dass Luft auch Sauerstoff enthält, der in Verbindung mit Wasser zu Oxidation führen kann. Zudem unterbindet Stickstoff die Brandgefahr bei hochverdichtetem und erhitztem Öl. Der häufig genannte Vorteil der geringeren Ausdehnung bei Hitze hingegen ist falsch, der Ausdehnungskoeffizient von Stickstoff ist identisch mit dem von Luft.

   Zu beachten: Der Gasdruck im Federbein wirkt wie eine zusätzliche, progressive Feder. Denn beim Einfedern wird das Gaspolster komprimiert, womit der Druck im System ansteigt und den Kolben federunterstützend aus dem Zylinder schiebt. Dieser Gasüberdruck muss bei der Abstimmung der Federrate miteinbezogen werden. Zumal sich das Gaspolster in heißem Zustand mehr ausdehnt und der Druck und somit die Federkraft zunimmt. Wird der Druck im System verändert, zum Beispiel von 12 auf 8 bar abgesenkt, kann dies durchaus zu einer insgesamt zu weichen Federung führen und umgekehrt.

Der Gasdruckdämpfer mit Ausgleichbehälter, auch als **Piggyback-Dämpfer** bezeichnet, trägt zusätzlich zum Dämpferzylinder einen Ausgleichsbehälter, der zumeist angegossen oder mit dem Federbein verschraubt ist. Eine andere Lösung stellt die Verbindung über eine hochdruckfeste Schlauchleitung mit dem Federbein dar. Der Vorteil: Bei engen Raumverhältnissen kann der Ausgleichsbehälter auch weiter entfernt vom Stoßdämpfer angebracht werden. Die Vorteile des getrennten Systems: Öl und Stickstoffpolster sind durch einen Kolben mit Dichtring oder einen Gummibalg voneinander getrennt, weshalb das Öl auch unter brutalster mechanischer Belastung, bei hohen Temperaturen und extrem schnellen Federbewegungen mit kurz aufeinanderfolgenden Wechselbewegungen eine konstante, zuverlässige Dämpfung garantiert. Wobei die Gummiblase den Vorteil hat, dass sie ohne Kolbenring auskommt und damit auch so gut wie keine Reibung produziert.

Da das Volumen der in den Zylinder eintauchenden Kolbenstange das Öl aus dem Zylinder in den Ausgleichsbehälter drängt, kann dort eine sehr

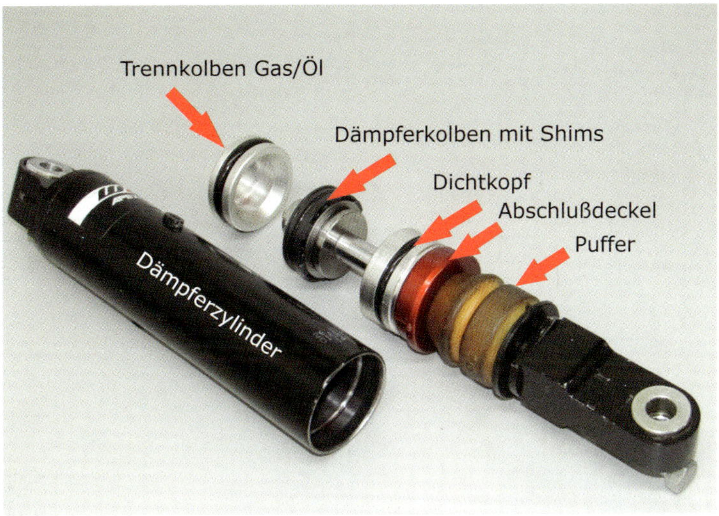

Einfacher WP Apex Gasdruck-Stoßdämpfer ohne Verstellung, aber mit getrenntem Gaspolster. Bei einer sorgfältigen Grundabstimmung können auch solche Bauteile einen breiten Einsatzbereich abdecken.

Duo-Shock-Federbeine für Klassiker und Youngtimer. Aufgrund des langen Hubs wird auf ein getrenntes Gaspolster verzichtet. Die nach unten montierten engen Wicklungen der progressiven Federn schützen vor Steinschlag.

Mono-Gasdruckfederbein mit Zugstufenverstellung. Häufig als Nachrüstfederbeine bei Mittelklasse-Motorrädern verbaut, können solche, meist individuell angepassten Stoßdämpfer mehr als das Motorrad.

Mono-Gasdruckfederbein mit Ausgleichbehälter (Piggyback), Verstellung aller Dämpferstufen und Längenverstellung. So aufgerüstet, lassen sich alle Einsatzzwecke und Geometrie-Korrekturen abdecken.

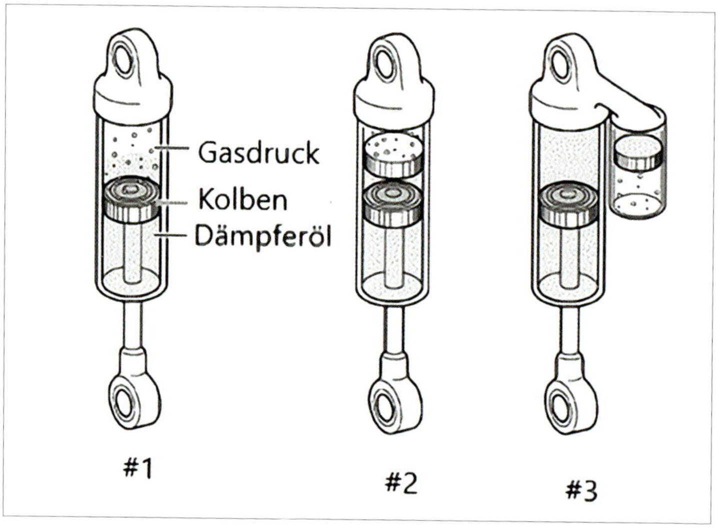

Die Bauarten im Schnitt: #1 Der Emulsions-Dämpfer, bei dem sich durch den fehlenden Trennkolben Gas und Öl zu einer Emulsion vermischen (können). #2 Gasdruckdämpfer mit Trennkolben im Zylinder. #3 Gasdruckdämpfer mit Trennkolben im Ausgleichsbehälter (Piggyback).

wirksame Regulierung stattfinden. Dabei schließt oder öffnet eine Nadel den Ringquerschnitt oder man verbaut zusätzlich noch ein Shimpaket, durch das das Öl aus dem Zylinder verdrängt wird.

Das **Nivomat-Federbein** geistert schon seit Mitte der 80er-Jahre durch die Motorrad Landschaft. Damals von Sachs für die BMW Boxer-Baureihe entwickelt, verschwand der Nivomat bis zum Jahr 2016 von der Bildfläche. Und das völlig zu Unrecht. In einer Kooperation zwischen Wilbers Suspension und Sachs-ZF wurde das selbstregulierende Federbein neu aufgelegt. Aus einem komplexen System an Hoch- und Niederdruckkammern stützt sich der Nivomat auf einer Schraubenfeder ab, die während der Fahrt je nach Zuladung durch eine Luftfeder unterstützt wird und selbsttätig die Fahrhöhe korrigiert. Im Gegensatz zu den elektronischen Fahrwerken kommt das Sachs-System ohne jegliche elektronische Steuerung aus. Innerhalb von rund 300 Metern Fahrstrecke pumpt sich das Federbein auf das notwendige

Druckstufenversteller im Detail: Das durch die Kolbenstange verdrängte Öl wird durch solch ein Bauteil gepresst, um die Dämpfung einstellen zu können. Hier ohne Highspeedversteller, aber mit Shimpaket am Kolben.

Macht vieles einfach gut: Das ZF/Wilbers Nivomat-Federbein arbeitet mit einer Grundfeder, die je nach Beladung durch eine Luftfeder unterstützt wird und selbstständig das richtige Niveau und die passende Dämpfung einjustiert.

Niveau und passt die dafür optimale Dämpfung an. Bei Fahrversuchen mit einer Suzuki Bandit 1250 gab sich der Nivomat keine Blöße und lieferte auch auf extrem welligen Kurvenstrecken eine perfekte Balance aus Komfort und Stabilität ab. Gemessen an der überzeugenden Funktion hat das ZF/Sachs-Produkt bislang leider einen viel zu geringe Akzeptanz auf dem Markt.

Bei den **elektronischen Fahrwerken** geht die Entwicklung in rasanten Sprüngen voran. Bis zum Erscheinungstermin des Buches, Stand 2021, wurden speziell hochpreisige Touren und Supersportmotorräder damit ausgerüstet. Wegen der komplexen elektronischen Steuerung, die bei Problemen selbst so mache Fachwerkstatt überfordert, nehmen die semiaktiven Fahrwerke in diesem Buch einen gesonderten Raum in Kapitel 10 ein.
Denn auch bei elektronisch einstellbarer Dämp-

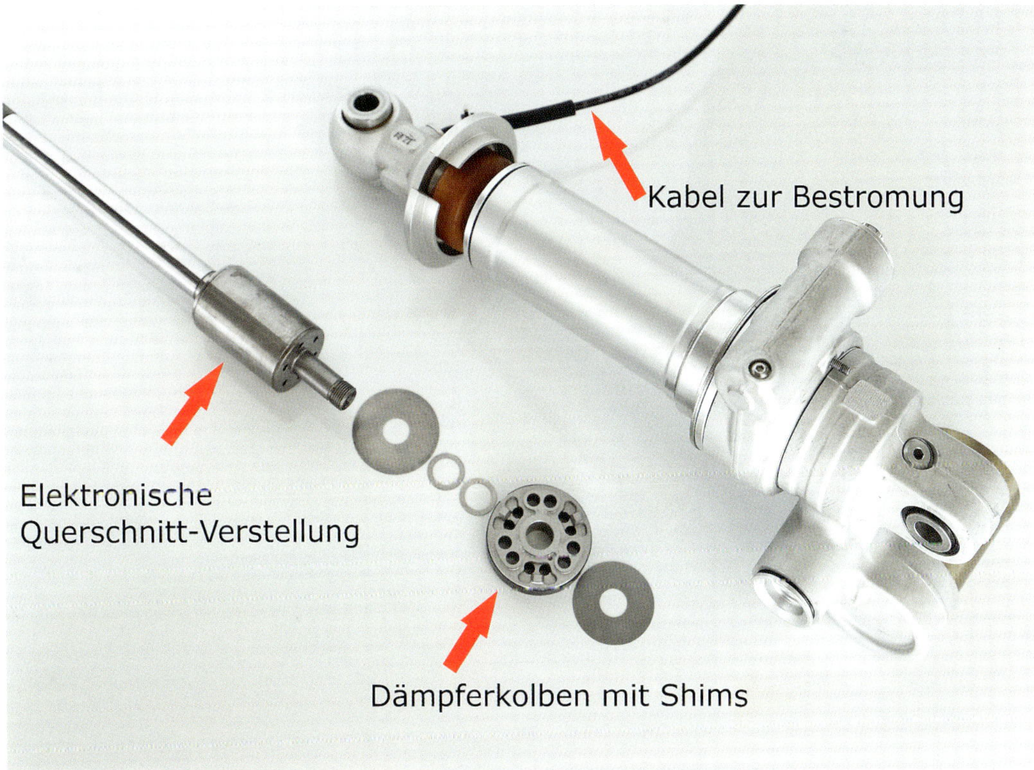

Elektronisches ZF-Federbein. Ein Kolben mit Shimpaket baut die Grunddämpfung auf, die Feinarbeit übernimmt der »elektronische Kolben«. Über das Kabel wird dieser bestromt.

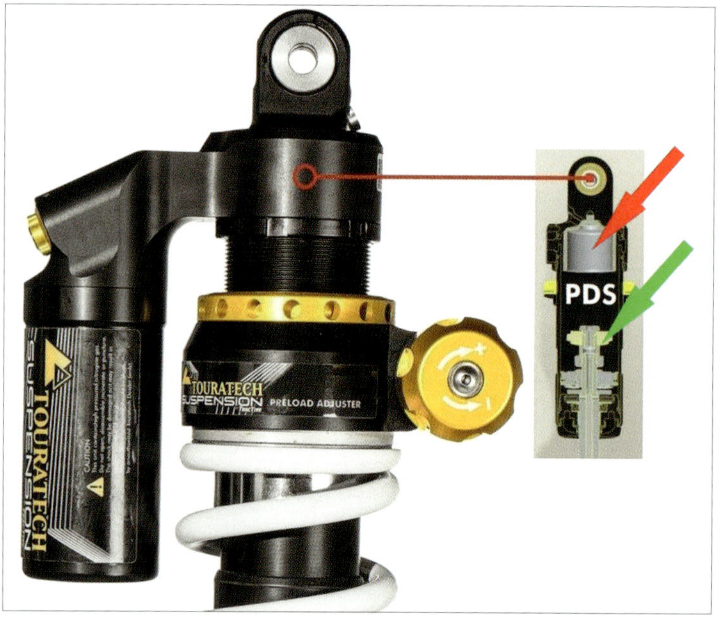

Progressives Dämpfer System, kurz PDS, von Touratech. Nach etwa 2/3 des Dämpferhubes taucht der PDS-Kolben (grün) in den kleineren Dämpferzylinder (rot) ein und erzeugt einen zusätzlichen hydraulischen Widerstand.

High-Tech: Öhlins TTX Federbein, bei dem das Hydrauliköl durch einen Zweirohrdämpfer strömt und an den beiden außenliegenden Druckstufen- (gold) und Zugstufenverstellern (schwarz) justiert wird.

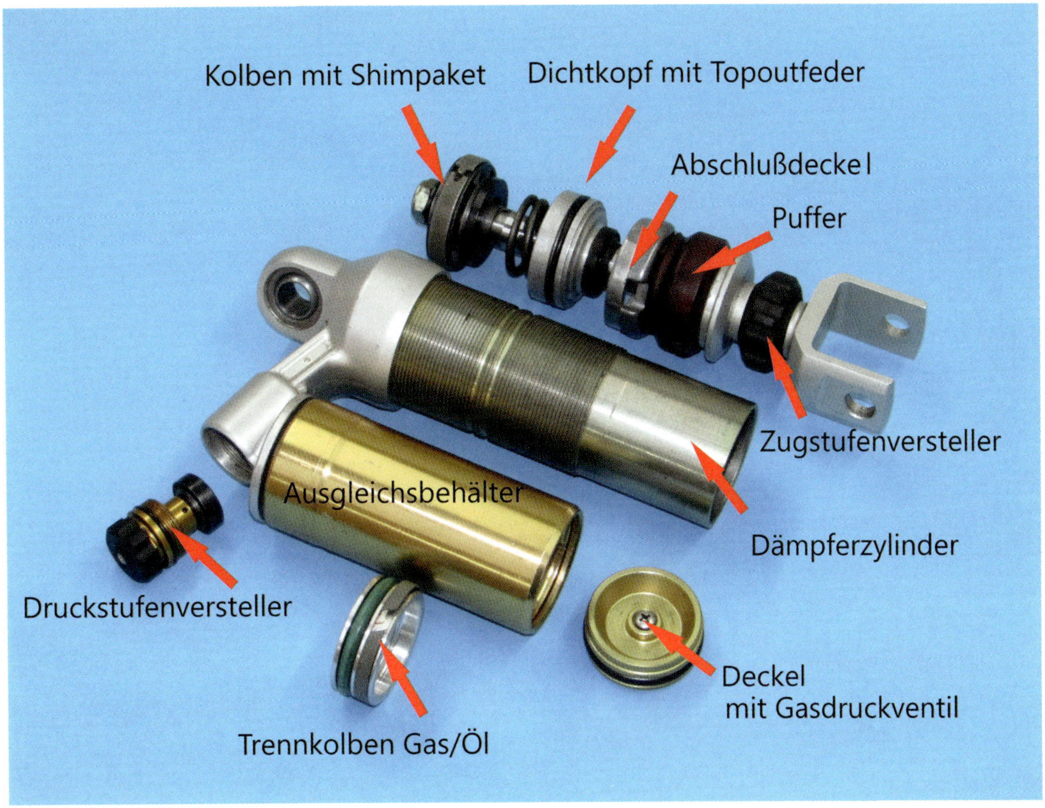

Bewährte Technik: Konventioneller Piggyback-Gasdruckdämpfer wie er seit Jahren verbaut wird. Der Dämpferzylinder aus Stahl ist ein paar Gramm schwerer als Aluminium, macht aber bei Hitze/Ausdehnung nicht schlapp.

fung und Federvorspannung können sämtliche Informationen und Einstelltipps aus diesem Buch als Anleitung dienen. Ob die Dämpfung mittels klassischem Schraubendreher oder über das digitale Display mit elektrischem Einstellmotor verändert wird, ist zweitrangig. Deshalb gelten auch für moderne elektronische oder semiaktive Fahrwerke die Problemlösungen aus Kapitel 12.

Die **Sonderbauarten von Stoßdämpfern und Federgabeln** werden hier nur kurz gestreift. Zum einen ist das der **Through-Rod-Dämpfer**. Dort wird das Prinzip des hydraulischen Lenkungsdämpfers auf den Hinterradstoßdämpfer übertragen. Da sich die Kolbenstange an beiden Seiten in Gleitlagern abstützt, können diese Dämpfer sehr hohe Seitenkräfte aufnehmen, die beim konventionellen Stoßdämpfer auf den Kolben beziehungsweise Kolbenring einwirken.

MECHANISCHER AUFBAU

Ein modernes Federbein für ein Zentralfedersystem besteht aus rund 100 bis 150 Bauteilen. Die wichtigsten Baugruppen und deren Funktion werden in diesem Kapitel beschrieben.

Um die komplexen Zusammenhänge eines Motorradfahrwerks zu begreifen, im speziellen Fall die Dämpfung und Federung, ist es notwendig, die Arbeitsweise der einzelnen, im folgenden vorgestellten Teile zu verstehen. Dieses Verständnis erleichtert die Fehlersuche und Abstimmungsarbeit.

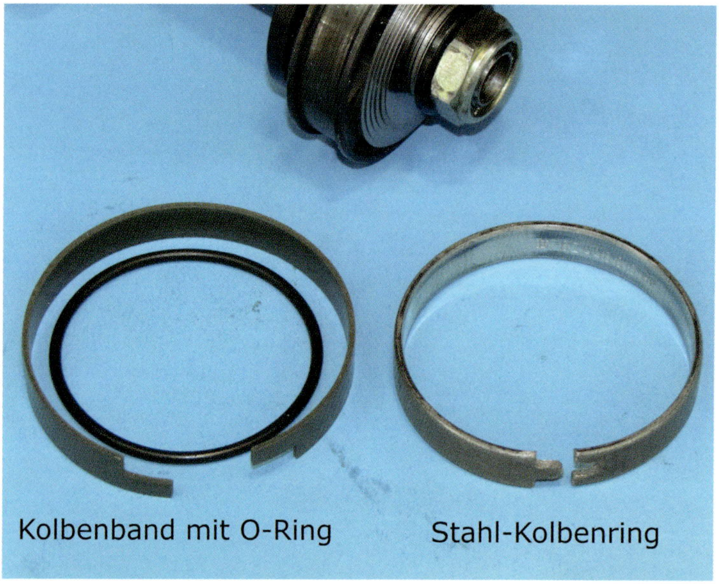

Links das sogenannte Kolbenband mit unterlegtem O-Ring als Unterstützung, wie es in den meisten Seriendämpfern zu finden ist. Rechts der Stahlkolbenring, der bei Hitze und hohen Drücken zuverlässiger abdichtet.

Federt das Hinterrad komplett aus, dämpft ein Gummielement im Dichtkopf (Pfeil) den Schlag. Bei einer deutlich zu großen Federvorspannung, kann man den harten Schlag beim Ausfedern deutlich spüren.

Bei hochwertigen oder solide umgebauten Federbeinen wird der Ausfedervorgang von der Topoutfeder aufgefangen. Richtig dimensioniert, verbessern sich damit Ansprechverhalten und Bremsstabilität.

Dämpferkolben in Großformat: Die übereinander getürmten Shims regeln die Zugstufendämpfung, die »Düse« in der Mitte ist das sogenannte »freie Bleed«, dass das Öl in beide Richtungen durchströmen lässt.

Wegen der durchgehenden Dämpferstange bleibt das Volumen im Dämpfer gleich, auf einen Ausgleichsbehälter mit Gasdruck-Befüllung im herkömmlichen Sinn kann verzichtet werden. Der Dämpferkolben presst das Öl in Bohrungen, die mit einer Zug- und Druckstufenregelung verbunden sind. Die Verstellung ist von außen demontierbar am Zylinder untergebracht.

Ähnlich wie beim **TTX-Stoßdämpfer** aus Schweden, der zur Wartung und Änderung des Shim-Paketes nicht mehr komplett zerlegt werden muss. Bedingt durch die durchgehende Kolbenstange ist die Gesamtbaulänge des Through-Rod-Dämpfers relativ groß.

Bei **KTM** war das **PDS-Federbein** (**P**rogressive **D**amping **S**ystem) über Jahre hinweg das Markenzeichen, ehe man wieder zur mechanisch-progressiven Umlenkung zurückkehrte. Das direkt an der Schwinge montierte PDS-Federbein baute die speziell im Offroad notwendige Progression durch eine wegabhängige Dämpfkraft auf, die von einer progressiv gewickelten Tragfeder unterstützt wurde. Bei BMW

Die inneren Bohrungen (grün) regeln die Zugstufendämpfung, in die Gegenrichtung strömt das Öl durch die Vorkammern der Druckstufendämpfung (rot). Der Stahlkolbenring dichtet das Ganze ab.

werden wegabhängige Dämpfer unter der Bezeichnung **WAD** (**W**eg**a**bhängige **D**ämpfung) verbaut.

Aus dem Cross-Sport stammen auch die **Luftfederbeine**. Eine Technik, die seit Beginn der mobilen Fortbewegung genutzt wird, beim Motorrad aber eher eine Randerscheinung bleibt. Zumal die Einstellung und Wartung viele Cross- und Enduro-Teams überforderte und dort die verlässliche Schraubenfeder aus Stahl, oder, wenn es sein musste, aus Titan, wieder Einzug hielt.

Beim Umbau der Dämpfungscharakteristik wird das Shimpaket der Reihe nach ausgebaut, in Durchmesser und Stärke vermessen und je nach Bedarf neu aufgebaut. Wenn es sein muss ein Dutzend mal.

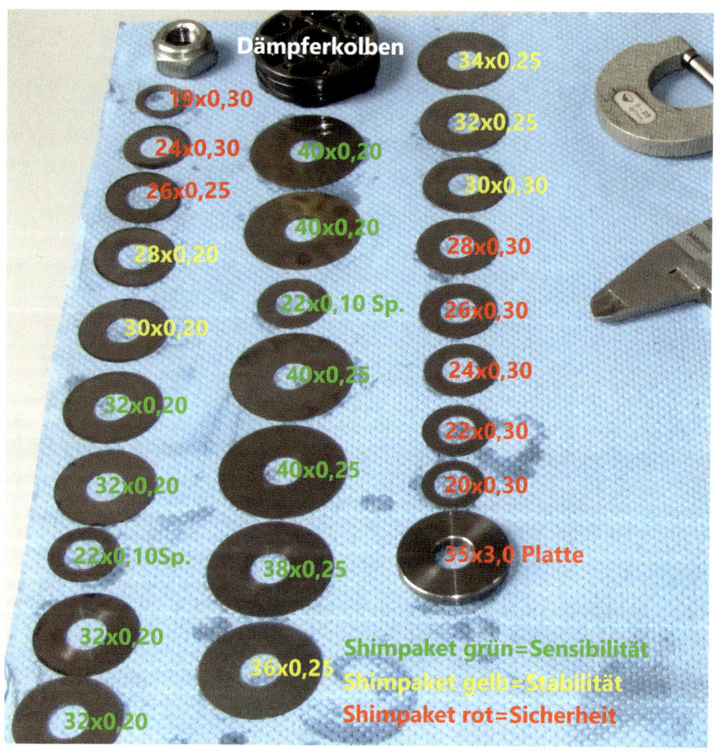

Dieses Shimpaket stammt aus einem direkt angelenkten Federbein mit harter Feder und zwangsläufig hoher Dämpfkraft. Gut zu erkennen ist die Progression der Shims, und damit der Dämpfungscharakteristik, die gegen Ende (rot=Sicherheit gegen Durchschlagen) dicker werden.

TECHNIK: AUFBAU UND WIRKUNGSWEISE DER FEDER

Die Feder, im Fachjargon auch als Tragfeder bezeichnet, ist im Prinzip ein einfaches, dennoch hoch beanspruchtes Bauteil. Die Federhärte setzt sich aus folgenden Parametern zusammen:

- Federdrahtdurchmesser
- Durchmesser der Wicklung
- Länge der entspannten Feder
- Anzahl der Windungen über die gesamte entspannte Länge

Generell gilt:

- Je dicker der Federdraht, desto größer die Federrate bei sonst gleichen Baumaßen und umgekehrt.
- Je länger die Feder, desto kleiner die Federrate bei sonst gleichen Baumaßen und umgekehrt.

Entgegen landläufigen Meinungen ist die Federkraft nicht abhängig von der Qualität des Federstahls. Ein Federstahl hat immer dieselbe »Härte«. Trotzdem gibt es Unterschiede in der Qualität des Federstahls. Eine blockfeste Feder zum Beispiel kann bis auf den Anschlag zusammengepresst werden und behält dabei ihre ursprüngliche Länge bei. Weniger hochwertige Federn können sich über die Betriebsdauer setzen und verlieren die ursprüngliche freie Länge, nicht aber ihre Federkraft. Eine Feder wird also über die Zeit nicht weicher, sondern allenfalls kürzer.

Die Federrate wird in Kilogramm pro Zentimeter (kg/cm) oder in Newton pro Millimeter (N/mm) berechnet und angegeben. Bei Federn sind meist zwei Zahlen aufgedruckt. Beispiel: 150/90 bedeutet eine freie Federlänge von 150 Millimetern bei einer Federrate von 90 kg pro Zentimeter.

Eine Feder kann über die Erhöhung oder Verringerung der Vorspannung in ihrer Härte nicht verändert werden. Die Vorspannung beeinflusst lediglich den Durchhang der Maschine, also den Anteil von Negativ- zu Positivfederweg. Das einzige, das mit einer größeren Vorspannung (weniger Negativ-, mehr Positivfederweg) erreicht wird, ist ein erhöhter Schutz vor Durchschlagen der Federung, da die Feder bei Erreichen des maximalen Dämpferhubes um den Wert der Vorspannung mehr zusammengepresst werden muss. Zu beachten ist, dass sich die Vorspannung einer Feder auf die Fahrhöhe auswirkt und damit in der Konsequenz auch die Lenk- und Rahmengeometrie verändert.

Ist eine Feder deutlich zu weich oder zu hart, bringt nur der Austausch der Feder eine tatsächliche Verbesserung. Dies ist jedoch nur möglich, wenn die hydraulischen Dämpfungsreserven der Zugstufe der erhöhten Federkraft angepasst werden können.

Progressive Federn an der Hinterradfederung werden überwiegend bei direkt angelenkten Stoßdämpfern verwendet, um die meist sehr geringe mechanische Progression durch eine sich im Verlauf aufbauende Federhärte auszugleichen.

Profis ermitteln den Wert der Federrate anstatt durch Berechnung lieber durch Vermessen mit der Digital-Federpresse, weil die Beschichtung/Lackierung die tatsächliche Federdrahtstärke verwässert.

TECHNIK: DER ANTI-SQUAT-EFFEKT

Die Schubkraft und die Anordnung des Kettenantriebs sind die Faktoren, aus denen sich ein weiteres Phänomen mit Auswirkung auf das Fahrwerk und Federungsverhalten ergibt. Dass beim Beschleunigen eines Motorrades das Vorderrad himmelwärts steigt, ist weit bekannt. Dynamische Radlaständerung nennt der Fachmann diesen Vorgang, unter Motorradfahrern schlicht »Wheelie« genannt. Dadurch schwebt nicht nur das Vorderrad in der Luft, sondern möchte auch das Rahmenheck kräftig Einfedern. Der Grund: Das Fahrzeuggewicht liegt nun zu 100 Prozent auf dem Hinterrad.

Dem Tiefgang am Heck wirkt eine andere Kraft, je nach Fahrsituation und Schwingenkinematik stärker oder schwächer, entgegen: Die Antriebskraft bei Motorrädern mit Kettenantrieb.

Durch die in Fahrtrichtung wirkende Schubkraft am Aufstandspunkt des Hinterrades stellt sich die Schwinge auf. Folge: Das Motorrad federt bei einer optimalen Geometrie hinten leicht aus und wirkt somit als Unterstützung der Tragfeder im Federbein. Es baut sich dabei ein Anti-Dive-Effekt auf.

Nicht wesentlich anders sieht es bei konventionellen Kardanantrieben ohne Momentabstützung aus. Bestes Beispiel sind die BMW Zweiventil-Boxer älteren Datums, die beim Beschleunigen unterstützt durch das Drehmoment der Kardanwelle heftig aus der Federung gehievt wurden. Um die lästigen Bewegungen zu eliminieren, werden bei aktuellen Kardanmaschinen sogenannte Momentabstützungen verwendet, die die Ausfederkraft des Antriebs minimieren oder im Sinn einer guten Handlichkeit das Motorrad beim Beschleunigen hinten leicht anheben.

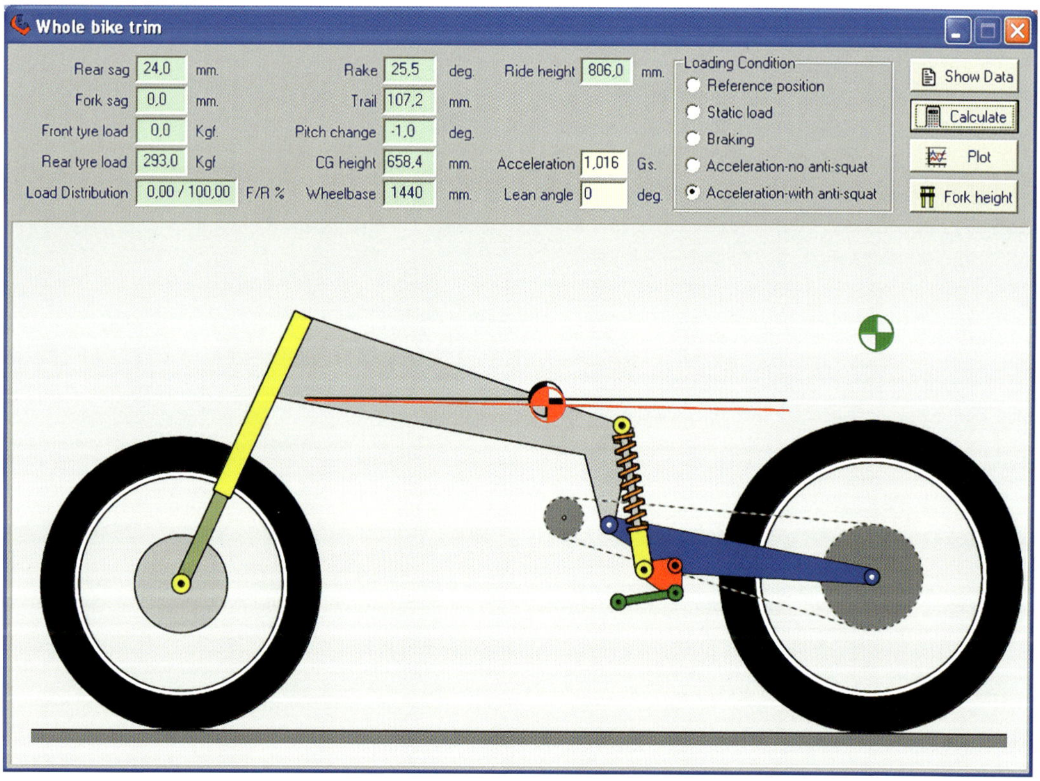

Die Praxis: Anti-Squat-Berechnung und Messwerte mit dem 2D Datarecording zeigen identische Werte an. Die Aprilia RSV4 federt hinten beim vollen Beschleunigen um rund 10 Millimeter auf nur noch 24 Millimeter aus.

Der Ausfedereffekt beim Kettenantrieb tritt jedoch nur ein, wenn der Schwingendrehpunkt deutlich höher liegt als die Hinterachse. Denn nur dann hebt die Schwinge, die sich am Schwingendrehpunkt gegen die Fahrzeugmassen abstützt, das Heck nach oben. Aus der Differenz von Schwingen- zu Hinterachshöhe und der Schwingenlänge ergibt sich der Auslenkwinkel. Nähern sich Rad- und Schwingenachse in etwa auf einer Linie an, also beim starken Einfedern, kehrt sich das Phänomen um und die Maschine federt durch die Zugkraft der Kette weiter ein, im Fachjargon als Squating-Effekt betitelt. Mit dem Ergebnis, dass das Motorrad am Kurvenausgang insgesamt »zu flach steht« und durch die unhandliche Lenkgeometrie untersteuert und am Kurvenausgang nur mit Mühe auf der engen Linie gehalten werden kann. Ein Verhalten, das sich bei schneller Fahrweise unangenehm in die Fahrlinie einmischen kann und unter der Bezeichnung »running-wide« speziell die Sportfahrer-Szene ärgert.

Allerdings wirkt sich dieser Effekt bei zurückhaltender, defensiver Fahrweise deutlich weniger auf das Lenkverhalten aus. Weshalb zum Beispiel Fahrer/innen von tiefer gelegten Motorrädern durch die flach stehende Schwinge keineswegs ein gänzlich unfahrbares Motorrad unterm Hintern haben. Für einen zackig-sportlichen Ausflug jedoch taugt ein solch umgebautes Chassis nur bedingt.

Bei Superbikes und reinrassigen Rennmaschinen lässt sich der Schwingendrehpunkt im Rahmen durch unterschiedliche Einsätze in seiner Lage variieren. Somit kann der Auslenkwinkel der Schwinge vergrößert oder verkleinert werden, ohne die Fahrhöhe am Heck und damit die Geometrie und Balance zu verändern.

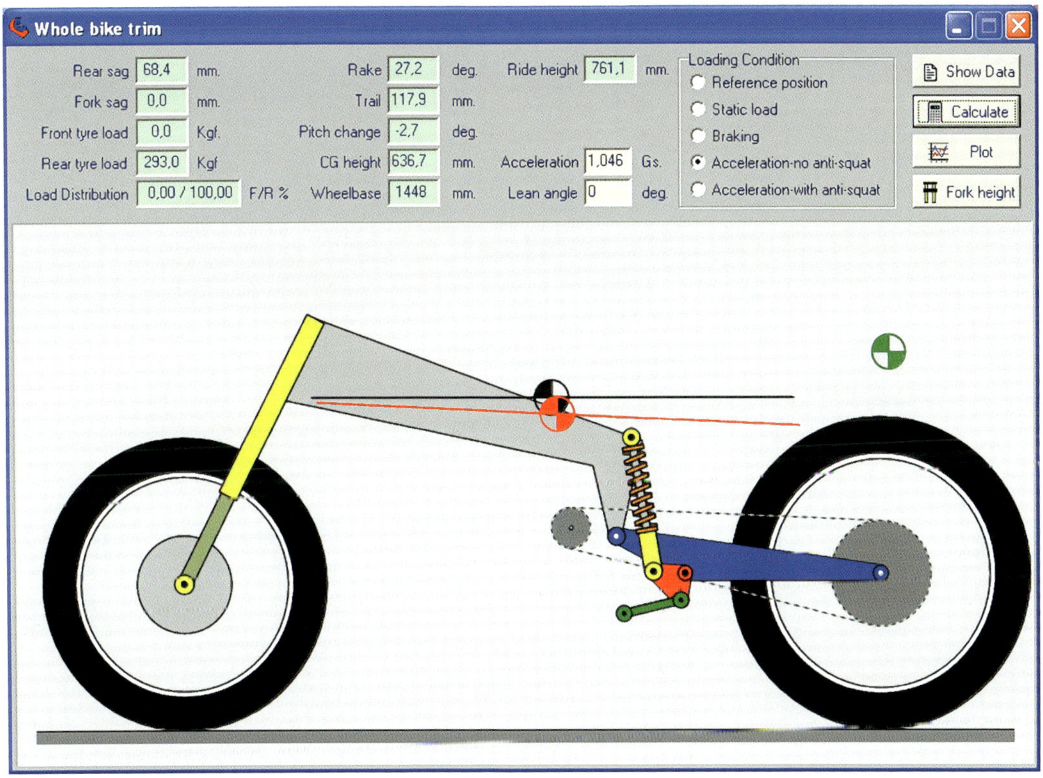

Die Theorie: Zieht man rechnerisch diesen Effekt, der über den Schwingenwinkel und Kettenantrieb beeinflusst wird, ab, würde die Aprilia am Hinterrad bei voller Beschleunigung knapp 70 mm einfedern.

Bei einem zu flachen Schwingenwinkel kehrt sich die Auswirkung des Anti-Squat-Effekts um. Der kritische Punkt beim Schwingenwinkel ist ab etwa 10 Grad, gemessen bei komplett ausgefedertem Motorrad und einer Schwingenlänge von 550 bis 600 Millimeter, erreicht. Bei weniger Auslenkung wird das Motorrad dann bei jedem Beschleunigungsvorgang durch die Kettenzugkraft in die Federung hineingezogen und kann bis auf den Anschlag durchfedern. Diesen Effekt möchten die Konstrukteure wenn möglich vermeiden, weswegen man versucht, dies bei der Konstruktion von Schwingendrehpunkt, Lage und Durchmesser der Kettenräder und dem Auslenkwinkel der Schwinge so weit wie möglich zu berücksichtigen.

Speziell Motorräder, die mit hoher Zuladung gefahren werden und sich schon von der Ausgangslage her in einem weiter eingefederten Zustand befinden, werden durch die dynamische Achslastveränderung beim Beschleunigen oft bis auf den Anschlag zusammengestaucht. Auch aus diesem Grund ist es wichtig, dass der Negativfederweg, und damit die Schrägstellung der Schwinge, auch bei hoher Zuladung korrekt einjustiert wird. Was natürlich mit elektronisch regulierten Fahrwerken oder einem sich selbst justierenden ZF-Nivomat-Federbein perfekt und ohne Zutun des Fahrers vonstattengeht.

Der Auslenkwinkel der Schwinge beträgt je nach Motorradtyp in komplett ausgefedertem Zustand (N0) etwa 8 bis 12 Grad bei Straßenmaschi-

Das echte Leben: Die dynamische Radlaständerung presst das Hinterrad der BMW S 1000 RR auf den Asphalt (rot), die Schwinge steht dennoch sehr steil ausgefedert (weiße Linie). Durch die g-Kraft der Schräglage wird jedoch der Massenschwerpunkt (gelb) nach unten gedrückt, was Grip und Beschleunigung verbessert. Trotzdem hebt das Vorderrad (grün) durch den immensen Leistungsüberschuss ab.

nen, 12 bis 16 Grad für Supersportler und über 18 Grad bei Motocross/Enduros.

Ein weiterer Parameter für einen wirksamen Anti-Squat-Effekt ist die Schwingenlänge. Faustregel: Je länger, desto weniger verändert sich der Anti-Squat-Effekt über den Federweg und umgekehrt. Auch die Größe von Ritzel und Kettenrad sowie die Position des Abtriebsritzels zur Schwingenachse beeinflusst das Ausfedermoment der Schwinge. Wobei der horizontale Abstand zwischen Schwingachse und Getriebeausgangswelle einen deutlich geringeren Einfluss nimmt als eine vertikale Veränderung.

Das Ausfedermoment wird am verständlichsten in Prozent ausgedrückt. Bei 100 % Anti-Squat bleibt das Motorrad bei voller Beschleunigung, also leicht abgehobenem Vorderrad, exakt in der statisch einjustierten Fahrhöhe am Heck. Bei angenommen 90 % Anti-Squat, man könnte auch Anti-Dive dazu sagen, sackt das Motorrad bei unserem Beispiel um rund 5 Millimeter Federweg ein.

Umgekehrt hebt die Schwinge bei 110 % Anti-Squat das Heck um rund 5 Millimeter aus der statischen Position an. Wie stark sich die dynamische Radlaständerung auf die Fahrhöhe auswirkt, hängt natürlich noch von Faktoren wie Federhärte, mechanische Umlenk-Progression oder Schwerpunktlage ab. Mit einem Rechenprogramm lassen sich diese Parameter erfassen und der Anti-Dive-Effekt sehr genau über den Federweg festlegen.

Als Ausgangsbasis für den Anti-Squat-Effekt dient die Berechnung bei einem angenommen moment- und kraftfreien Antrieb. In unserem Fall der Aprilia RSV 4 würde das Heck bei voller Beschleunigung dann knapp 70 Millimeter eintauchen, mit dem Anti-Dive-Effekt hingegen nur 25 Millimeter.

Zu beachten ist auch der Umstand, dass, je weiter die Schwinge einfedert, also flacher steht, desto geringer das Ausfedermoment ausfällt.

Der Anti-Dive-Effekt beim Beschleunigen aus Kurven sollte bei Sportmotorädern immer über 100 % liegen. Dadurch bleibt die Lenkgeometrie sehr handlich und der Schwerpunkt liegt höher, wodurch der dynamische Anpressdruck und damit der Grip am Hinterrad größer wird.

Auf den Diagrammen des Tony Foale Chassis-Programms (Seite 94 bis 96) werden zwei Anti-Squat-Kurven angezeigt. Einmal bei maximaler Beschleunigung und ausgefedertem Vorderrad (rote Linie), und bei eingefedertem Vorderrad auf Negativfederweg 2 (blaue Linie). Warum? Weil der maximale Anti-Squat-Effekt immer dann wirkt, wenn das Hinterrad mit der maximalen Zugkraft gegen einen Widerstand angetrieben wird. Dieser Widerstand besteht zum einen aus der Fahrzeugmasse (Massen-Schwerpunkt) und zum anderen bei hohem Tempo vom Luft- und Fahrwiderstand, bei dem das Vorderrad jedoch in N2 eingefedert bleibt.

Beim Beschleunigen hebt das ausgefederte Vorderrad den Schwingendrehpunkt zusätzlich mit etwa 40 % des Ausfederweges an der Gabel an (bei 1400 mm Radstand und 600 mm Schwingenlänge), wodurch der Anti-Squat-Effekt zunimmt.

Als weiteres Puzzlestück in der komplexen Schwingengeometrie kommt die Länge der Schwinge hinzu. Im Lauf der Jahre und mit steigender Leistung gehören Schwingen mit 600 und mehr Millimeter Baulänge zum Standard. Bei den MotoGP-Rennmaschinen, die knapp 300 PS in Vortrieb umsetzten müssen, sind die Schwingarme und Radstand nochmals deutlich länger (Radstand MotoGP 2020 zirka 1560, Schwingenlänge zirka 660 mm).

Der Vorteil der langen Schwinge: Das am Reifen wirkende Antriebsdrehmoment schwankt beim Federvorgang weniger stark, als bei einer kurzen Schwinge. Der technische Hintergrund liegt darin, dass die Schwinge beim Einfedern einen Kreisbogen an der Achse bewirkt, der den Radstand verändert und dadurch der Hinterreifen leichten Schwankungen in der Zugkraft/Beschleunigung unterliegt. Dieses Phänomen rückte erstmals mit der Yamaha YZF R1/RN 01 von 1998 in den Blickpunkt, die mit einer Schwingenlänge von knapp 600 Millimeter diese Drehmoment-Schwankungen minimierte.

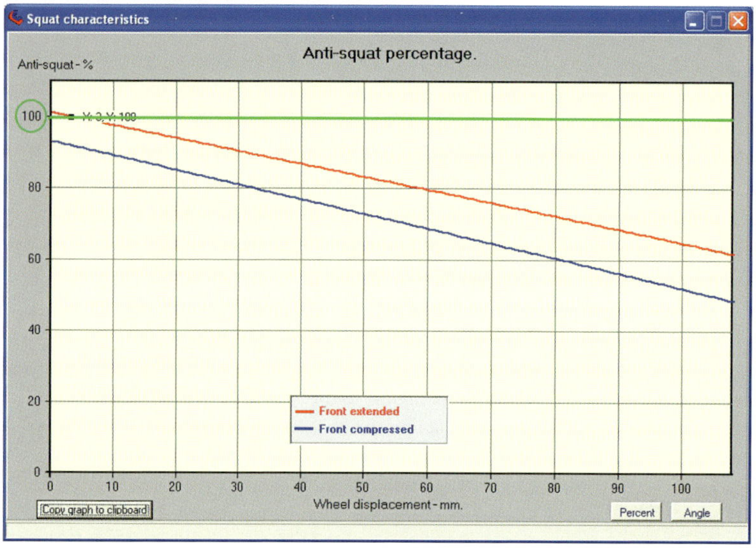

Geringer Anti.Squat-Effekt 1: Durch diese Anordnung wirkt der 100 % Anti-Squat-Effekt (kein Einfedern) bereits nach 5 mm Federweg. Bei Negativfederweg 2 (mit Fahrer) von rund 40 mm bleiben nur noch knapp 90 % Anti-Squat übrig, das Motorrad federt also beim Beschleunigen hinten ein und kann in Schräglage bei 60 mm Federweg sogar in den unteren, harten Federbereich abtauchen.

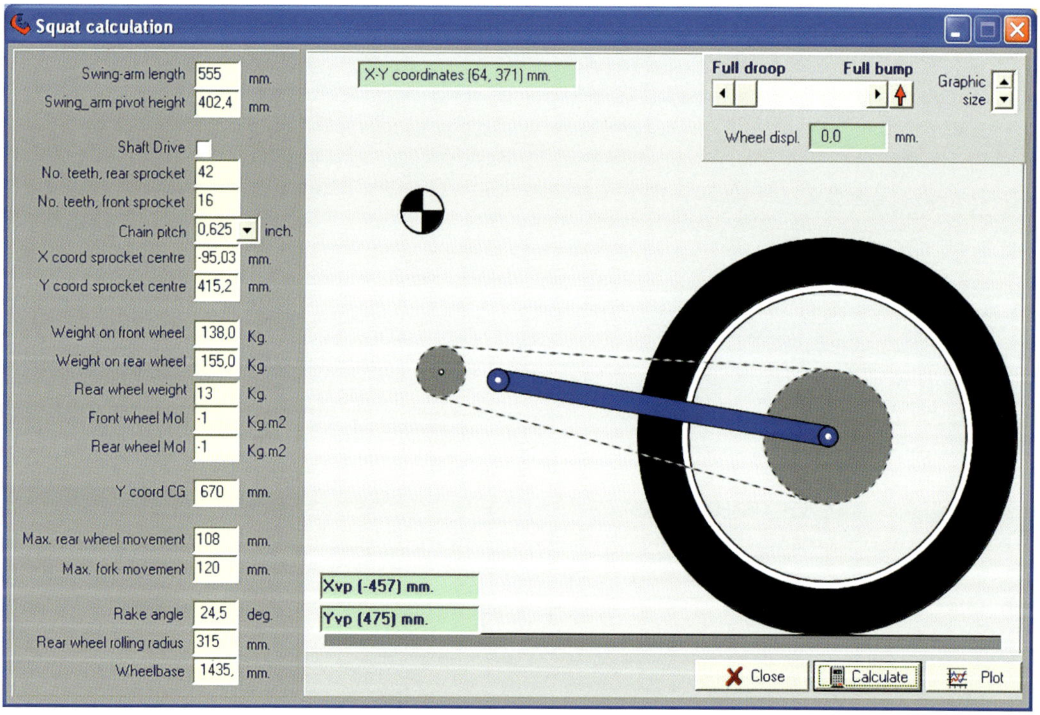

Geringer Anti-Squat-Effekt 1: Der Winkel der 555 mm langen Schwinge beträgt durch den rund 402 mm tiefen Schwingendrehpunkt und den 315 mm großen Radhalbmesser nur knapp 9 Grad. Zudem liegt der Ritzeldrehpunkt mit 415 mm relativ hoch.

TECHNIK: FAHRDYNAMIK UND MASSENKRÄFTE

Die weit verbreitete Ansicht, dass bei einem höher gestellten Heck die Haftung beim Beschleunigen abnimmt ist durch unzählige Fahrversuche, Messungen und Berechnungen nicht nachvollziehbar. Wobei diese Annahme darauf beruhte, dass bei einem hohen Heck die statisch messbare Hinterradlast, wenn auch nur minimal, kleiner wird und dadurch auch der Anpressdruck sinkt. Was bei dieser These außer Acht gelassen wird, ist die Tatsache, dass in der Beschleunigungsphase der höhere Schwerpunkt für mehr dynamischen Anpressdruck und damit mehr mechanischen Grip sorgt. Mit dem Nachteil behaftet, dass der Anpressdruck vorn weniger wird und damit die Wheelie-Neigung und unter Umständen ein Untersteuern zunimmt.

In diesem Zusammenhang muss auch die landläufige These eines durch den Anti-Squat-Effekt übermäßig auf den Boden gepressten Hinterrades beim Beschleunigen korrigiert werden. Das Hinterrad wird durch den Anti-Squat-Effekt nicht mehr auf den Asphalt gepresst, als es allein durch die dynamische Radlast und in Schräglage der g-Kraft möglich ist. Die These des zusätzlichen Anpressdruckes geht davon aus, dass das Hinterrad beim Beschleunigen ausfedert und so mehr Grip aufbaut. Dieser Ausfedervorgang über rund 30 Millimeter geschieht jedoch sehr langsam und über den gesamten Kurvenausgang bis zum komplett aufgerichteten Motorrad, wodurch sich auch keine nennenswerte zusätzliche Massenkraft aufbauen kann. Denn Massenkraft entsteht nur bei einem dynamischen Vorgang. Der Anpressdruck, und damit der mechanische Grip, entsteht lediglich über die g-Kraft der Schräglage (Seitenkraft) oder über die g-Kraft beim Beschleunigen (Längskraft aufs Hinterrad) und Bremsen (Längskraft aufs Vorderrad), immer in Abhängigkeit mit der wirksamen Hebellänge des Schwerpunktes.

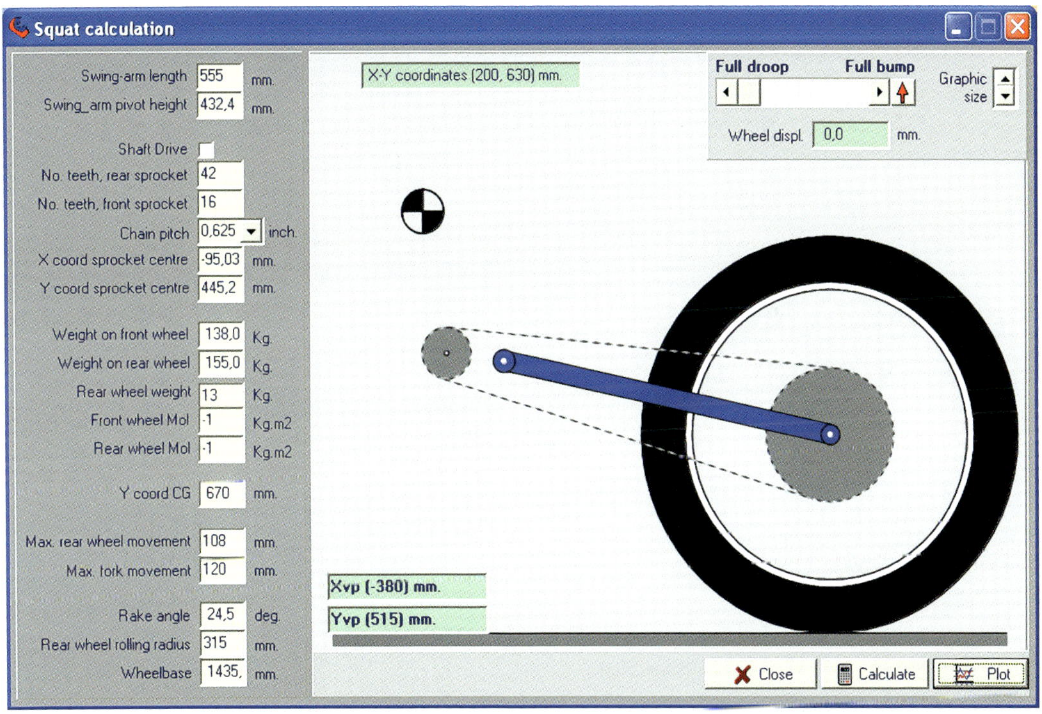

Starker Anti-Squat-Effekt 2: Rund 12 Grad steiler Schwingenwinkel durch den 432 mm hohen Schwingendrehpunkt bei identischem Radhalbmesser von 315 mm und 555 mm Schwingenlänge.

Der Anti-Squat-Effekt baut sich bei zunehmendem Federweg, und damit einer flacher stehenden Schwinge, ab. In der Tabelle sind zwei Konstellationen aufgeführt, die die Abhängigkeit des Effekts von der geometrischen Bauweise dokumentieren.

Bei Fahrversuchen mit einer Aprilia RSV4 wurden die rechnerischen Werte und Daten mit 2D Federwegsensoren und damit mit den Echtwerten abgeglichen. Erstaunlich, wie genau die Kalkulation des Tony Foale Chassis-Programms die gemessenen 2D-Werte widerspiegelte.

Um die Wirkung der g-Kraft beim Motorrad abzuschließen, sollte noch der Einfluss der Schräglage auf den Anpressdruck der Räder ins Visier genommen werden. Denn durch die Kurvenfahrt entsteht eine Querkraft, die das Motorrad über das Eigengewicht hinaus in die Federung drückt. Wird in einer Schräglage von 25 Grad voll beschleunigt, hebt das Vorderrad etwas später ab als bei Geradausfahrt. In Zahlen ausgedrückt: Ein mit Slicks bereiftes Rennmotorrad kann rechnerisch (bei Leistungsüberschuss) die Beschleunigung von 100 auf 300 km/h bei 25 Grad Schräglage in 5,0 Sekunden bewältigen, bei Geradausfahrt würden durch die stärkere Wheelie-Neigung 5,6 Sekunden vergehen. Diesen Umstand nützen clevere Rennfahrer am Ausgang von langsamen Kurven und halten das Motorrad bei der Vollgasbeschleunigung vorsätzlich möglichst lange in leichter Schräglage, um den Anpressdruck der g-force in eine bessere Beschleunigung umzusetzen.

Um die schiere Kraft der MotoGP-Motoren in Speed umzusetzen, geht man auch den Weg, den Schwerpunkt in der Beschleunigungsphase, speziell am Start, abzusenken. Dabei wird die Fahrhöhe am Heck mechanisch oder hydraulisch abgesenkt, wodurch der Gesamtschwerpunkt nach unten wandert und die Wheelie-Neigung abnimmt. Dieser Trick, an der Gabel angewandt, hat sich beim Motocross und Supermoto schon seit Jahrzehnten bewährt.

Bei einem etwa 30 Millimeter tieferen Schwerpunkt kann der Fahrer einer MotoGP-Maschine beim Sprint von 100 auf 300 km/h rechnerisch rund 25/100 Sekunden einsparen. Nicht viel? Bei den extrem engen Rundenzeiten entscheiden solche leicht gewonnenen Zehntelsekunden schnell über Sieg oder Niederlage.

Allerdings dürfen in der MotoGP keine elektrischen oder elektronischen Änderungen am Fahrwerk vorgenommen werden, weshalb hier rein mechanisch/hydraulische und vom Fahrer betätigte Verstellmöglichkeiten zum Einsatz kommen.

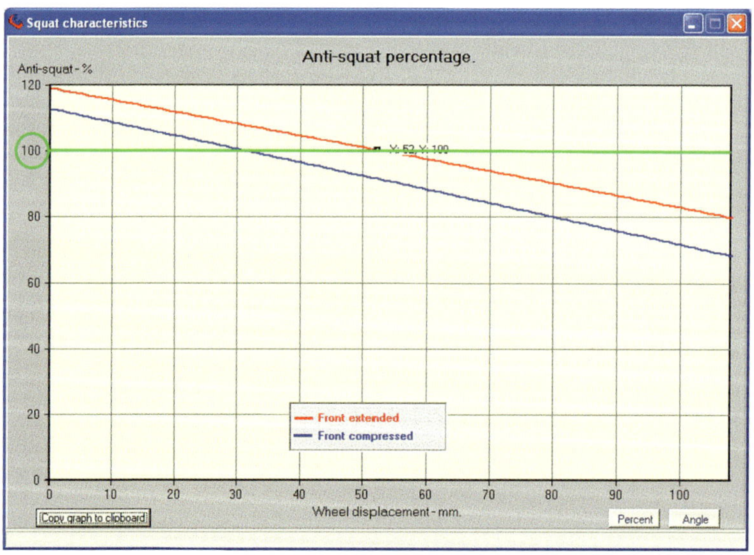

Starker Anti-Squat-Effekt 2: Bei Negativfederweg 2 (mit Fahrer) von rund 40 mm wirken rund 105 % Anti-Squat-Effekt, weshalb das Motorrad beim Beschleunigen hinten leicht und gewollt ausfedert. Erst bei 52 mm Federweg sinkt der Anti-Squat unter die 100-%-Marke und hält das Motorrad auch beim Beschleunigen aus Schräglage stabil im oberen Federbereich.

Nicht nur Ducati senkt bei den MotoGP-Werksmaschinen den Schwerpunkt beim Beschleunigen ab. Dabei wird über eine variable Höhenverstellung an der Federbeinkinemtik (grün) das Heck soweit abgesenkt, dass nur noch wenig Freiraum zum Fahrzeugheck übrig bleibt (rot). Die Schwinge steht dadurch sehr flach, was einen zusätzlichen Squating-Effekt erzeugt. Durch diese Veränderung des Schwerpunktes kann die knapp 300 PS starke Ducati die immense Power ausspielen.

KAPITEL 5

PRAXIS Technischer Fahrwerks-Check

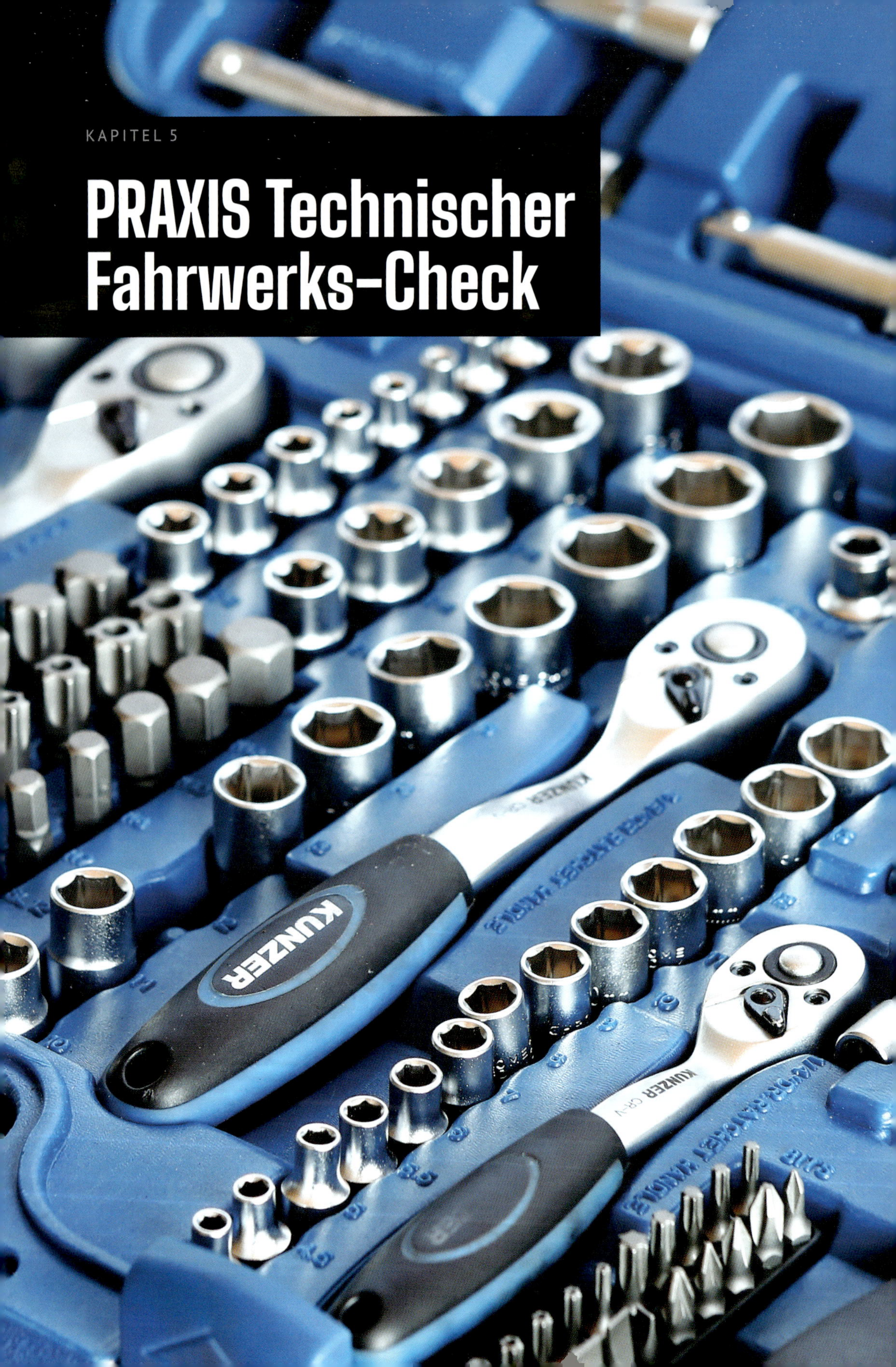

Als Grundlage vor jeder Fahrwerksabstimmung, muss sichergestellt sein, dass die mechanischen Bauteile am Motorradchassis einwandfrei funktionieren.

Bereifung Bevor man mit der Einstellung und Abstimmung eines Motorradfahrwerkes beginnt, sollte neben dem unten aufgeführten technischen Check auch die Bereifung unter die Lupe genommen werden. Neben dem vom Fahrzeughersteller angegeben Luftdruck kann es sein, dass auch der Reifenhersteller für seine Pneus einen speziell ausgetüftelten Fülldruck erarbeitet hat. Erkundigen sie sich deshalb beim Hersteller, Importeur oder Reifenhändler, ob solch eine Empfehlung vorliegt.

Für Rennsportreifen ist es unabdingbar, dass der Kalt- wie auch Heißluftdruck je nach Mischung und Strecke nach Herstellerangabe verwendet wird.

Straßenreifen dürfen beim Abstimmen von Federung und Geometrie maximal 20 bis 30 % abgenutzt sein und müssen dabei ein homogenes Verschleißbild aufweisen. Stärker abgefahrene Reifen können das Lenk- und Kurvenverhalten massiv beeinflussen und lassen dann keine optimale Abstimmung zu.

Über die Wahl der Bereifung kann das Lenkverhalten grundsätzlich und gravierend verbessert – oder verschlechtert werden. Eine optimale Fahrwerksabstimmung sollte deshalb von der für Ihr Fahrzeug optimalen Bereifung unterstützt werden.

Bestimmte Fahreigenschaften der Bereifung lassen sich auch durch eine gezielte Veränderung der Fahrzeuggeometrie in der Tendenz hervorheben oder abschwächen. Nutzen sie dazu die Tabelle der Problemlösungen in Kapitel 12 dieses Buches.

Auch lohnt es sich, den hohen Serien-Normluftdruck bei Fahrten ohne Zuladung in kleinem Rahmen von maximal 0,3 bar nach unten abzuändern, um bestimmte Eigenschaften zu verbessern. Wobei am Vorderrad mit Touren- oder Straßensportreifen der Fülldruck kalt nicht unter 2,2 bar gewählt werden sollte, da sich sonst Handling und Lenkpräzision verschlechtern. Ausnahmen sind der Einsatz auf der Rennstrecke oder für Geländefahrten bei Enduros.

Eine Erhöhung des Normluftdruckes ist nur in wenigen Fällen anzuraten, zum Beispiel bei maximaler Beladung. Der Normluftdruck, bei den meisten Radialreifen in den gängigen Dimensionen 2,5 bar vorn und 2,9 bar hinten, wird deshalb empfohlen, weil damit die maximale Traglast bei der zugelassenen Geschwindigkeit sichergestellt ist. Weshalb der vorgeschriebene Normluftdruck auf jeden Fall bei Vollgasfahrten auf der Autobahn eingefüllt werden muss. Dieser Luftdruck muss deshalb jedoch nicht zwingend auch die besten Kurven- oder Fahreigenschaften garantieren.

Luftdruck der Straßenreifen in kaltem Zustand prüfen, auf die Angaben des Reifen- oder Fahrzeugherstellers korrigieren. Bei den Testfahrten müssen die Reifen auf Betriebstemperatur sein, das heißt mindestens 35 Grad (gut handwarm) bei Tourenreifen und gefühlsmäßig sehr warm bis heiß bei Sportreifen (zirka 50 Grad) am Hinterrad. Damit ist gewährleistet, dass der Warmluftdruck (zirka 0,2 bis 0,4 bar höher als kalt) und damit auch die Eigendämpfung den realen Bedingungen entsprechen.

Bevor an Federung und Dämpfung der Fehler gesucht wird, bitte den Reifenluftdruck überprüfen. Es wäre nicht das erste Mal, dass man sich den Gang zum Fahrwerks-Guru dadurch ersparen kann.

Alle relevanten Schraubverbindungen an Rahmen- und Motorlagern kontrollieren.

Nur wenn alle tragenden Schraubverbindungen mit dem korrekten Drehmoment angezogen sind, ist eine ausreichende Stabilität gewährleistet. Dazu gehören

- alle Klemmungen an der Gabelbrücke, Drehmoment beachten!!!
- Achsmuttern von Vorder- und Hinterrad sowie Schwingenachse, auch hier auf das korrekte Anzugsdrehmoment achten
- alle Klemmschrauben am Gabelfuß
- alle Motorhaltebolzen
- alle Verschraubungen von Rahmenunterzügen oder Hilfsrahmen

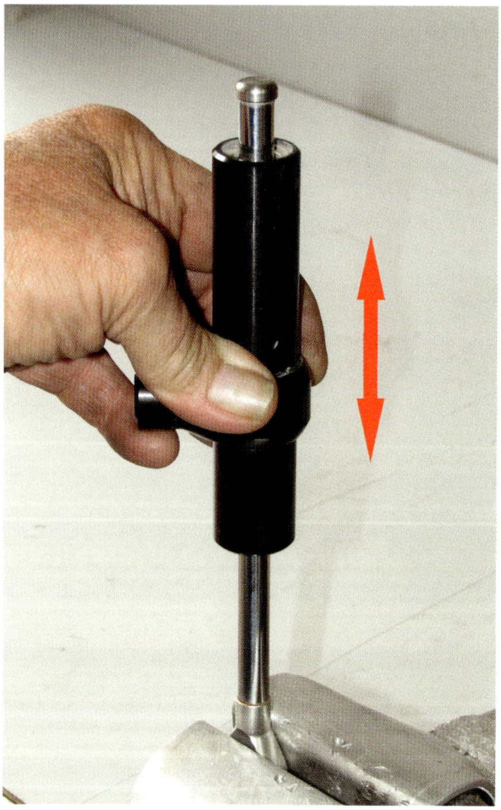

Um sicherzugehen, dass es nicht der Lenkungsdämpfer ist, der die Linie verhagelt, wird dieser abgebaut und auf einen möglichen Leerweg durch Luft im System oder hakeliges Laufverhalten überprüft.

Freigängigkeit und Funktion des Lenkungsdämpfers überprüfen.

Lenkungsdämpfer, ob serienmäßig oder nachgerüstet, müssen in ihrer Lagerung absolut frei beweglich sein und dürfen nicht klemmen. Nur in abgebauten Zustand kann der LD kontrolliert werden. Er muss über den gesamten Hub weich und gleichmäßig dämpfen, darf keine saugenden Geräusche machen (Luft im System) und auf gar keinen Fall im Umkehrpunkt einen Leerweg aufweisen. Liegt der Verdacht nahe, dass der Lenkungsdämpfer zu straff abgestimmt oder defekt ist, muss er unter Berücksichtigung von möglichem Lenkerschlagen, neudeutsch Kickback, für die Grundabstimmung demontiert werden. Speziell das Lenkverhalten bei geringem Tempo oder in engen Kurven mit großem Lenkeinschlag kann sich mit einem zu »harten« oder defekten LD massiv verschlechtern.

Freigängigkeit und Spiel im Lenkkopflager überprüfen.

Wenn das Lenkkopflager defekt oder falsch eingestellt ist können sich gravierende Mängel im Lenk- und Fahrverhalten einstellen, wie Kippeligkeit und unpräzises Lenkverhalten speziell in engen Kurven, Pendelneigung, Lenkerschlagen, verstärkte Motorvibrationen im Lenker.

Zur Überprüfung der Lenkkopflager muss jede Art von Lenkungsdämpfer, auch elektronisch angesteuerte, abgebaut oder entkoppelt werden. Spiel wird bei gezogener Vorderradbremse und ruckartiger Schiebebelastung nach vorn überprüft. Dazu den Zeigefinger zwischen Lenkkopflager und Gabelbrücke anlegen und auf Klackergeräusche achten. Allerdings können mechanische Klackergeräusche auch von den Bremsbelägen oder den schwimmend gelagerten Bremsscheiben herrühren.

Zu stramme Einstellung/Freigängigkeit bei völlig entlastetem Vorderrad (über Seitenständer abkippen) mit kleinen Lenkwinkeln von 1 bis 2 Grad auf Freigängigkeit prüfen. Gabel muss sich (ohne Lenkungsdämpfer) absolut leicht und ohne in der Geradausstellung »einzurasten« bewegen lassen. Aber auch bei maximalem Lenkeinschlag darf kein erhöhter mechanischer Widerstand spürbar sein. Dazu gehören auch schlecht verlegte Züge oder elektrische Leitungen, die die Freigängigkeit

Motorrad über den Seitenständer stabil abkippen und sichern, erst dann das Lenkkopflager durch zarte, kleine Lenkbewegungen um die Geradeausstellung auf Freigängigkeit oder einrastende Lenklager prüfen.

Das Spiel am Lenkkopflager wird über die meist gekonterten Nutmuttern (rot) eingestellt. Vorher muss die Zentralmutter (grün) gelöst werden.

ACHTUNG: *Das Lagerspiel verkleinert sich beim Festziehen dieser Verschraubung wieder.*

einschränken. Nur bei der einwandfreien Funktion der Lenkkopflager ist eine Fahrwerksabstimmung sinnvoll, da es nicht nur um das Feder- und Dämpferverhalten, sondern auch um das daraus resultierende Lenk- und Kurvenverhalten geht.

Zur Einstellung der Lenkkopflager müssen die Zentralmutter am Lenkrohr der Gabelbrücke und die Klemmschrauben der oberen Gabelbrücke gelöst werden. Dann können die Nutmuttern im Uhrzeigersinn (weniger Spiel) oder gegen den Uhrzeigersinn verdreht werden. Um einen Hakenschlüssel ansetzen zu können, muss meist die Gabelbrücke um ein paar Millimeter angehoben werden. Meist genügt es jedoch, das Nutmutter-Pärchen mittels einem etwa 45 Grad schräg angeschliffenen Durchschlag und mit zarten Hammerschlägen um maximal 1/8 Umdrehung fester oder lockerer einzustellen. Das Spiel des Lenkkopflagers kann erst geprüft werden, wenn die Zentralmutter korrekt festgezogen ist.

Gabel und Federbein auf Ölverlust an Standrohren oder Dämpferstange prüfen.

Ölverlust an der Gabel kann zu einer instabilen Dämpfung führen, wenn der Ölstand soweit absinkt, dass das System Luft zieht und das Öl stark aufschäumt. Zudem reduziert sich die federunterstützende Wirkung des Luftpolsters.

Am Federbein kann Ölverlust dazu führen, dass der Gasdruck soweit absinkt, dass das Öl aufschäumt und die Dämpfwirkung zusammenbricht. Bei älteren Federbeinen kann der Gasdruck durch leichte Undichtigkeiten soweit absinken, dass die Funktion von Dämpfung und Federung nicht mehr gewährleistet ist.

Undichte Simmerringe gehören zu den häufigsten Mängeln an der Telegabel. Hat der Ölverlust wie auf dem Foto bereits Tauchrohr, Gabelfuß und Bremszange komplett eingesabbert, müssen Simmerringe und Öl erneuert werden.

TIPP: Bei undichten Gabelsimmerringen, dem wohl häufigsten Defekt an einer Telegabel, kann die Reinigung der Dichtlippen oftmals einen Wechsel zumindest mittelfristig überflüssig machen. Dazu wird die Staubkappe vorsichtig mit einem »weichen« Werkzeug aus Kunststoff entfernt und der Sitz mittels MoS^2-Spray und Druckluft gereinigt. Dann schiebt man ein spezielles Kunststoff-Werkzeug, als Notbehelf taugt auch eine Fühlerlehre in der Stärke 0,10 mm, zwischen Tauchrohr und Simmerring und führt diese im Winkel von etwa 45 Grad um den gesamtem Umfang herum. Dabei sammelt sich an der Kante der dünnen Zunge Schmutz und Abrieb, der sich zwischen Staub- und Dichtlippe angesammelt hat. Wird diese Verschmutzung entfernt, dichtet der Simmerring oftmals wieder zuverlässig ab.

Dieser angesammelte Schmutz besteht aus Straßenstaub, bei Enduros auch von staubigen Böden. Generell sollten die offen liegenden, hartverchromten Flächen regelmässig mit einem MoS^2-Spray und weichem Tuch gereinigt werden, um zu verhindern, dass Schmutz oder festgebackene Reste von Insekten Staubkappe und Simmerring zerstören.

Bei Supersportmotorrädern, speziell beim Rennstreckenbetrieb, stammt oftmals der Abrieb von den Bremsbelägen und wird direkt in Laufrichtung der Bremsscheiben auf die Tauchrohre übertragen. Diese Partikel aus hartem Sintermetall finden über die Staubkappen und Simmerringe oftmals auch als schwarzer »Abrieb« den Weg ins Innere der Gabel.

Ist durch die Undichtigkeit bereits soviel Öl ausgetreten, dass der Gabelfuß mitsamt Bremszange verölt ist, muss dieser Verlust natürlich aufgefüllt werden, um die Funktion von Dämpfung und Federung (Luftpolster) sicher zu stellen. Nur bei einem ganz zarten Ölnebel kann darauf verzichtet werden.

Bei dieser Pflegarbeit sollten auch die Staubkappen entfernt und der darunterliegende Raum mit MoS^2 gereinigt und anschließend mit Druckluft ausgeblasen werden. Speziell bei RSU-Gabeln kann sich unter der Staubkappe Wasser ansammeln, was zur Korrosion der Sicherungsringe führt.

Bei nur leichtem Ölnebel kann es helfen, den angesammelten Schmutz unter dem Simmerring mittels Fühlerlehre rundum vorsichtig heraus zu schaben. Vorher kräftig mit MoS²-Spray einnebeln und einwirken lassen.

Generell sollten alle offen laufenden Innenrohre regelmässig mit einem weichen Tuch und Seifenlauge, in hartnäckigen Fällen MoS²-Spray, gereinigt werde. Die Simmerringe werden es danken.

Hinterradfederung und Umlenksystem auf Höhenspiel überprüfen. Dazu wird das Motorrad in betriebswarmem Zustand so angehoben, dass die Hinterradschwinge unbelastet ist. Betriebswarm deshalb, weil sich das Lagerspiel bei den in den Aluminium-Bauteilen eingepressten Nadelhülsen durch die temperaturbedingte Aufweitung des Lagersitzes vergrößert.

Die Entlastung der Schwinge kann auch durch Abkippen auf dem Seitenständer bewerkstelligt werden. Dann zieht man das frei hängende Rad ruckartig nach oben. Ist ein Spiel spürbar, kann eine zweite Person durch Sichtprüfung oder Ertasten mit dem Finger die einzelnen Lagerstellen überprüfen. Meist ist das Höhenspiel am Hinterrad die Addition aller Lagerstellen. Dieses Spiel an der Radachse sollte maximal einen Millimeter betragen. Bei Motorrädern, die im Rennsport eingesetzt werden oder perfekt abgestimmt werden sollen, muss das Spiel durch Übermaß-Innenringe komplett beseitigt werden.

Schwingenlagerung und Radlager in betriebswarmem Zustand auf Spiel überprüfen. Bei dieser Prüfung wird die Schwinge durch ruckartiges Drücken und Ziehen am Schwingarm hin und herbewegt. Durch Ertasten mit dem Zeigefinger zwischen Rahmen und Schwingenrohr lässt sich überprüfen, auf welcher Seite das Spiel entsteht. Auch hier ist eine Null-Spiel-Lösung zu empfehlen.

Das Radlagerspiel wird durch ruckartiges Bewegen in der Längsachse von Gabel oder Schwingenarm ermittelt.

ACHTUNG: Das Anzugsdrehmoment bei Radachsen hat auch einen Einfluss auf die Torsionssteifigkeit von Schwinge und Telegabel. Deshalb immer mit dem vorgeschriebenen Drehmoment anziehen.

Hinterrad auf korrekt eingespurten Einbau prüfen. Kettenspanner müssen links und rechts gleiche Markierungen aufweisen. Zur genauen Nachprufung können zwei absolut gerade Messlatten links und rechts parallel am Hinterrad angelegt werden. Exakter wird die Messung, wenn sie mit Felgen ohne Bereifung gemacht wird, um die Seitenschlag-Toleranz des Reifens auszuschalten.

Kettendurchhang auf minimal zulässigen Wert einstellen und die Kette schmieren. Ein zu großer Durchhang kann die Lastwechselschläge verstärken und damit Fahrwerksunruhen beim Gas anlegen auslösen. Beim Spannen der Kette wird das Hinterrad durch ein zwischen Kette und Kettenrad geklemmtes Rundmaterial mit etwa 10 mm Durchmesser zuverlässig an die Stellschrauben gepresst.

Dämpfer-Einstellung sollte in der Grundeinstellung den Herstellerangaben entsprechen und entsprechend justiert werden. Die Werte für **die Federvorspannung** an Gabel wie Federbein muss jedoch individuell dem Fahrergewicht angepasst werden. Die Anleitung dazu ist in Kapitel 6 ausführlich beschrieben.

ACHTUNG: Immer nur die Stellschrauben für die Dämpfung verdrehen. Oftmals sitzen diese in einem Alugehäuse mit Sechskant. Dieser Sechskant-Einsatz hat große Ähnlichkeit mit der Highspeed -Verstellung der Druckstufendämpfung bei High-Tech-Federbeinen und darf auf keinen Fall gelöst oder gar herausgeschraubt werden, da sonst das Hyrauliköl mit hohem Druck entweicht und der Stoßdämpfer somit nicht mehr funktionsfähig ist. Er muss dann in der Spezialwerkstatt mit Öl und Gasdruck neu befüllt werden.

Gabel und Federbein müssen sensibel und ohne großen Widerstand auf Belastung reagieren. Ist eine auffallend starke Reibung oder Losbrechkraft vorhanden, müssen diese beseitigt werden. Dazu bei der Gabel alle Achs-Gabelklemmungen lösen und mit dem korrekten Drehmoment wieder festziehen (siehe Kapitel 8).

Rahmen und Schwinge auf mögliche Risse und Brüche prüfen. Speziell an den hochbelasteten Schweißnähten im Lenkkopf- und Schwingen/Umlenkbereich können Brüche oder Risse auftreten, die die Stabilität beeinträchtigen.

Für alle Messungen und Testfahrten Tank zirka ¾ befüllen. Mit ¾-Befüllung deshalb, weil damit eine gewisse Unruhe durch hin und her schwappendes Benzin entstehen kann. Während der Testfahrten sollte die Spritladung um nicht mehr als ¼ des Tankvolumens schwanken, um die Abweichungen von Schwerpunktlage und Gesamtgewicht minimal zu halten.

Die Sitzposition des Fahrers muss absolut entspannt sein. Schalter und Hebel müssen griffbereit positioniert, Schalt- und Bremshebel ohne Ver-

Um Standschäden an konventionellen Telegabeln zu vermeiden, sollten die Staubkappen vorsichtig abgezogen und der Bereich darunter mit MoS^2 eingesprüht und anschließend mit Druckluft ausgeblasen werden.

Beim Kette Spannen sollte während dem Anziehen der Achsmutter die Kette wie im Bild gezeigt vorgespannt werden. Dadurch wird die Hinterachse auf beiden Seiten satt an die Stellschrauben gepresst.

spannungen zu bedienen sein. Tragen Sie bei jeder noch so kurzen Testfahrt die vollständige Schutzkleidung.

Lenkergriffe und Sitzpolster haben einen großen Einfluss auf Kontaktgefühl und Rückmeldung zum Motorrad. Harte, rutschige Griffgummis am Lenker benötigen viel Kraft, um den Lenker sicher zu halten. Das stört bei Kurvenfahrten enorm, da die Lenkimpulse fein dosiert und mit Gefühl ausgeführt werden sollten. Je handlicher und agiler das Motorrad reagiert, desto feinfühliger muss es dirigiert werden.

Hochwertige Griffgummis kosten ein paar Euro mehr als Billigware, machen jedoch den Fahrspaß erst perfekt.

Auch die Kombination aus Sitzpolster und Bekleidung sollte so abgestimmt sein, dass der Fahrer leicht seine Position wechseln kann und dennoch ein bestimmtes Maß an Rutschfestigkeit zwischen Hintern und Sitzbank vorhanden ist. Oftmals hilft es, die Oberfläche von Sitzbank und »Hintern« der Fahrerbekleidung mit Bremsenreiniger abzureiben. Den Bremsenreiniger jedoch nicht aufsprühen, sondern einen getränkten Putzlappen verwenden.

Aufgepasst: Bei vielen Federbeinen und Gabeln sind die Stellschrauben der Dämpfung in solchen Alugehäusen mit Sechskant eingelassen. Diese dürfen auf keinen Fall gelöst oder herausgeschraubt werden.

Wenn aus dem biederen Yamaha XV 535 Chopper ein flotter Roadster mit handlicher Geometrie werden soll, gibt es jede Menge Arbeit.

KAPITEL 6

Federung und Dämpfung einstellen

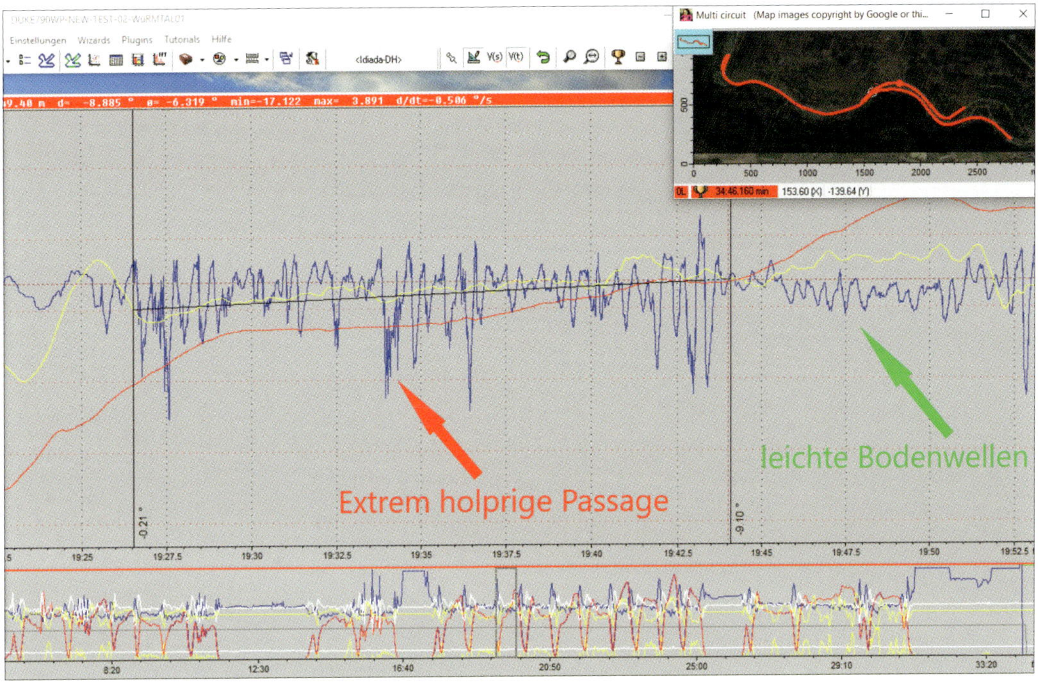

Bei der Abstimmung von Gabel und Federbein sind die Datenaufzeichnungen zum Vergleich sehr hilfreich. Gut zu erkennen, in welcher schnellen Abfolge das Hinterrad über extrem holprigen Asphalt rattert (rot), während bei einem üblichen Straßenbelag (grün) wenig Bewegung stattfindet.

- Anforderungen an Federung und Dämpfung
- Negativfederwege prüfen und einstellen
- Toleranzen des Negativfederweges erklärt
- Grundeinstellung der Telegabel-Dämpfung
- Grundeinstellung der Federbein-Dämpfung

ANFORDERUNGEN AN FEDERUNG UND DÄMPFUNG

Die Aufgabe der Federung ist es, Stöße durch Bodenwellen, Schlaglöcher oder sonstige Unebenheiten abzuschwächen, um das Motorrad stabil zu halten und dem Fahrer genügend Komfort zu bieten. Bei Straßenmotorrädern sollten im Solobetrieb dazu etwa 80 % des gesamten Federwegs ausgeschöpft werden. Allerdings darf auch eine komfortable Abstimmung nicht dazu führen, dass die Federung durchschlägt oder sich das Fahrzeug durch eine zu geringe Dämpfungsrate aufschaukelt. **Deshalb gilt für Straßenmaschinen der Grundsatz: So weich wie möglich, so stabil wie nötig.**

Wir haben für diese Grundregeln das Wort »Härte« ganz bewusst durch die Bezeichnung »Stabilität« ersetzt. Denn Härte im Sinne von Unnachgiebigkeit macht bei einem Motorradfahrwerk wenig Sinn. Und zwar ganz egal, ob Tourer oder Supersportler. Um Bodenwellen, Schlaglöcher, Trennfugen und Frostaufbrüche so sensibel als möglich abzufangen, müssen die Federelemente bei reinen Touren- oder Straßenmotorädern mit einer fein ansprechenden Dämpfung ausgestattet sein. Die auf Schlechtwegstrecken nötigen Federvorgänge in rasant schneller Abfolge dürfen nicht durch eine zu zähe Hydraulik, eine zu harte Feder oder zu hohe mechanische Reibung behindert werden. Andererseits erfordert jedes Motorrad eine bestimmte Stabilität, um zu verhindern, dass die Federung durchschlägt oder sich die Fahrzeugmassen unkontrolliert aufschaukeln.

Die Stabilität eines Federsystems hat in erster Linie die Aufgabe, das konstruktionsbedingte Nickverhalten, also das Abtauchen von Front-

oder Heckpartie durch die dynamische Radlaständerung beim Bremsen und Beschleunigen zu reduzieren. Diese Fahrzeugbewegungen werden je nach Auslegung der Feder/Dämpferabstimmung mehr oder weniger stark abgeschwächt. Bei Motorrädern, von denen ein hohes dynamisches Fahr- und Kurvenverhalten eingefordert wird, also sportliche Naked Bikes oder reinrassige Supersportler, verschiebt sich der Anteil des Fahrkomforts in Richtung Stabilität und damit hin zu weniger Komfort. Wird dabei auch noch der Einsatz auf der Rennstrecke in Betracht gezogen, kehrt sich das Motto sogar um.

Für den supersportlichen Einsatz auf der Rennpiste heißt die Devise: So stabil wie möglich, so weich wie nötig.

Der weiche, sensible Anteil bei einer Rennabstimmung dient dazu, grobe Stöße, etwa beim Überfahren von Curbs oder Bodenwellen soweit zu absorbieren, dass die Fahrsicherheit nicht gefährdet und der Reifen nicht überfordert ist. Solange die Fahrbahn eben ist, kann sich der Reifengummi durch den gleichmäßigen Anpressdruck gut mit der Fahrbahnoberfläche verzahnen. Ist die Strecke jedoch mit Bodenwellen gespickt, oftmals in regelmäßigen Abständen und über eine lange Wegstrecke, müssen die Federelemente samtweich ansprechen und dem Rad genügend Federweg ermöglichen, um die Druckspitzen vom Reifen fernzuhalten. Ist dies nicht der Fall, bauen sich beim Beschleunigen wie beim Bremsen Schlupfspitzen auf, die den Gummi regelrecht zerreiben.

Die Härte/Stabilität hingegen erlaubt es, das Motorrad extrem hart abzubremsen oder sehr aggressiv und schnell von einer in die andere Schräglage zu werfen, ohne dass das Chassis dabei weit ein- und ausfedert. Denn die Erfahrung zeigt: Federbewegungen kosten Handling. Und Handling ist ein Faktor für schnelle Rundenzeiten.

Aus diesen beiden extremen Auslegungen kann aber auch ein sehr guter, individueller Kompromiss entstehen, wenn man die Verstellmöglichkeiten am Fahrwerk klug und zielgerichtet anwendet.

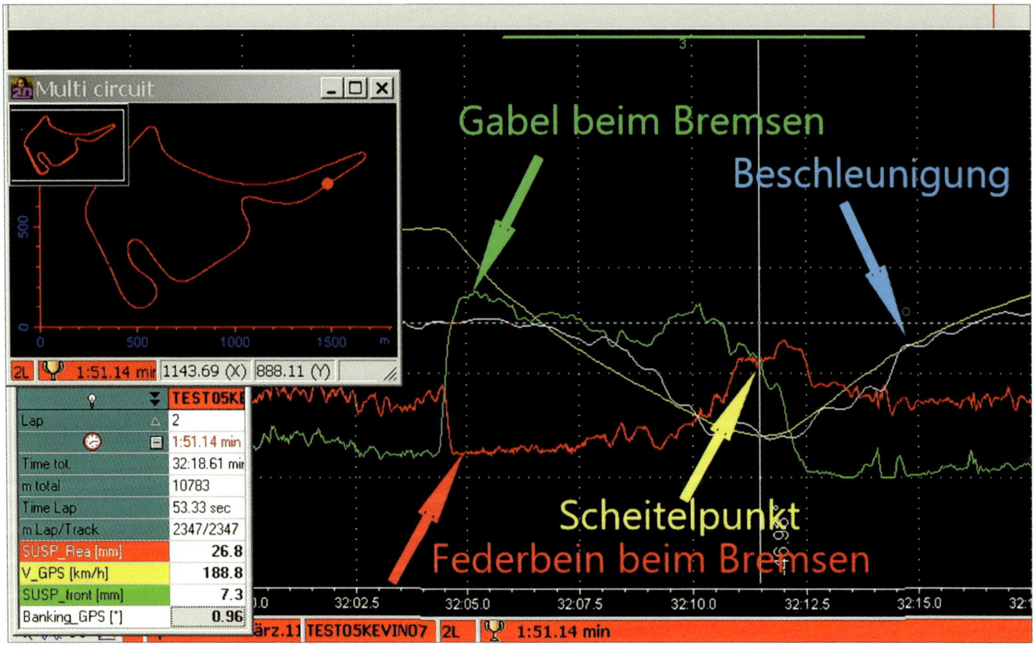

Auf der Rennstrecke sind die schnellen Federbewegungen deutlich geringer. Hier kippt das Rennmotorrad jedoch beim Anbremsen (grün und rot) extrem nach vorn und federt am Scheitelpunkt (gelb) synchron ein. Beim vollen Beschleunigen (blau) federt die Speer-UNO GP2 Honda hinten aus und hebt vorne ab.

VERMESSEN UND FESTLEGEN DES NEGATIVFEDERWEGS

Stellen Sie auf jeden Fall vor jeder Testfahrt vorne wie hinten die Negativfederwege korrekt ein. Der Grund: Auch die Lenk- und Rahmengeometrie hängt unmittelbar mit dem Negativfederweg zusammen. Der Negativfederweg wirkt sich auf die Balance und die Geometrie des Motorrades aus. Hängt das Motorrad bei den Testfahrten hinten zu tief in der Federung, können Sie nur bedingt eine optimale Abstimmung für die Gabel erzielen und umgekehrt.

Der Gesamtfederweg setzt sich aus Negativfederweg und dem Positivfederweg, also dem verbleibenden Restfederweg, zusammen.

Der Negativfederweg sorgt auch dafür, dass die Räder beim Überfahren von abgesenkten Unebenheiten wie Schlaglöchern, Kanaldeckeln oder Fahrbahnabsätzen diese ausfedern können, damit der Bodenkontakt nicht abreißt. Ohne diesen Ausfederweg würden die Reifen die Haftung verlieren und beim Auftreffen auf die folgende Kante hart und prellig zusammengestaucht werden.

Alle Federelemente müssen für die Tests in betriebswarmem Zustand sein. Bei kalten Dämpfern, Federbein wie Gabel, kann es vorkommen, dass sich Feder- und Ansprechverhalten durch dickflüssiges Hydrauliköl stark verändern und somit in diesem Zustand nicht beurteilt werden können. Also vor den Messungen mindestens fünf Kilometer auf einer möglichst welligen Straße fahren, dabei mehrmals stark bremsen, um die Gabel schnell bis zum Anschlag eintauchen zu lassen. Zudem sollten sich sämtliche Dämpfungsstufen in der Serieneinstellung oder einer mittleren Einstellposition befinden. Denn der hydraulische Widerstand hat je nach Auslegung der Lowspeed-Dämpfung, also bei sehr langsamen Federbewegungen, auch einen Einfluss auf die statische Position des Motorrades.

Sind an den Gabelstopfen Entlüftungsschrauben vorhanden, sollten diese in ganz ausgefedertem Zustand geöffnet und ein möglicher Überdruck abgelassen werden, um eine Verfälschung auf die Messwerte und das Federverhalten auszuschließen.

Sind keine Entlüftungsschrauben vorhanden, müssen die Gabelstopfen soweit gelöst werden, bis der O-Ring frei liegt und das Luftpolster der Gabel in maximal ausgefedertem Zustand dem atmosphärischen Umgebungsluftdruck entspricht. Dazu muss die Front komplett entlastet werden.

Überschüssiger Luftdruck in der Gabel wird mittels Entlüftungsschraube abgelassen.

Bei Enduros sehr praktisch: Im Gabelstopfen eingeschraubter Ventileinsatz.

Mikrometer zum Vermessen des Verzuges durch die Klemmschraube …

… jeweils an einem um 90 Grad versetzten Messpunkt an der unteren Brücke.

Sehr praktisch: die im Motocross-Sport verwendeten Entlüftungsventile, mit denen per Knopfdruck die Luftkammer geöffnet und geschlossen werden kann.

TIPP: Über ein solches Ventil kann die Wirkung der »Zusatz-Luftfeder« schnell überprüft und verändert werden. Liegt der Verdacht nahe, dass das Luftploster zu klein (Ölstand zu hoch) und die Gesamtfederrate deshalb zu hart ist, lässt sich dieser Zustand im Handumdrehen ändern. Gabel ohne Fahrerbelastung einsacken, die Luft entweichen lassen und Ventile bzw. Schraube wieder verschließen. Dadurch wird der Druck in der Gabel ähnlich wie bei einem vergrößerten Luftpolster abgesenkt, die Federprogression verringert und das Ansprechverhalten im oberen Federbereich möglicherweise verbessert. Dieser Test taugt jedoch nur für eine kürzere Strecke, da sich beim kompletten Ausfedern der Gabel ein Unterdruck aufbaut, der über die Simmerringe eventuell Luft nachzieht.

Dennoch konnten mit diesem Trick bei Enduro-Exkursionen auf hartem, steinigem Boden ein über Tage anhaltendes, feines Ansprechverhalten erzeugt werden.

Bei vielen Großseriengabeln, die auf diese Entlüftungsschrauben verzichten, kann diese Bohrung mit einem M4er Gewinde auch im Nachhinein angebracht werden. Dazu ist es jedoch unumgänglich, den Gabelstopfen auszubauen und die Bohrung dort zu setzen, wo sie die Funktion von Gewindespindel oder Dämpferverstellung nicht stört.

Eine ähnliche Zusatz-Luftfeder gibt es auch am Federbein. Dort wirkt das Stickstoff-Gaspolster mit bis zu 12 bar über dem Öl wie eine Zusatzfeder, die das Motorrad ein paar Millimeter mehr ausfedern lässt. Und auch hier steigt der Druck bei Erwärmung an. Allerdings ist dieses Verhalten bereits bei der Grundabstimmung des Federbeines berücksichtigt.

Sollte an der Gabel ein relativ hohes Losbrechmoment auftreten, müssen die Gabelholme durch Lösen der Klemmschrauben an Achse und Gabelbrücken entspannt werden.

ACHTUNG: An den Gabelbrücken die oberen Klemmschrauben nicht lösen, um zu vermeiden, dass sich die Holme durch die Last des Motorrades ungewollt nach oben durchschieben. In jedem Fall müssen die Klemmschrauben der unteren Gabelbrücke bei Upside-Down-Gabeln mit dem vorgeschriebenen Drehmoment angezogen werden. Andernfalls kann eine zu fest angezogene Klemmung das Standrohr so stark oval verformen, dass die Gleitlager zu wenig Spiel aufweisen und die Losbrechkraft extrem ansteigt.

Eine deutliche Abweichung der üblichen Negativfederwege ist bei vielen Fahrzeugen von KTM festzustellen. Der Fahrwerksausrüster WP Suspension vergrößert bei den sportlichen Naked Bikes der Duke- und Superduke-Baureihen den Gesamtfederweg auf bis zu 150 Millimeter und setzt dabei unter anderem durch relativ lange Topoutfedern den Negativfederweg N1 auf bis zu 45 Millimeter fest. Dieser »Trick« verschafft dem Vorderrad beim harten Beschleunigen auf welligem Belag einen sicheren Bodenkontakt und damit eine stabile Radführung mit geringer Tendenz zum Lenkerschlagen.

Auch im Rennsport bis hin zu den MotoGP-Maschinen wird durch die gezielte Kombination von harten Tragfedern und langen, weichen Topoutfedern eine Progression der Gesamtfederrate generiert.

ANMERKUNG: Bei langen Topoutfedern verändert die Vorspannung der Tragfeder im Arbeitsbereich der Topoutfeder die Fahrhöhe, also den Messwert N1, nicht im Verhältnis eins-zu-eins. Das heißt, dass zehn Millimeter mehr Vorspannung an den Gewindespindeln durch die Gegenkraft der Topoutfeder die Front um weniger als 10 Millimeter anheben.

Sind vom Hersteller keine verbindlichen Angaben über die Negativfederwege festgelegt, gilt die unten aufgeführte Faustformel für den Negativfederweg bei Straßenmaschinen mit einem Gesamtfederweg von 120 bis 130 mm vorn und hinten, statisch ohne (N1) und mit Fahrer (N2) und Sozius (N3) gemessen.

Die Gabelfeder (rot) arbeitet im oberen Federbereich gegen die Topoutfeder (grün).

Die Anteile der Negativfederwege (grün N1, gelb N2) und des Positivfederwegs (rot) ergeben den Gesamtfederweg am Vorder- und Hinterrad und bestimmen zudem maßgeblich die Lenk- und Rahmengeometrie, die für ein perfektes Kurvenverhalten gut abgestimmt werden muss.

Negativfederwege*

Messwert A: Vorder- oder Hinterrad frei über dem Boden	N0 = Messwert A
Messwert B: Motorradgewicht ohne Fahrer oder Gepäck	N1 = Messwert A minus B
Messwert C: Motorradgewicht plus Fahrer bei korrekter Sitzhaltung	N2 = Messwert A minus C
Messwert C2: Motorradgewicht plus Fahrer plus Zuladung und/oder Sozius bei korrekter Sitzhaltung	N3 = Messwert A minus C2

Am Vorderrad:	Wert N1 = 25 bis 35 mm	Am Hinterrad:	Wert N1 = 5 bis 15 mm.
	Wert N2 = 35 bis 45mm		Wert N2 = 35 bis 45 mm

**Grundwerte für Motorräder mit 110 bis 130 mm Federweg. Bei reinen Abstimmungen im Rennsport kann der N2 Wert um rund 10, der N1 Wert um rund 5 mm kleiner Ausfallen, siehe dazu auch Kapitel 9*

Für Motorräder mit kürzeren oder längeren Federwegen gilt die Faustregel in % des Gesamtfederwegs:

Am Vorderrad:	N1 = 25 bis 30 %	Am Hinterrad:	N1 = 3 bis 12 %
	N2 = 30 bis 35 %		N2 = 30 bis 35 %

SO WIRD'S GEMACHT

Ziehen Sie die Maschine vorn völlig aus der Federung, bis das Rad den Boden nicht mehr berührt. Bei konventionellen Teleskopgabeln messen Sie den Abstand von der Staubkappe/Simmering, bei Gabeln mit Faltenbalg von der Radachse bis zur unteren Gabelbrücke.

Bei Upside-Down-Gabeln wird der Messbereich zwischen Gabelfuß und Staubkappe angelegt. Wenn Sie bei frei hängendem Vorderrad die Tauchrohre nach unten ziehen, werden Sie feststellen, dass diese sich noch ein paar Millimeter weiter ausfahren lassen. Denn der Anschlag beim Ausfedern wird von je einer kleinen, weichen Schraubenfeder abgefangen, der oben angesprochenen Topoutfeder.

Für unsere Basismessung wird jedoch nur der Ausfederweg herangezogen, der durch das Eigengewicht des Vorderrades auf die Topoutfeder einwirkt.

Bei dieser üblichen Messung wird nur der Wert ohne Topoutfeder gemessen. Notieren Sie diesen komplett ausgefederten Wert auf dem Datenblatt, das sie aus Kapitel 12 kopiert haben als Wert A.

BEMERKUNG: Bei kompletten Neuabstimmungen, speziell im Rennsport, sollte der Negativfederweg der Topoutfedern an der Gabel wie am Federbein auch vermessen und in die Datenblätter eingetragen werden. Dazu muss das Motorrad an den rahmenfesten Bauteilen unterbaut und angehoben werden. Danach wird die Position des freihängenden Vorder- und Hinterrades gemessen und danach gegen den Widerstand der Topoutfeder nach unten gepresst, bis diese Federn auf Block sind. Dieser zusätzliche Wert wird als N-TF (Negativfederweg Topoutfeder) notiert. Dabei ist zu beachten, dass sich der N-TF je nach Vorspannung der Tragfeder verändert. Je mehr Vorspannung an der Tragfeder, desto kleiner fällt der N-TF aus und umgekehrt.

Kurvenfahrt mit fünf Messpunkten der Federwege im Kurvenverlauf; Rot: Anbremsen Gerade 0,8 m/s²: Federwege v/h 105/5 mm; Gelb: Anbremsen 0,5 m/s², 15 Grad Schräglage: Federwege v/h 70/35 mm; Grün: Kurvenfahrt 40 Grad Schräglage: Federwege v/h 48/45 mm; Blau: Leichtes Beschleunigen, 15 Grad Schräglage: Federwege v/h 25/40 mm; Lila: Volles Beschleunigen Gerade mit 0,8 m/s²: Federwege v/h 5/35 mm.

Wert A: Vermessen in maximal ausgefedertem Zustand der Gabel, Bezugspunkte an Achsaufnahme und Standrohr.

Wert B: Gabel mehrmals durchfedern und danach an denselben Punkten messen ergibt Negativfederweg N1.

Stellen Sie das Motorrad nach der Vermessung im ganz ausgefederten Zustand senkrecht, federn Sie es einige Male kräftig durch und messen dann an denselben Messpunkten den Abstand als Wert B, der jetzt kleiner ist.

Ziehen Sie Wert B von Wert A ab. Sie haben jetzt den Wert N1, also Negativfederweg 1, gemessen ohne Fahrer. Der sollte im angegebenen Rahmen liegen.

Setzen Sie sich in normaler Sitzhaltung auf ihr Motorrad, also Arme auf den Lenker, ein Bein auf die Raste, federn das Motorrad ein paar Mal durch und balancieren es so aus, dass es senkrecht steht, Ihr Standbein sollte nur minimal belastet ist. Jetzt misst ein Helfer den Abstand an denselben Messpunkten. Das Maß C ist jetzt noch kleiner als Wert B.

Ziehen Sie jetzt Wert C vom ersten Wert A ab. So erhalten Sie N2, also den Negativfederweg 2, mit Fahrer gemessen. Auch dieser sollte in der vorgeschriebenen Toleranz liegen.

Für Tourenmotorräder kann zu diesen üblichen Negativfederwegen auch noch der N3 (Messpunkt D), Motorrad mit Fahrer und Sozius/Zuladung, ermittelt werden. Da die Hauptlast der Zuladung eher auf das Hinterrad wirkt, kann die Gabel meist im Bereich der Federvorspannung der höheren Last angepasst werden, indem N3 auf den gleichen Wert wie N2 eingestellt wird.

Um auf die korrekten Negativfederwege zu kommen, muss die Vorspannung der im Standrohr liegenden Tragfedern verändert werden. Diese Vorspannung wird an der Telegabel üblicherweise über Gewindespindeln eingestellt. Bitte beachten, dass die eloxierte Oberflächen der Aluminium-Spindeln meist sehr kratzempfindlich sind und nur mit hochwertigem Werkzeug oder einer provisorischen Schutzhülle verdreht werden sollten.

Ist keine Verstellmöglichkeit vorhanden, müssen die Vorspannhülsen zwischen Gabelstopfen und der Tragfeder individuell gekürzt oder verlängert

Wert C: Mit Fahrer belastet, ergibt sich Negativfederweg N2, für Tourenmaschine mit voller Zuladung auch N3.

Widerstandsfähiges Klebeband am empfindlichen Sechskant der Federvorspannung schützt.

werden. Dazu werden Distanzringe unterlegt oder neue Hülsen angefertigt. Bei dieser Modifikation kann der zu verändernde Wert eins-zu-eins übernommen werden. Muss der Negativfederweg um 10 Millimeter geringer ausfallen, werden einfach die Vorspannhülsen mit 10 Millimeter starken Distanzringen unterlegt.

Bei der Telegabel, gleichgültig ob RSU oder USD, ist Federweg an Radachse gleich Federweg an der Gabel. Aus diesem Grund liegen die verfügbaren Federn je nach Motorradgewicht und Einsatzzweck zwischen 8N/mm und 12N/mm und werden meist in Schritten von 0,5N/mm angeboten. Ist für die Feinabstimmung eine 8,5er Feder zu weich, eine 9,0er aber schon zu hart, lässt sich eine Federrate von 8,75 durch den Einbau der unterschiedlichen Federn problemlos erzeugen. Keine Sorge bezüglich der asymmetrischen Belastung der Gabel, die solchen relativ geringen Torsionsbelastungen locker gewachsen ist.

BEMERKUNG: Beim Abstimmen der Lenkgeometrie ist zu beachten, dass durch die Schrägstellung der Telegabel (Lenkkopfwinkel) von rund 25 Grad zur Vertikalen, sich die tatsächliche Fahrhöhe der

Der vertikale Federweg (gelb) entspricht durch den 65 Grad Lenkkopfwinkel nur rund 90 % des Gabelfederweges (grün).

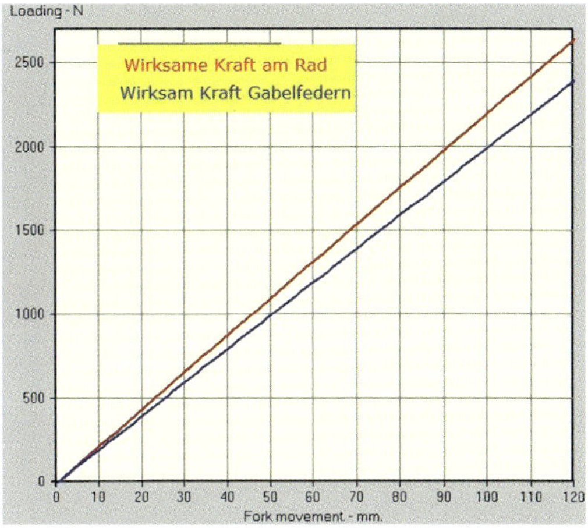

Durch den Lenkkopfwinkel erhöht sich die wirksame Federkraft am Rad (rot) gegenüber der Kraft an der Gabel (blau) um rund 10%.

Front um etwa 10 % weniger verändert, als die Länge der Telegabel. Wird die Vorspannung oder die Gabellänge beispielsweise um 20 mm angehoben, wandert der Lenkkopf nur 18 mm nach oben.

Die Schrägstellung wirkt sich zudem auf die tatsächlich wirksame Federrate aus. Auch wenn dieser Faktor eher theoretischer Natur ist, sollte man ihn bei kompletter Neuabstimmung im Auge behalten. Beispiel: Die tatsächliche wirksame Kraft am Rad erhöht sich bei einem Lenkkopfwinkel von 65 Grad um rund 10 Prozent.

MESSPUNKTE AM HINTERRAD

An der Hinterradfederung gehen Sie nach gleichem Muster vor wie an der Gabel. Hier lässt sich jedoch das frei hängende Hinterrad bei den meisten Serienfederbeinen nicht nach unten ziehen. Der Anschlag beim Ausfedern wird von einer relativ harten Gummiplatte begrenzt. Nur bei hochwertigen Nachrüst-Federbeinen wird eine Topoutfeder verbaut, die speziell im Rennsport eine wichtige Rolle spielt.

Diese Topoutfeder wirkt im Anfangsbereich der Federung gegen die Tragfeder und macht dadurch das Ansprechverhalten je nach Federlänge auf den ersten 10 bis 20 Millimetern sensibler. Aber auch hier bestimmt bei der Basismessung der durch das Eigengewicht von Hinterrad und Schwinge erzeugte Ausfederweg unseren Messpunkt A. Für eine komplette neue Grundabstimmung sollte jedoch auch hinten der Negativfederweg mit Topoutfeder (N-TF) erfasst und notiert werden.

Mittels Stütze an der Fußraste lässt sich die Schwinge komplett entlasten.

Wert A: Wird zwischen Hinterachse und Rahmenheck ermittelt und notiert.

Wert B: Durch das Eigengewicht eingefedert, ergibt sich Negativfederweg N1.

Wert C: Mit Fahrer neutral ausbalanciert, wird der Negativfederweg N2 abgelesen.

Ihre Bezugspunkte liegen zwischen dem Zentrum der Hinterradachse und einer möglichst senkrecht nach oben verlaufenden Linie zum Rahmenheck und dem markierten Fixpunkt.

TIPP: Ein verlässlicher Messpunkt an der Hinterachse lässt sich dadurch erreichen, dass ein passender Dorn (es kann auch eine satt sitzende Stecknuss oder Ähnliches aus der Werkzeugkiste sein) in die hohlgebohrte Achse gesteckt wird.

ACHTUNG: Nach der Messung wieder entfernen. Es wäre nicht die erste Stecknuss, die auf diese Weise verlorengeht.

Geometrisch korrekt wäre es, den Fixpunkt im rechten Winkel zur Schwinge anzulegen. Da der tatsächliche Federweg aber keinen geraden Verlauf hat, die Radachse beschreibt beim Einfedern einen Kreisbogen, genügt in der Praxis die Messmethode mit Zollstock und Markierung allemal.

Das Bogenmaß gemessen über 120 mm Federweg fällt im Vergleich zum Sehnenmaß nur wenige Zehntelmillimeter länger aus und stellt deshalb einen völlig unbedeutenden »Messfehler« dar. Im

Messpunkt am Zentrum der Hinterachse mit passendem Dorn oder Stecknuss.

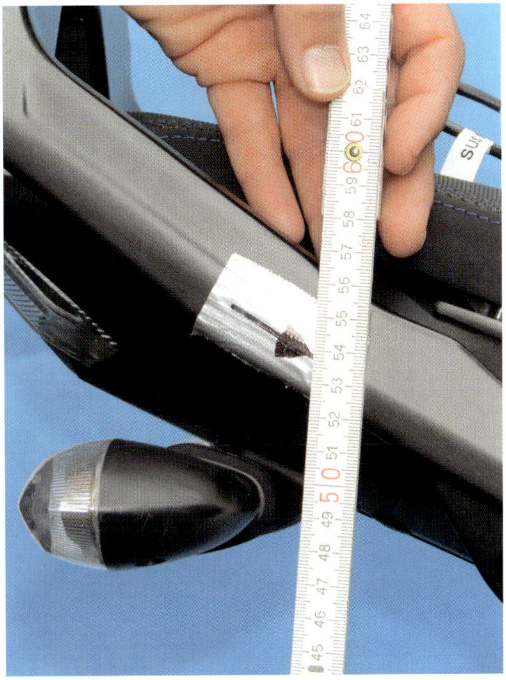

Die feste Markierung am Rahmenheck erleichtert die Messung mit dem Zollstock.

Übrigen gestatten die Telegabel, wie auch konventionelle Hinterradschwingen eine Raderhebungskurve, die nahezu perfekt zur Stoßrichtung bei Bodenwellen oder Trennfugen passt.

Sind die Werte des Negativfederweges zu groß, also anstatt 40 Millimeter beispielsweise 55 Millimeter, müssen Sie die Vorspannung der Feder solange erhöhen, bis Sie auf die Werte N2 gleich 40 Millimeter kommen. Liegen sie darunter, also beispielsweise nur 25 mm Negativfederweg mit Fahrer, wird die Vorspannung verringert, um auf die Werte N2 von 40 Millimeter zu gelangen.

Am Federbein kann die Vorspannung über Nut muttern, hydraulische Vorspannung oder Rastermechanik bewerkstelligt werden. Die Werte N1 »belastet ohne Fahrer« und N2 »belastet mit Fahrer« sollten in der oben genannten Größenordnung liegen. Weichen die beiden Werte N1 und N2 von den vorgegebenen Soll-Messwerten stark ab, ist dies ein Zeichen dafür, dass die Federrate für das Fahrergewicht generell nicht passt.

Der tatsächliche Federweg (rot) beschreibt ein Bogenmaß, die Messung hingegen wird vom Sehnenmaß (gelb) abgenommen.

Eine kleine Differenz von N1 zu N2 bedeutet, dass die eingebaute Feder zu hart ist. Bei einer großen Abweichung der Maße liegt die Federrate zu niedrig, ist die Feder also zu weich gewählt. Geben Sie bei der Beschaffung einer neuen Feder ihre ermittelten Messwerte N1 und 2 bei Ihrem Fahrwerkslieferanten an, der daraus die passende Federrate ableiten kann.

Beispiel 1: Der Negativfederweg am Hinterrad (Wert N2) beträgt mit Fahrer 40 mm, unbelastet federt die Maschine exakt bis zum Anschlag ganz aus, der N1 Wert ist also gleich null. Fazit: Die Feder muss zum Erreichen des Wertes N2 zu stark vorgespannt werden, ist also in ihrer Federrate (Härte) zu weich. Die Federrate sollte in diesem Fall rund 20 % höher ausfallen, anstatt einer 100 kg/cm Feder müsste eine 120 kg/cm Feder verbaut werden.

Beispiel 2: Der Negativfederweg mit Fahrer (N2) beträgt 40 mm, unbelastet (N1) 20 mm. Fazit: Die Feder darf, um den Wert N2 zu erreichen, nur wenig vorgespannt werden, ist also in ihrer Rate zu hart. In diesem Fall ist die Feder um etwa 25 % zu hart, es müsste anstatt einer 100er Feder eine 75er Feder eingebaut werden.

ACHTUNG: Bei zu weichen Federn ergibt sich ein zu geringer N1-Wert, was in extremen Fällen dazu führen kann, dass die Maschine beim Ausfedern gegen den Endanschlag des Federbeins prallt, weil durch die notwendige hohe Vorspannung kein N1-Wert mehr übrigbleibt. Dann kann es vorkommen, dass das Motorradheck beim Durchfahren von tiefen Bodenwellen regelrecht ausgeworfen wird und von der Fahrbahn abhebt. Warum? Weil die Zugstufendämpfung von der hohen Federkraft kurz vor dem Endanschlag überfordert ist, und den Ausfedervorgang nicht mehr ausreichend abbremsen kann. In solchen Fällen sollte die Feder getauscht werden, um auf jeden Fall einen wirksamen Negativfederweg N1 zu erhalten.

Dennoch gilt bei Serienmaschinen der Wert N2 als der wichtigere und ist dementsprechend einzustellen. Denn dieser Wert wirkt im Fahrbetrieb und ist der ausschlaggebende Faktor für die vom Konstrukteur vorgegebene Lenk- und Rahmengeometrie der Maschine.

Wird das Motorrad mit Sozius und/oder Zuladung gefahren, kann der Wert N3 mit voller Zuladung bei Verwendung der Serienfeder nicht oder selten eingehalten werden. Dennoch genügt meist die originale »Federhärte«, um auch den Soziusbetrieb abzudecken. Die Erfahrung zeigt, dass der Großteil der Motorradfahrer mit Sozius mit weniger Schräglage und sanfteren Bremsvorgängen unterwegs ist. Damit ist auch die dynamische Radlast, und somit die Belastung der Federn, geringer als beim flotten Soloritt.

Um das Motorrad bei maximaler Zuladung dennoch in der Balance zu halten, muss die Feder allerdings kräftig vorgespannt und, wenn vorhanden, die Druckstufendämpfung zur Unterstützung weiter zugedreht werden. Wenn möglich, sollte das Motorrad hinten bei voller Zuladung nicht weiter als statisch 60 mm einfedern. Der Messvorgang ist identisch wie bei N2, nur eben mit Fahrer plus Sozius und/oder Gepäck. Diese Einstellung sollte vor Solofahrten unbedingt wieder auf den passenden N2-Wert korrigiert werden.

MESSEN DES MECHANISCHEN REIBUNGSWIDERSTANDS VON TELEGABEL UND FEDERBEIN

Um den Faktor der Losbrechkraft, neudeutsch: slipstick, zu erkennen, federn Sie die Maschine mehrmals kräftig durch, ziehen dann das Motorrad ganz aus der Federung, lassen es langsam durch das Eigengewicht eintauchen und messen den Negativfederweg N1 an der Gabel und am Hinterrad.

Tauchen Sie jetzt Gabel bzw. Federbein kräftig ein und lassen Sie sie langsam ausfedern. Vergleichen Sie die Messwerte »N1-Ausgefedert« mit der Messung »N1-Eingefedert«. Aus der Differenz erkennen Sie, wie stark Reibung und Lowspeed-Dämpfung das Federverhalten beeinflussen. Ist die Differenz größer als 10 mm, muss zur Festlegung des Negativfederwegs ohne Fahrer (N1) das Mittel aus den beiden N1-Werten herangezogen werden. Notieren Sie die Unterschiede auf der

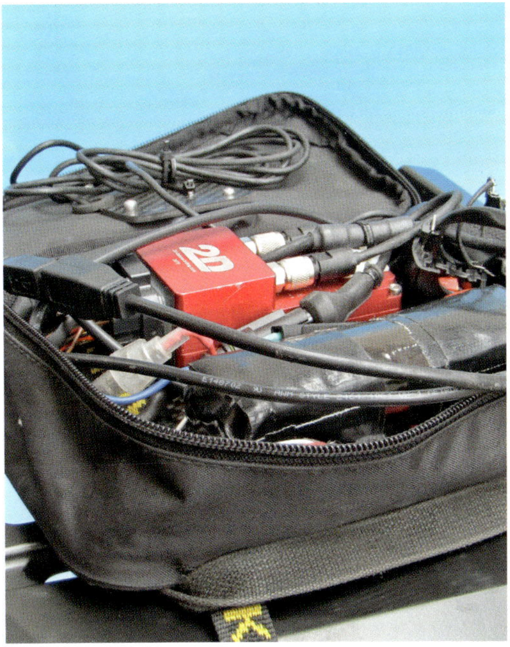

Der 2D-Datenlogger zeichnet die Federbewegungen von Vorder- und Hinterrad auf...

...die der Federwegsensor (Linear-Poti) an der Yamaha MT09-Schwinge ermittelt.

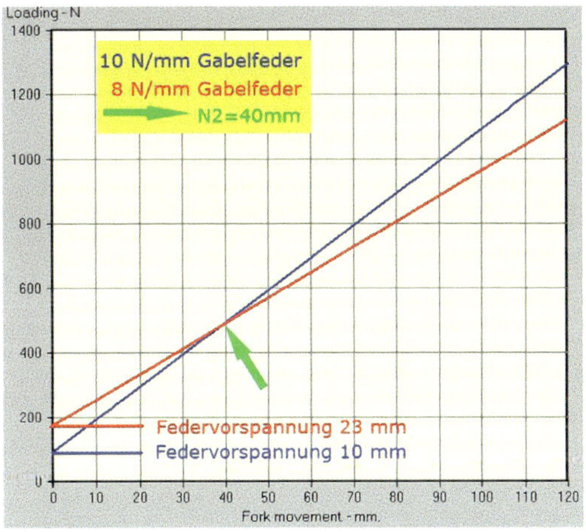

Eine harte Gabelfeder muss weniger vorgespannt werden, um denselben Nagativfederweg N2 zu erreichen, wie eine weiche Feder. Deshalb arbeitet sie im oberen Federbereich sanfter.

Wertetabelle von Kapitel 12 unter Bemerkungen. Zu beachten ist auch, dass sich die Negativfederwege im dynamischen Fahrbetrieb durch die unterschiedlich große Losbrechkraft leicht verändern können. Solche Feinheiten lassen sich allerdings nur mittels Federwegsensoren herauszuarbeiten, mit denen auch unsere Diagramme der Ausfederbewegungen aufgezeichnet wurden.

Bei Sportmotorrädern oder Maschinen, die mit hoher Zuladung gefahren werden und nur mittels einer hohen Federvorspannung den Negativfedeweg N2 erreichen, empfehlen sich härtere Tragfedern oder ein höherer Ölstand in der Telegabel.

Die Verwendung passender, härterer Federn hat folgende Vorteile: Sie bauen über den Gesamtfederweg eine höhere Endkraft auf und wirken somit als Durchschlagschutz bei Tourern mit hoher Zuladung.

Der Negativfederweg N1 kann ausreichend groß gewählt werden, ohne dass die Maschine in Kurven zu weit einfedert, was bei Sportmaschinen mehr Bremsstabilität und mehr Haftung beim Beschleunigen über Bodenwellen zur Folge haben kann. Bei Sportmaschinen verringert sich der tatsächlich genutzte Federweg, die unerwünschten Bewegungen bei Last- und Schräglagenwechseln nehmen ab, die Handlichkeit nimmt meist zu.

Die vorgespannte Länge kann, wie die variable Einbaulänge auch, sehr einfach bei ausgebautem Federbein eingestellt und vermessen werden.

Eine harte, aber wenig vorgespannte Feder spricht im vollständig ausgefederten Bereich sensibler an als eine weiche, aber stark vorgespannte Feder, und kann mit mehr Negativfederweg N1 gefahren werden, bei identischem Negativfederweg N2. Der Grund: die harte Feder baut erst ab dem einjustierten Negativfederweg N2 mehr Federkraft auf. In dem davor wirkenden Bereich, also bei entlastetem Vorderrad beim Beschleunigen oder hohem Tempo/Auftrieb, ist die Federkraft geringer, das Ansprechverhalten etwas geschmeidiger.

PRAXIS-TIPP: An einigen Motorrad-Modellen sind die Zentralfederbeine so unzugänglich montiert, dass das Federbein zur Korrektur der Vorspannung ausgebaut werden muss. Notieren Sie vor dem Ausbau den jetzigen und den gewünschten Negativfederweg.

Aus der Differenz erkennt man zwar, um wieviel das Fahrzeugheck in seiner Lage verändert werden muss, jedoch nicht, um welchen Wert die Federvorspannung zu korrigieren ist. Um unnötige Arbeitsschritte zu vermeiden, messen Sie dazu den maximalen Hub des Federbeins vom Dämpfergehäuse bis zum metallischen Anschlag. Dieser Wert nennt sich »Stahl-auf-Stahl«-Wert. Dazu addieren Sie etwa zwei Drittel der Länge des Anschlagpuffers. Also bei einem 30 Millimeter langen Puffer werden 20 Millimeter als nutzbarer Federweg dazu gezählt. Der Wert »Stahl-auf-Stahl« plus zwei Drittel Pufferhöhe ist in der Praxis der effektiv nutzbare Federweg am Federbein.

Wer es genau wissen möchte, muss sich die Mühe machen, die Feder auszubauen, das Federbein ohne Feder wieder einbauen und dann den gesamten Federweg an der Radachse nachzumessen. Dabei wird der maximale Federweg bei komplett durch die Eigenlast der Maschine komprimierten Stoßdämpfer vermessen.

Dividieren Sie diesen gemessenen Wert oder den Wert in den technischen Daten durch den Hub am Federbein. Beispiel: Hub am Federbein Stahl-auf Stahl 70 Millimeter, minus ein Drittel Anschlagpuffer (10 mm) = 60 Millimeter.

Theoretischer oder gemessener Wert an der Hinterachse: 120 Millimeter. Daraus ergibt sich ein Übersetzungsverhältnis von 2:1.

Der Grund dafür liegt am Anlenkpunkt oder am Umlenksystem, das das Verhältnis von Federweg an der Hinterachse zu Federweg am Federbein je nach Hebelsystem auf etwa 2:1, bei direkt betätigten Systemen auf bis zu 4:1 erhöht.

Für die Änderung der Federvorspannung bei einer 2:1-Übersetzung bedeutet dies: Um das Rahmenheck 10 Millimeter anzuheben, muss die Feder um 5 Millimeter mehr vorgespannt werden. Diese Methode berücksichtigt nicht die mögliche Progression des Hebelsystems. Addieren Sie deshalb bei Umlenksystemen nochmals etwa 15 % Vorspannung dazu – in diesem Beispiel also 0,75 Millimeter –, was eine Erhöhung der Vorspannung um insgesamt 5,75 Millimeter ergibt.
Sollte es durch die Einbaulage schwierig sein, die vorgespannte Länge der Feder zu messen, können sie auch die Änderung in Umdrehungen vornehmen. Dazu muss die Gewindesteigung am Dämpferzylinder ermittelt werden, die meist zwischen 1,5 und 2,5 Millimeter liegt. Beispiel: Um die Feder bei einer 2,5er Steigung um 5 mm vorzuspannen, muss die Nutmutter zwei Umdrehungen in Uhrzeigersinn verdreht werden.

Gehen sie bei der Reduzierung der Vorspannung auf gleiche Weise vor. Mit beiden Methoden ersparen Sie sich unnötiges Ein- und Ausbauen des Federbeins zur Kontrolle des Negativfederwegs.

Bei eingebautem Federbein sollte die Vorspannung nur dann verändert werden, wenn das Hinterrad vollständig entlastet ist. Ist dies nicht der Fall, muss die Vorspannmechanik nicht nur gegen die Federvorspannungskraft, sondern auch gegen die Last der Maschine betätigt werden.

Ist die Verstellmechanik verdreckt oder korrodiert, sprühen sie ein MoS^2-Spray auf Gewinde oder Rasterverstellung und blasen sie diesen Bereich anschließend mit Druckluft sauber. Das gereinigte Gewinde wird die Arbeit deutlich erleichtern.

Verschmutzte Gewinde oder Rasterverstellung bei der Federvorspannung werden vorher mit MoS^2 eingesprüht und mit Druckluft sauber geblasen.

PRÜFEN DER FEDERBALANCE

Entscheidend für ein harmonisches, neutrales Fahrverhalten ist die Abstimmung der Federbewegungen der gefederten Massen, also aller Bauteile, die sich relativ zur Fahrbahn bewegen, inklusive Fahrer.

Bei dieser Prüfung müssen natürlich auch die Dämpfungsstufen korrekt eingestellt sein, da auch der hydraulische Widerstand das Federverhalten maßgeblich beeinflusst. Federt die Maschine vorn oder hinten ungewöhnlich stark ein oder blockt ab, muss die Ursache behoben werden. Entweder muss die Feder ausgetauscht oder die Druckstufendämpfung verändert werden. Wie bereits erwähnt, bringt ein Vorspannen der Feder diesbezüglich keine Änderung, da nur die Ausgangslage, nicht aber die Federhärte verändert wird.

Ganz entscheidenden Einfluss auf das Fahrverhalten hat eine synchrone Federung bei sportlicher Kurvenfahrt. In großer Schräglage bei zirka 45 Grad wirkt durch die Fliehkraft etwa das 1,4-fache des Fahrzeuggewichtes auf die Federung. Taucht das Motorrad unter dieser Belastung hinten oder vorn zu weit ein, verschiebt sich auch die Lenkgeometrie, die jedoch beim Kurvenfahren möglichst in einem neutralen Wert bleiben sollte, der dem bei gleichmäßiger Geradeausfahrt (Negativfederweg N2) entspricht.

Zu beachten ist auch die Tatsache, dass eine zu weiche Feder durch die Vorspannung zwar auf einen passenden Negativfederweg N2 gebracht werden kann, sich die weiche Federrate aber über den Federweg fortsetzt. Bei sportlicher, dynamischer Fahrweise steht das Motorrad durch die zu

Das mehr oder weniger synchrone Federverhalten wird durch Drücken in Höhe der X-Achse des Schwerpunktes überprüft.

Bei Testfahrten in der Kreisbahn bei konstanter Geschwindigkeit kann die dynamische Federbalance sehr gut gemessen und beurteilt werden.

weiche Feder beispielsweise in knackigen Schräglagen zu tief, wodurch die Geometrie aus dem Lot kommen kann.

Unser Rechenbeispiel zeigt, dass eine Gabel mit 15 % zu weichen Federn zwar statisch durch mehr Vorspannung im noch grünen Bereich ist, bei 45 Grad Schräglage jedoch 7 Millimeter zu weit eintaucht und bei einer Vollbremsung auf Block geht. Für Sport- und Rennmotorräder ist daher ein synchrones Federverhalten mit ausreichenden Reserven die beste Lösung.

Bei Sport- und Rennmaschinen geht man bei der Fahrzeugbalance einen kleinen Schritt Richtung »nach vorn kippen«, also vorn etwas tiefer als hinten. Das hat unter anderem damit zu tun, dass ein Motorrad in extremer Schräglage durch die größere Reifenbauhöhe zwischen Schulter und Außendurchmesser hinten etwas tiefer kommt, als am schmäleren, und damit weniger hoch bauenden Vorderradreifen. Denn bei 50 Grad und mehr Schräglage bewegt sich das Motorrad auf dem maximal kleinsten Abrollumfang der Reifenlauffläche, sozusagen auf der letzten Rille. Dazu kommt noch, dass sich die Seitenwand des Hinterradreifens stärker zusammenfaltet als die für eine präzise Lenkung stabiler ausgelegte Reifenkarkasse am Vorderrad.

Neben dem synchronen Einfedern der Maschine sollte auch die Ausfederbewegung möglichst gleichmäßig und synchron erfolgen. Bleibt die Maschine vorn oder hinten beim Ausfedern deutlich länger im hydraulischen Widerstand stecken, sollte dies durch eine Korrektur der Zugstufendämpfung ausgeglichen werden. Im Zweifelsfall darf nur die Gabel etwas schneller ausfedern, auf keinen Fall aber das Heck (siehe Diagramm Grundeinstellung Dämpfung).

Federt die Maschine vorn oder hinten mehr ein, verändert sich dabei die Lenkgeometrie. Diese Änderung von Nachlauf und Lenkkopfwinkel erzwingt eine ungewollte Änderung des Lenkeinschlages und der Lenkkräfte. Die Maschine wird dann unruhig, die eingeschlagene Kurvenlinie muss korrigiert werden.

Um im Stand ein synchrones Einfedern zu überprüfen, drückt man die Maschine mit mindestens ¾ befülltem Tank am Punkt des horizontal ermittelten Gesamtschwerpunktes aus Motorrad plus Fahrer herunter. Wird das Motorrad einfach am Ende des Kraftstofftanks oder an der Sitzbank gedrückt, entspricht dies nicht zwingend dem tatsächlichen Schwerpunkt, der auf die Federung einwirkt.

Bei der Federbalance-Prüfung durch das Drücken, sollte das Motorrad vorn und hinten synchron einfedern. Ganz genau wird diese Prüfung aber nur dann, wenn die statische Radlastverteilung mit Fahrer vorher gemessen wird und das Motorrad an der horizontal korrekten Schwerpunktlage gedrückt wird.

Beispiel: Liegt die Radlastverteilung mit Fahrer beispielsweise bei einem Wert von 130 kg vorn und zu 170 kg hinten (Gesamtwert 300 kg), ist die Gewichtsverteilung 43 % vorn zu 57 % hinten. Umgerechnet auf einen Radstand von 1500 Millimeter bedeutet das, dass der Schwerpunkt 850 Millimeter hinter der Vorderachse liegt. Also deutlich hinter der Mittelachse. An diesem Punkt setzt die Massenkraft bei dynamischen Federbewegungen (Kurven oder Bodenwellen mit konstanter Geschwindigkeit) an und drückt das Fahrzeug bzw. die gefederten Massen nach unten.

ACHTUNG: Drückt man bei dieser Prüfung mit zu wenig Kraft, federt die Maschine auch bei korrekter Federbalance hinten mehr ein. Der Grund: Die Gabel spricht aufgrund der konstruktiv bedingten mechanischen Reibung (also der Losbrechkraft durch die großen Gleitlager- und Simmerring-Durchmesser) schlechter und etwas später an, als das reibungsarme Federsystem am Hinterrad. Denn dort drehen sich fast alle Lagerstellen in leichtgängigen Wälzlagern.

OPTIMIERUNG DES FAHRVERHALTENS DURCH NUTZUNG DER VORSPANNUNGS-TOLERANZEN

Klare Richtlinie für die Auslegung der Toleranzen: Schwere, sehr sportliche Fahrer oder Fahrer, die gelegentlich einen Sozius mitsamt Gepäck transportieren, wählen den stärker vorgespannten N2-Wert. Für leichte Fahrer eignet sich eher der N2-Wert, bei dem das Fahrzeug tiefer eingefedert ist.

Als fixe Grundwerte können wir aus Erfahrung die Negativfederwege für den Einsatz auf Landstraßen vorn wie hinten 35 bis 45 mm angeben, gemittelt wären es dann 40 mm.

Die Toleranz der Negativfederwege von plus/minus 5 mm erlaubt es jedoch, das Fahrwerk aus der sogenannten Nulllage, also aus dem konstruktiv festgelegten horizontalen Winkel, in eine bestimmte Richtung zu trimmen. Möchte man zum Beispiel das Fahrverhalten des Motorrads stabiler auslegen, stellt man vorn den Negativfederweg zwei (N2) auf den kleineren Wert ein (35 mm) und hinten auf den größeren N2-Wert (45 mm). Man stellt das Fahrzeug damit »flacher«.

Wer ein Motorrad besitzt, das die mechanischen Möglichkeiten der Vorspannung bietet, sollte diese auch nutzen und ausprobieren. Denn nur

Über die maximale Federvorspannung kann die Front angehoben werden.

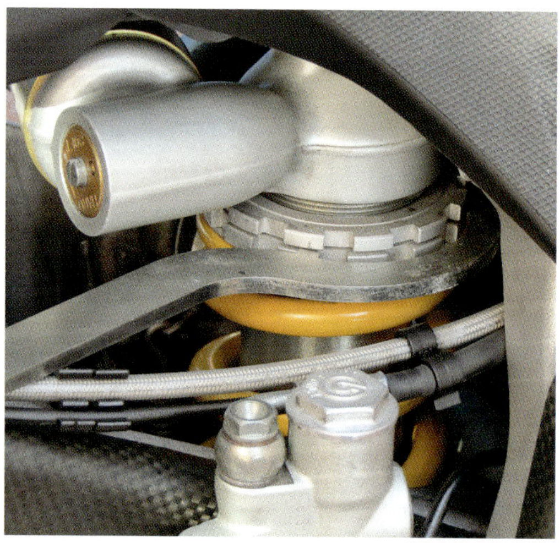

Am Heck wird das Federbein für eine größere Fahrhöhe mehr vorgespannt.

wer die Möglichkeiten gezielt umsetzt, kann beurteilen, ob die Geometrie tatsächlich passt, oder ob man mit wenig Aufwand dem Motorrad ein besseres Fahrverhalten anerziehen kann. Allerdings sollten die Toleranzwerte von gesamt 10 mm nur in kleinen Schritten von maximal 5 mm verändert werden. Und nicht vergessen: Vor jeder Änderung die originalen Werte schriftlich festhalten.
Mit den unten aufgeführten Kombinationen der maximal/minimal Negativfederwege lassen sich folgende Eigenschaften erzeugen:

Anheben (»höher«)
N2 vorn und hinten wenig eingefedert (35/35 mm)

Geeignet für sportliches Fahrverhalten, schwere Fahrer/innen oder bei Zuladung.

Resultat: Höherer Schwerpunkt, bessere Handlichkeit, mehr Boden- und Schräglagenfreiheit, aber möglicherweise etwas instabileres Fahrverhalten und Tendenz zum Wheelie bzw. Stoppie. Höherer Durchschlagschutz.

Absenken (»tiefer«)
N2 vorn und hinten weit eingefedert (45/45 mm)

Geeignet für touristisches Fahrverhalten oder leichte Fahrer/innen.

Resultat: Tieferer Schwerpunkt (einfacher zu rangieren), niedrigere Sitzhöhe, stabileres Brems- und Fahrverhalten, aber weniger Bodenfreiheit und Durchschlagschutz sowie ein etwas schlechteres Handling.

Nulllage nach vorne kippen (»steiler«)
N2 vorn weit eingefedert (45 mm) und hinten wenig eingefedert (35 mm)

Geeignet für sehr sportliches Fahrverhalten auf Strecken mit schnellen Wechselkurven

Resultat: Bessere Handlichkeit, agileres Einlenken, leichtere Richtungswechsel, mehr Anti-Squat-Verhalten (Ausfedern) an der Schwinge, aber möglicherweise instabileres Fahrverhalten. Weniger Durchschlagschutz vorn.

Nulllage nach hinten kippen (»flacher«)
N2 vorn wenig eingefedert (35 mm), hinten weit eingefedert (45 mm)

Geeignet für nervöse, instabile oder kippelige Motorräder mit der Tendenz zum Pendeln bei Hochgeschwindigkeit oder der Tendenz zum Lenkerschlagen.

Resultat: Stabileres Fahrverhalten aber schlechteres Handling. Weniger Durchschlagschutz hinten.

Bei minimaler Federvorspannung senkt sich die Frontpartie ab.

Bei reduzierter Vorspannung am Federbein steht das Motorrad »flacher«.

Veränderungen der Lenkgeometrie

15 mm *steiler	10 mm steiler	5 mm steiler	Basis Geometrie	5 mm **flacher	10 mm flacher	15 mm flacher
≈66,6 Grad	≈66,4 Grad	≈66,2 Grad	66° Grad Lenkkopf-winkel	≈65,8 Grad	≈65,6 Grad	≈65,4 Grad
≈96,4 mm	≈97,6 mm	≈98,8 mm	100 mm Nachlauf	≈101,2 mm	≈102,4 mm	≈103,6 mm

**steiler bedeutet Heck höher oder Front tiefer ** flacher bedeutet Heck tiefer oder Front höher. Bewährt hat sich das »Kippen«, also eine Kombination aus vorn halbe Höhenänderung und hinten halbe Höhenänderung. Beispiel: vorn 2,5 mm tiefer, hinten 2,5 mm höher. Macht gesamt zirka 5 mm »steiler«.*

GRUNDFUNKTION DER HYDRAULISCHEN DÄMPFUNG

Grundsätzlich benötigt jedes Federungssystem an einem Fahrzeug auch eine Dämpfung. Diese Dämpfung ist deshalb notwendig, weil bei Einfederbewegungen Energie in der Feder gespeichert wird, die beim Ausfedern das Fahrzeug über seine ursprüngliche Lage hinaus bewegt. Was folgt, sind nur langsam abklingende Auf- und Abbewegungen der gefederten Massen (Rahmen, Motor, Fahrer, Tank und alle Anbauteile). In ungünstigen Fahrsituationen können sich die Bewegungen sogar verstärken, das Fahrzeug schaukelt sich auf und gerät außer Kontrolle. Kurze Stöße, die das Rad einfedern und zurückschnellen lassen, versetzen die ungefederten Massen (Rad, Reifen, Bremsanlage und Teile der Radaufhängung) in eine Schwingungsfrequenz: Wird diese nicht wirksam gedämpft, springt das Rad dadurch über die Fahrbahn und verliert der Reifen die Haftung. Hinzu kommt, dass der Reifen selbst zwar eine gewisse Eigendämpfung seiner Federeigenschaften durch die innere Reibung von Gummi und Karkasslagen erzeugt, diese jedoch nicht ausreicht, um die Federkraft des Reifenluftdrucks einzudämmen. Deshalb benötigt jedes gefederte Rad eine hydraulische Dämpfung, um eine Resonanzschwingung der Radaufhängung zu verhindern.

Die Dämpfung hat also in erster Linie die Aufgabe, überschüssige Energie aus der Federbewegung abzufangen. Sie verwandelt dabei die Bewegungsenergie in Wärme, die das Hydrauliköl und damit Stoßdämpfer und Gabel aufheizt.

Die Zugstufendämpfung wirkt der Federkraft entgegen, dämpft also die Ausfedergeschwindigkeit und ist aus diesem Grund eine relativ leicht zu berechnende Größe, da diese Bewegung im Grund genommen von zwei Faktoren abhängt: erstens der Federkraft und zweitens der Fahrzeugmasse, die beim Ausfedern bewegt wird. Die Zugstufendämpfung muss so gewählt sein, dass das Fahrzeug nach einer Federbewegung möglichst schnell in seine Ausgangslage zurückkehren kann, dabei aber nicht nachschwingt.

Ist die Dämpfung zu straff, federt die Maschine zu langsam aus und pumpt sich bei mehreren aufeinanderfolgenden Bodenwellen weit in den zur Stoßabsorption notwendigen Positivfederweg. Die Folge: Nachfolgende Stöße können nicht mehr sensibel genug abgefedert werden, Komfort, Bodenfreiheit und Fahrstabilität verschlechtern sich zunehmend.

Ist die Zugstufendämpfung zu gering, neigt das Motorrad zum Nachschwingen bei Bodenwellen, wodurch eine permanente Unruhe ins Fahrzeug eingeleitet wird. Bei tiefen Bodenwellen, bei der die Maschine stark in die Kompression geht, wird das Heck regelrecht ausgeworfen und kann durch die ungenügende Zugstufendämpfung von der Fahrbahn abheben.

Die Druckstufendämpfung: Sie wirkt federunterstützend, bremst also die Einfederbewegungen ab und unterstützt die Tragfeder. Ohne wirksame Druckstufendämpfung müssten speziell schwere Motorräder mit einer extrem harten Tragfeder ausgerüstet werden, um ein Durchschlagen bei Bodenwellen zu verhindern. Auch wenn statisch die Tragfeder genügend Kraft aufweist, um das Motorrad in seiner korrekten Fahrhöhe zu halten, addieren sich im Fahrbetrieb zur statischen Last die dynamischen Massenkräfte hinzu. Diese bauen sich dann auf, wenn das Motorrad bei einer tiefen Bodenwelle schnell absackt und die dynamischen Massenkräfte die statische Last um ein Vielfaches übertrifft.

Die Dämpfkraft der Druckstufe beträgt rund 30 % der Zugstufendämpfung. Im Gegensatz zur Tragfeder wirkt die Druckstufendämpfung abhängig von der Einfedergeschwindigkeit, die an der Dämpfung der Telegabel respektive an der Kolbenstange des Stoßdämpfers auftritt. Je schneller die Maschine einfedert, desto größer wird der hydraulische Widerstand. Die Druckstufendämpfung leitet auch die Fahrbahnunebenheiten zu einem bestimmten Teil ins Fahrwerk ein. Diese Eigenschaft benötigt der Fahrer als Kontaktgefühl zur Fahrbahn, um sich ein Bild der Straßenoberfläche und der Haftgrenze der Reifen zu machen. Zudem bewirkt eine straffe Druckstufendämpfung eine bessere Reifenhaftung beim Bremsen, Beschleunigen und Kurvenfahren. Ein weiterer Vorteil: die Maschine sackt beim Bremsen und in Kurven nicht soweit durch, Bodenfreiheit und Bremsstabilität verbessern sich. Die Kehrseite der Medaille: Der Federungskomfort wird eingeschränkt, Stöße werden direkter ins Fahrwerk eingeleitet.

Bei Motorädern, die sehr dynamisch, also sportlich, bewegt werden, sollte die Druckstufendämpfung an der Telegabel im Mid- und Highspeed-Bereich kräftig zulegen, um sich bei harten Bremsmanövern dem Eintauchen kraftvoll entgegen zu stemmen. Diese hydraulische »Einfeder-

Bremse ziehen und kraftvoll drücken, dann kommt Bewegung in die Gabel.

bremse« verhindert, dass sich eine zu starke dynamische Rotationsbewegung der Fahrzeugmassen aufbaut, durch die das Hinterrad zu schnell abhebt. Eine solche Anti-Dive-Wirkung wird bei elektronischen Gabeldämpfern eindrucksvoll in die Wege geleitet, wenn je nach Bremsdruck die Druckstufendämpfung in Millisekunden geschlossen wird.

Bei konventionellen Telegabeln, egal ob Open- oder Closed-Cartridge, lässt sich das Shim-Paket der Druckstufendämpfung durch einen progressiven Aufbau sehr gut auf eine solche Bremsstabilität abstimmen, ohne dass sich der Komfort dramatisch verschlechtert. Eine Alternative zum Umbau der Shims am stehenden Druckstufenkolben bietet das Wechselventil, englisch Check Valve, am bewegten Druckstufenkolben. Durch dieses Ventil strömt das Öl beim Einfedern in den oberen Raum des Dämpferzylinders. Der Hub dieser federbelasteten Platte ist durch eine kleine Hülse festgelegt. Wird dies gekürzt, reduziert sich der Spalt am Check Valve und unterstützt dadurch die Druckstufendämpfung. Der Luftspalt kann bis auf 0,5 Millimeter reduziert werden.

Der Luftspalt am Wechselventil der Zugstufe (rot) beeinflusst auch die Druckstufe.

Über die Länge der Distanzhülse (rot) kann dieser Luftspalt verändert werden.

HIGH- UND LOWSPEED-DÄMPFUNG DER DRUCKSTUFE

Die aus dem englischen übernommenen Begriffe stehen für die Geschwindigkeit, mit der sich Räder im Verhältnis zu den Fahrzeugmassen auf- und abbewegen, und haben überhaupt nichts mit der Fahrgeschwindigkeit zu tun. Die Geschwindigkeit wird nicht in km/h, sondern in Meter pro Sekunde angegeben.

Bei Gabel oder Federbein mit einer getrennten Druckstufeneinstellung von Low- und Highspeed sollten beide Stellschrauben für einen fließenden, weichen Übergang nicht mehr als etwa 30 % auseinanderliegen. Beispiel: Highspeed 15 Klicks von 20 Klicks offen, Lowspeed sollte dann in etwa bei 19 (weich) oder 12 Klicks (hart) liegen.

Die Lowspeedverstellung wird über eine Nadel gesteuert, die einen Ringquerschnitt freigibt, genauso, wie eine konventionelle Zugstufenverstellung funktioniert. Diese Verstellung wird für ein feines Ansprechverhalten/Komfort geöffnet, für eine klare Rückmeldung und stabile Sportabstimmung geschlossen.

Den Highspeedbereich regelt ein Dämpferkolben mit Shimpaket, das in seiner Vorspannung verändert wird. In erster Linie wird damit ein stabiles, durchschlagsicheres Verhalten bei starken Bodenwellen, hoher Zuladung oder harten Bremsmanövern generiert.

Um den Technikern und Testfahrern die Definition der Dämpfung zu verfeinern, haben sich zu den Begriffen High- und Lowspeed, die Zwischenstufen Superlow-Speed und Middle-Speed etabliert. Die den Dämpfungsbereich, gemessen an der Radachse, wie folgt unterteilen:

- **Super-Lowspeed**, 0,005 bis etwa 0,05 m/s (5 mm/s bis 50mm/s) ist für das subjektiv empfundene Ansprechverhalten, die Stabilität bei sanften Gang- und Lastwechseln und die Rückmeldung verantwortlich. Dieser Bereich wird fast ausschließlich von den freien Bleeds bzw. der Nadel gesteuert. Wenig Super-Lowspeeddämpfung erlaubt es, dass die Federung auch auf kleinste Stöße sensibel anspricht und mit wenig Widerstand aus der Nulllage losläuft. Das ist deshalb wichtig, weil sich bei der ersten Federbewegung die Reibung der Simmerringe und Gleitlager, die sogenannte Losbrechkraft, in den Weg stellt und oftmals das viel zitierte Ansprechverhalten verschlechtert.

- **Low-speed**-Werte, etwa 0,05 bis 0,3 m/s (50 mm/s bis 300 mm/s), sind der Bereich für die Stabilität bei Schräglagenwechsel und den Komfort auf schlechtem Belag. Durch die schnelleren Bewegungen durchströmt das Öl jetzt die freien Bleeds und drückt das erste Drittel des Shimpakets aus seinem Sitz.

- **Middle-speed**-Bereich (etwa 0,3 bis 0,8 m/s) ist der mittlere, sehr häufig genutzte Bereich, beispielsweise bei schnellen Schräglagenwechseln oder Bodenwellen und Trennfugen. Der Großteil der Dämpfung wird jetzt durch das Shimpaket gesteuert, die freien Bleeds werden zwar auch durchströmt, haben jedoch nur noch wenig Einfluss auf die Abstimmung.

- **High-speed**-Werte (etwa ab 0,9 m/s) werden seltener erreicht und treten bei harten Kompressionen/Stößen und starken Nickbewegungen (abruptes, hartes Anbremsen) auf. Jetzt kann durch den hohen Öldruck das Shimpaket bis auf die Anschlagplatte aufgebogen werden, wodurch die Bohrungen im Kolben nahezu komplett freigelegt werden.

Bei Hinterradfederungen muss das jeweilige Übersetzungsverhältnis zwischen Radachse und Federbein berücksichtigt werden. Dort reduziert sich die Geschwindigkeit am Dämpferkolben im gleichen Maß wie die Kraft durch die Hebelübersetzung ansteigt. Federt das Hinterrad beispielsweise bei einer tiefen Bodenwelle mit 1,0 m/s ein, reduziert sich dies am Federbein bei einer 2:1-Übersetzung auf die Hälfte. Beispiel: Beim Überfahren einer Bodenwelle mit harter Kante rauscht der Dämpferkolben mit 0,75 m/s durch den Hydraulikzylinder, am Hinterrad aber werden 1,5 m/s gemessen.

An der Telegabel hingegen entspricht der Federweg eins-zu-eins auch der Geschwindigkeit am

Dämpferkolben. Beispiel: Schon bei einer Vollbremsung ohne Bodenwellen taucht die Gabel je nach Federrate und Druckstufendämpfung mit ungefähr 0,45 bis 0,65 m/s ein. Bei Motocross-Maschinen mit über 300 Millimeter langen Federwegen steigt dieser Wert bei der harten Landung nach Sprüngen oder brutalen Bodenwellen auf über 3,0 m/s an.

DÄMPFUNGS-GRUNDEINSTELLUNG AN DER GABEL

Wie bei der Grundeinstellung der Federvorspannung, müssen auch bei Dämpferjustierung die Federelemente betriebswarm sein.

Drücken Sie mit aller Kraft die Maschine über den Lenker in der Serieneinstellung in die Federung. Achten Sie darauf, wieviel Widerstand die Federung/Dämpfung dabei aufbaut und wie schnell die Maschine aus der tiefsten Position wieder ausfedert. Schwingt die Maschine dabei mehrfach nach oder federt sie nur sehr langsam aus und bleibt regelecht in der Hydraulik stecken?

Bevor die Einstellschrauben der Dämpfung mit einem absolut passgenauen Werkzeug verdreht werden, unbedingt alle Originaleinstellungen notieren. Drehen Sie dazu die Stellschrauben langsam, Klick für Klick oder in viertel Umdrehungen, im Uhrzeigersinn zu.

ACHTUNG: Die Stellschrauben dürfen nur leicht angelegt und nicht fest eingeschraubt werden, dabei könnte die Spitze der Nadel oder die Bohrung beschädigt werden. Bei Klick-Einstellungen bitte nicht versuchen, den letzten halben Klick mit Kraft zuzudrehen, nehmen sie stattdessen einfach den vorletzten Klick als Position null.

Notieren Sie diesen Wert im Fahrwerks-Datenblatt von Kapitel 11 unter Zugstufe/Serie: X,X Umdrehungen/Klicks offen, Druckstufe/Serie: X Umdrehungen/Klicks offen. Die Einstellwerte werden bei fast allen Gabeln oder Federbeinkonstruktionen von der maximal geschlossenen Position aus gezählt. In dieser maximalen Position sind die Nadelventile ganz geschlossen, während sich die minimale Einstellposition meist bei der Montage der Dämpfereinheiten verändern lässt.

Federbewegungen an der Gabel: Nach dem kräftigen Einfedern schießt die unterdämpfte Front zu schnell nach oben und schwingt zweimal nach. Überdämpft federt die Gabel nur sehr zäh aus und bleibt in der Dämpfung regelrecht stecken. Bei korrekt eingestellter Zugstufe ist die Front schnell genug in der Ausgangslage und federt nur minimal nach.

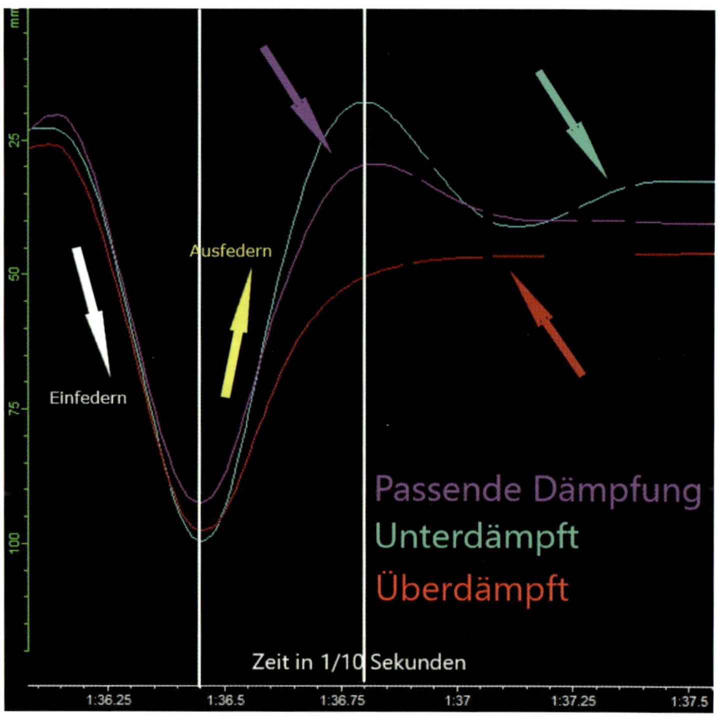

Über diese Stellschraube wird die Dämpfkraft der Zugstufe beim Ausfedern reguliert.

Dabei verengt die Nadel in der Kolbenstange mehr oder weniger den Öldurchfluss.

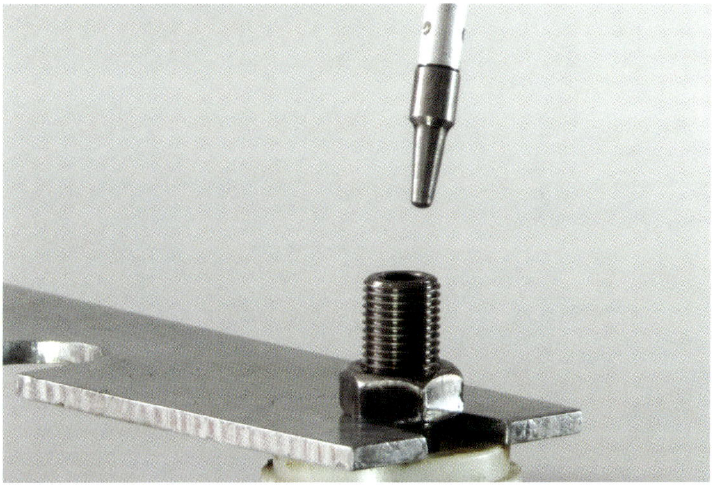

Big-Piston-Gabeln mit Zug- und Druckversteller im oberen Gabelstopfen.

ÜBERPRÜFEN DES EINSTELLBEREICHES

Drehen Sie die Stellschrauben der Zugstufendämpfung auf »ganz offen«, also wenig Dämpfung, und drücken die Gabel kräftig zusammen. Jetzt justieren Sie die Zugstufe auf maximale, also härteste Dämpfung, und drücken noch einmal die Maschine in die Federung. Spüren Sie eine Veränderung? Bei einer wirksamen Verstellung müsste die Maschine deutlich langsamer ausfedern.

Grundeinstellung der Zugstufendämpfung an der Gabel für den Straßenbetrieb: Drehen Sie die Stellschrauben ganz zu und federn die Gabel kräftig ein. Verringern Sie die Dämpfkraft durch Herausdrehen der Stellschrauben an beiden Gabelholmen Klick für Klick – oder in viertel Umdrehungen – so weit, dass die Frontpartie nach dem Ausfedern ein paar Millimeter über die Ausgangslage herausfedert, einmalig nachschwingt und dann zum Stillstand kommt. Auf keinen Fall sollte die Gabel mehrfach nachschwingen.

Für den sportlichen Einsatz wird die Dämpfung der Gabel zuerst wie oben beschrieben justiert. Dann drehen Sie die Zugstufe in kleinen Schritten so lange zu, bis die Front beim Ausfedern nicht oder nur noch minimal nachschwingt und sofort nach dem Ausfedern in der Ausgangslage stehen bleibt.

Wie ein passender Ausfedervorgang ablaufen sollte, ist anhand der 2D-Diagramme dargestellt. Diese Diagramme wurden anhand einer Yamaha MT-09 SP mit hochwertigen Federelementen erstellt. Dazu wurden vorn wie hinten 2D Federwegsensoren und ein 2D Logger montiert und das Motorrad, wie auf den Fotos zu sehen ist, in die Federung gedrückt.

TIPP: Nur eine Modifikation nach der anderen durchführen, um die Auswirkungen klar erkennen zu können. Verändern Sie die Einstellung immer an beiden Gabelholmen gleichermaßen.

Dämpfungs-Grundeinstellung der Druckstufendämpfung an der Gabel: Führen Sie die Schritte zur Funktionskontrolle jetzt mit der Druckstufe durch, um auch hier den Wirkungsbereich auszuloten. Also Zugstufendämpfung auf der mittleren oder Serieneinstellung belassen, Druckstufe ganz zudrehen und dann kraftvoll in die Feder pressen. Danach das Ganze mit voll geöffneter Druckstufeneinstellung. Die Maschine müsste sich jetzt schwammig und weich anfühlen. Die Wirksamkeit der Druckstufendämpfung kann bei diesem Versuch auch sichtbar gemacht werden. Legen Sie einen Kabelbinder oder Markierungsring um das Tauch/Standrohr, schieben Sie ihn dicht an die Staubkappe. Federn Sie die Maschine kraftvoll ein.

Bei konventionellen Gabeln wird die Druckstufe am Gabelfuß eingestellt.

Messen Sie, wie weit der Kabelbinder jetzt von der Staubkappe entfernt ist. Machen Sie denselben Versuch mit gleicher Kraft beim Einfedern mit völlig geschlossener Druckstufe.

Der Abstand Kabelbinder/Staubkappe müsste jetzt kleiner sein als mit geöffneter Druckstufe. Der Grund: Die Einfederkraft wird durch den stärkeren hydraulischen Widerstand abgebremst, das Motorrad taucht nicht mehr soweit ein.

Wie am Federbein, beeinflusst die Einstellung der Zugstufendämpfung das Druckstufenverhalten, da das Nadelventil in der Dämpferstange dem Öl ein Schlupfloch bietet. Allerdings ist der Einfluss nicht so deutlich wie am Federbein ohne Wechselventil.

Probieren Sie bei Zug- wie Druckstufe nicht nur den gesamten Verstellbereich aus, sondern machen Sie die Probe auch in kleinen Schritten. Das heißt: drücken, dann Zug- oder Druckstufe einen Klick oder eine viertel Umdrehung verändern, wieder drücken, bis Sie den gesamten Bereich ausgetestet haben. Viele Verstellungen arbeiten nämlich nicht linear, sondern verändern sich über einen breiten Bereich nur minimal, legen jedoch ab einer bestimmten Position gewaltig an Dämpfkraft zu. Dies kann innerhalb von drei oder vier Klicks oder einer Umdrehung der Fall sein.

Dieses Verhalten hängt unter anderem mit der Nadelform zusammen. Eine spitze Nadel sorgt für einen feingestuften, aber engeren Wirkungsbereich, ein stumpfe Nadelspitze für eher grobe Schritte, aber eine große Bandbreite.

Notieren Sie sich diese auffälligen Positionen, um diese Eigenart bei den Fahrtests zu berücksichtigen. Prüfen Sie immer nur eine Dämpfungsstufe, also Zug oder Druckstufe. Führen Sie niemals zwei Veränderungen auf einmal durch. Man verliert sonst schnell den Überblick über die Zusammenhänge.

Einige europäische Fahrwerkshersteller legen den Verstellbereich über einen sehr breiten Bereich an, der von komplett unterdämpft bis zur fast völligen Blockade der hydraulischen Dämpfung reicht.

ACHTUNG: Aus Sicherheitsgründen nie in diesen offensichtlich unbrauchbaren Einstellungen eine Probefahrt absolvieren.

Drehen Sie nach der Überprüfung des Verstellbereichs der Druckstufe die Stellschrauben auf die ursprünglich notierte Position und beginnen Sie mit der Probefahrt.

Ändern Sie die Dämpfungsstufen in die Richtung, die Sie für notwendig halten, bzw. wie es in der Tabelle zur Problemlösung beschrieben ist.

Wenn Sie sich über die Veränderungen im Fahrverhalten nicht sicher sind, gehen Sie auf die ursprüngliche Serien-Einstellung zurück und vergleichen Sie das Fahrverhalten.

Die Druckstufendämpfung lässt sich nur mit viel Gespür im Stand festlegen. Sie wird deshalb im Fahrbetrieb ermittelt. Als Ausgangsbasis wählen Sie die im Fahrerhandbuch empfohlene Einstellung oder eine mittlere Position und ändern diese während der Testfahrten in Richtung Komfort (weich) oder Stabilität (hart).

Um die Funktion der Druckstufendämpfung in Bezug auf Ansprechverhalten und Komfort zu beurteilen, sollte man sich eine Strecke suchen, die mit harten Trennfugen und Kanten gespickt ist, bei denen das Ansprechverhalten eine große Rolle spielt. Sehr gut geeignet sind abgesenkte oder erhabene Kanaldeckel, bei denen man die unterschiedlichen Dämpfungsstufen sicher und reproduzierbar austesten kann.

Dabei wird immer mit derselben Geschwindigkeit und dem vorher richtig eingestellten Reifenluftdruck gefahren. Denn die Federfunktion der Reifen hat bei solchen harten Kanten einen erheblichen Einfluss auf Komfort und Ansprechverhalten.

In jedem Fall muss das Motorrad in allen Fahrsituationen eine gute Radführung gewährleisten und darf nicht in den Lenker schlagen.

Machen Sie eine Probefahrt und achten Sie auf Veränderungen. Besser? Schlechter? Drehen Sie noch ein paar Klicks oder Viertelumdrehungen in die gewünschte Richtung. Stellt sich keine Besserung ein, gehen Sie auf den notierten Ausgangswert zurück und versuchen nach der Tabelle am Ende des Buches eine andere Verbesserungsmöglichkeit.

ACHTUNG: Bei einer sportlich straffen Abstimmung oder generellen Überdämpfung kann es auf schlechten Straßen und bei hohem Tempo zu Lenkerschlagen kommen.

DÄMPFERABSTIMMUNG DURCH GABELÖLVISKOSITÄT

Stellt sich bei der Überprüfung und Abstimmung der Gabeldämpfung heraus, dass der passende Einstellbereich bis auf wenige Klicks oder weniger als 2 Umdrehungen zugedreht werden muss, also in der Tendenz »zu weich« ist, kann auf jeden Fall eine Befüllung mit der nächst höheren Viskositätsstufe nicht schaden. Das heißt: Bei einem vorgeschriebenen 5er Gabelöl wird versuchshalber ein 7,5er Öl mit demselben Luftpolster eingefüllt.

Dasselbe gilt für eine zu straffe Grundabstimmung, bei der die Dämpferverstellungen bis auf 2 Umdrehungen vor minimal, also fast ganz herausgedreht, stehen. Dann wird das Öl gegen eine um den Faktor 2,5 geringere Viskosität getauscht, anstatt einem 10er Öl wird ein 7,5er verwendet. Allerdings sollte die Ölviskosität für den Dauerbetrieb nicht unter 5,0 gewählt werden, da sonst der Verschleiß bei einem sehr dünnflüssigen 2,5er Öl durch eine zu geringe Schmierfähigkeit zunehmen kann.

Bei den Testfahrten sollten jedoch die Lufttemperaturen bei 25 Grad plus/minus 10 Grad liegen, um einen massiven Einfluss der Außentemperatur auf das Dämpfungsverhalten auszuschließen.

Ausnahmeregelung: Die asymmetrische Dämpfereinstellung

Generell gilt, dass die Dämpferverstellung von Zug- und Druckstufe auf beiden Seiten der Gabel in der gleichen Position steht. Allerdings kann speziell bei Dämpfersystemen, die mit groben Schritten arbeiten, auch eine asymmetrische Einstellung zu guten Ergebnissen führen. Wenn beispielsweise der Schritt von Klick 5 auf Klick 6 eine deutlich spürbar reduzierte Dämpfung generiert, kann die-

Am stabilen Soziusplatz kräftig gedrückt, lässt sich speziell die Dämpfkraft der Zugstufe sehr gut einschätzen und einstellen.

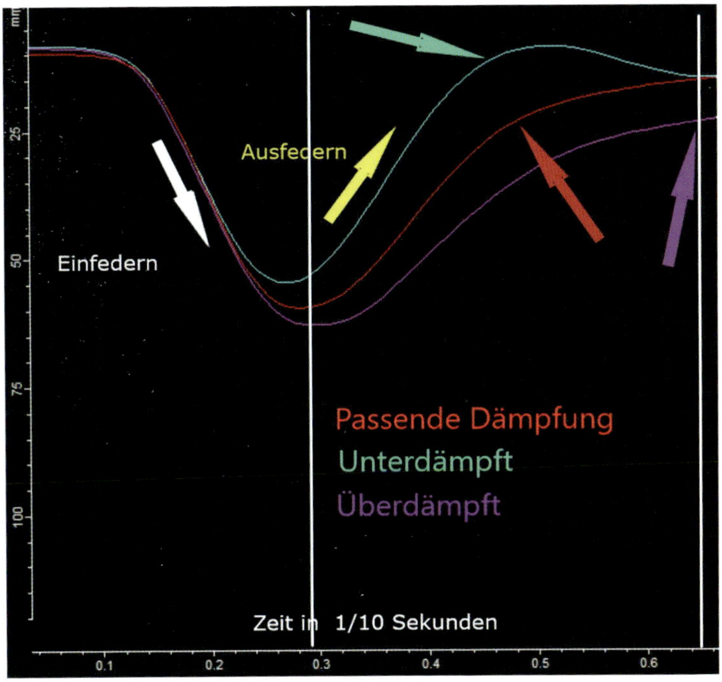

Unterdämpft rauscht das Heck in 2/10 Sekunden nach oben und überfedert die Nulllage deutlich. Überdämpft möchte das Heck nur sehr langsam in die Ausgangslage zurückfedern, während eine passend gewählte Zugstufendämpfung das Motorrad schnell genug in die Nulllage bringt, ohne dabei instabil nachzuschwingen.

ser grobe Schritt dadurch »halbiert« werden, dass auf einer Seite Klick 6, auf der anderen Seite Klick 5 eingestellt wird. Erfahrene Mechaniker können mit dieser asymmetrischen Einstellung auch ganz spezielle Eigenschaften erzeugen.

Ähnlich kann man auch bei der Federrate arbeiten. Ist für die Feinabstimmung eine 8,5er Feder zu weich, eine 9,0er aber schon zu hart, lässt sich eine Federrate von 8,75 durch den Einbau der beiden unterschiedlichen Federn problemlos erzeugen.

Und keine Sorge bezüglich der asymmetrischen Belastung der Gabel, die solchen relativ geringen Torsionsbelastungen locker gewachsen ist. Zumal bei Split-Telegabeln die Zug- und Druckstufe auf je einen Gabelholm wirkt, ohne dabei einen Verzug zu beklagen.

GRUNDEINSTELLUNG AN DER HINTERRADFEDERUNG

Dämpfungs-Grundeinstellung der Zugstufendämpfung am Federbein

Voraussetzung für diesen Schritt ist die korrekt eingestellte Federvorspannung auf die empfohlenen Werte. Drücken Sie dann die Maschine am Heck kräftig in die Federung. Sie sollte mit einer erkennbaren Verzögerung ausfedern, aber spätestens nach einer knappen Sekunde die vollständige Ausgangslage erreicht haben.

TIPP: Zählen Sie ab dem Punkt, an dem Sie die Maschine nach dem kraftvollen Einfedern loslassen, auf »einundzwanzig«. Spätestens nach »einundzwan« muss das Heck vollständig ausgefedert sein. Schnellt das Heck ruckartig und unkontrolliert aus der eingefederten Position gegen den Endanschlag oder neigt sogar zum Nachschwingen, muss die Zugstufendämpfung erhöht werden. Steckt die Federung dagegen sicht- und fühlbar in der Dämpfung fest, federt nur zäh und langsam aus und benötigt deutlich mehr als eine Sekunde bis zum Stillstand oder kommt nicht mehr in die ursprüngliche N1-Lage zurück, muss diese verringert werden. Um sich ein Bild von der Wirksamkeit der Dämpferverstellung zu machen, gehen Sie hier nach dem gleichen Muster vor wie bei der Telegabel.

Prüfen Sie den gesamten Verstellbereich von Zug- und Druckstufe und jeden Klick auf Wirksamkeit. Notieren Sie vorher jedoch alle originalen Einstellwerte. Zuviel Zugstufendämpfung ist in jedem Fall

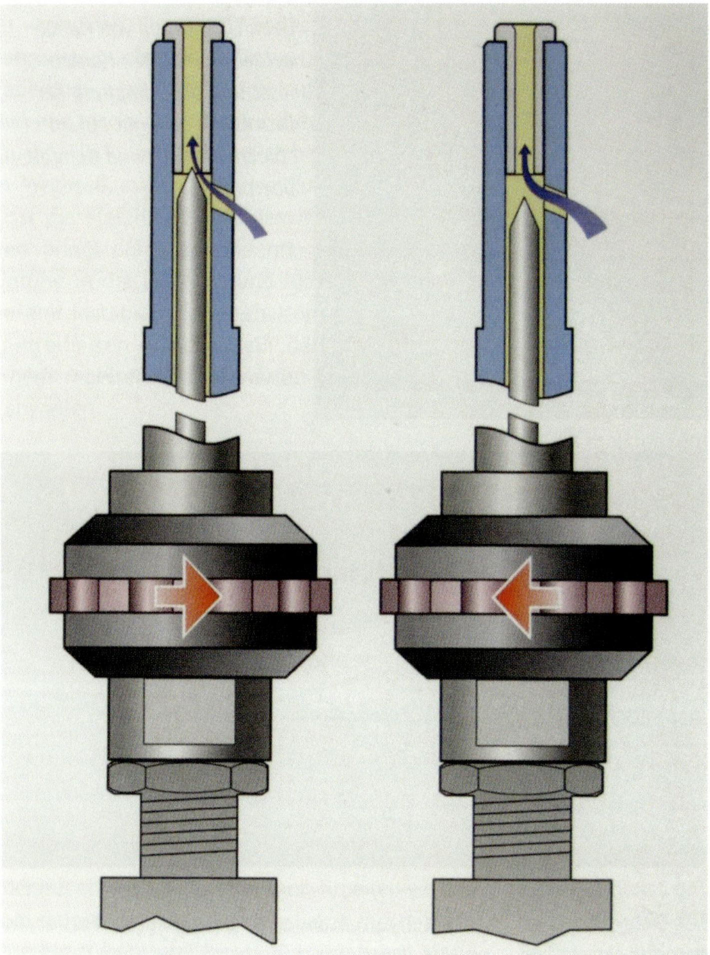

Zugstufen-Verstellung: Wird die Einstellschraube am unteren Ende des Federbeins von unten gesehen im Uhrzeigersinn gedreht (links), schiebt sich die Nadel in der hohlgebohrten Dämpferstange nach oben und verengt den Ringspalt, womit eine höhere Dämpfkraft erreicht wird. Weniger Dämpfkraft ergibt sich beim Herausdrehen der Nadel (rechts), da sich der Ringspalt vergrößert und dem Öl beim Aus- wie beim Einfedervorgang weniger Widerstand entgegensetzt.

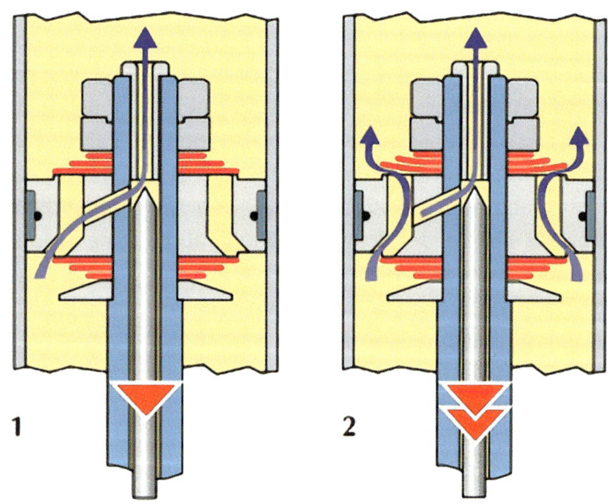

Zugstufendämpfung: Bei langsamen Ausfederbewegungen im Lowspeed-Bereich genügt der Ringspalt des Nadelventils, um die Ölmenge durch die Kolbenstange strömen zu lassen (1). Federt die Maschine schneller aus, etwa nach einer tiefen Bodenwelle, presst der höhere Öldruck bei mittlerer Ausfedergeschwindigkeit die Plattenventile (Shims) aus ihrem Sitz (2). Extrem hohe Kolbengeschwingkeiten treten im Zugstufenbereich nur selten auf.

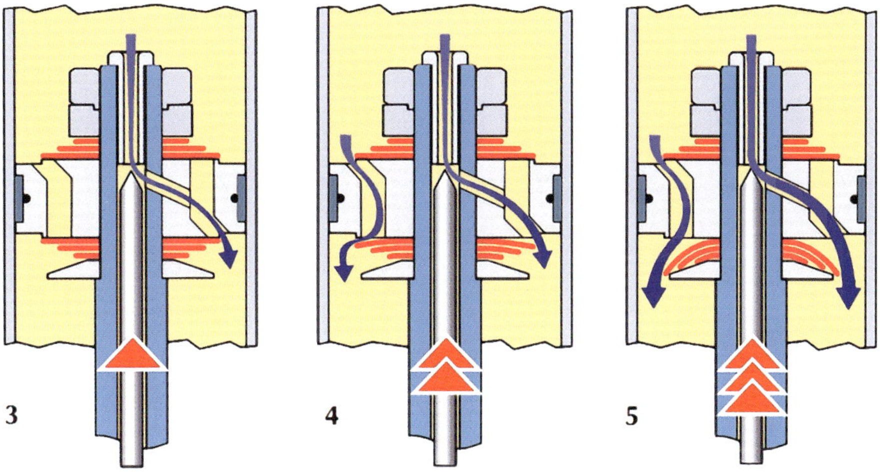

Druckstufendämpfung: Ganz leichte Stöße und kleine Einfederbewegungen pressen das Öl durch den Ringspalt des Nadelventils der Zugstufe (3). Gröbere Stöße, also am Übergang zwischen Low- und Highspeed-Bereich, zwingen die Plattenventile (Shims) auf dem Kolben zum Öffnen (4). Bei extremer Belastung (Highspeed-Bereich), etwa tiefen, harten Bodenwellen oder Kompressionen, biegt sich das Plattenpaket bis zur Anschlagplatte auf (5).

fung. Der Grund: Die in der Dämpferstange befindliche Bohrung lässt das Öl in beide Federrichtungen strömen. Wird die Zugstufendämpfung durch die Nadelverstellung auf »sehr weich« justiert, also ein großer Ringquerschnitt freigegeben, setzt der Dämpferkolben nun auch der Einfederbewegung (Druckstufe) etwas weniger Widerstand entgegen. Diese Abhängigkeit ist bei der Einstellung zu berücksichtigen und eventuell durch eine weiter zugedrehte Druckstufendämpfung auszugleichen.

Nur bei hochwertigen Nachrüstfederbeinen ist auf der Dämpferstange ein Wechselventil montiert, dass beim Einfedern das Nadelventil verschließt. Dadurch strömt das Öl ausschließlich über die Druckstufen-Shims.

TIPP: Um das Arbeiten nach der Problemlösungs-Tabelle am Ende des Buchs möglichst effektiv und kostengünstig zu gestalten, sollte immer erst mit den einfachsten Schritten zur Optimierung begonnen werden. Beispiel: Schlägt das Motorrad hinten bei Bodenwellen durch, sollte zuerst die korrekte Vorspannung, also der Negativfederweg, kontrolliert werden. Erst dann wird die Druckstufendämpfung erhöht. Führen beide Änderungen nicht zum Ziel, muss letztendlich doch die Feder oder das Federbein getauscht werden.

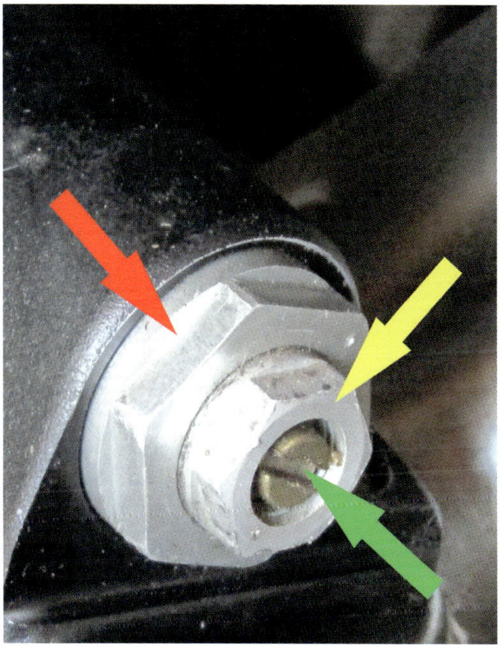

ACHTUNG: *Solche oder ähnliche Druckstufenversteller verfügen über eine Lowspeed-Schraube (grün) und den Highspeed-Sechskant (gelb). Der gesamte Versteller ist durch den großen Sechskant (rot) im Dämpfergehäuse verschraubt. Diesen Sechskant auf keinen Fall lösen oder herausschrauben.*

KAPITEL 7

PRAXIS Fahrhöhe überprüfen und einstellen

- Gabelhöhe prüfen und einstellen
- Heckhöhe prüfen und einstellen
- Schwingenwinkel prüfen und einstellen
- Schwerpunktlage, Fahrdynamik und dynamische Radlaständerung

EINSTELLUNG UND OPTIMIERUNG VON GEOMETRIE UND SCHWERPUNKT

Für die optimale Balance und Geometrie gibt es keine allgemeingültigen Maße und Einstellwerte. Nur systematische Testfahrten zeigen auf, wie das Motorrad reagiert und wo der beste Kompromiss zu finden ist. Das Feintuning von Geometrie und Balance war ursprünglich für Rennmaschinen gedacht, kann jedoch auch bei Straßenmaschinen bis hin zum Tourer eingesetzt werden. Voraussetzung dafür sind natürlich die Verstellmöglichkeiten an Federbein und Gabel – und das nötige Fachwissen. Da diese Modifikationen das Fahrverhalten signifikant verändern können, dürfen sie nur in dem Umfang angewandt werden, der die Sicherheit nicht beeinträchtigt.

ACHTUNG: Bei Veränderungen der Lenk- und Rahmengeometrie in eine spezielle Richtung, sollte bei der Veränderung der Fahrhöhe auch immer die Auswirkung auf den Massenschwerpunkt mit einbezogen werden. Beispiel: Ist das Ziel, das Motorrad stabiler und weniger agil zu machen, sollte die »flachere« Lenkgeometrie nicht durch das Anheben der Front, sondern durch Absenken des Hecks (und damit leichtes Absenken des Schwerpunktes) zustande kommen. Denn bei einem Anheben der Front erhöht sich auch der Gesamtschwerpunkt, und damit die Agilität des Fahrzeuges. Und Agilität heißt in bestimmter Weise auch Instabilität.

Höhenverstellung vorn: Zur Sicherheit gehört auch die Überprüfung der absoluten Freigängigkeit von Lenkung und Rädern in maximal aus- und eingefedertem Zustand. Speziell Motorräder, bei denen die Änderung der Fahrhöhe nicht explizit vorgesehen ist, muss die Freigängigkeit sichergestellt sein.

Überprüfung: Nach den Höhenänderungen an der Gabel Federn entfernen oder Gabelstopfen aus den Standrohren herausdrehen, Gabel bis zum tatsächlichen Federweg (muss ausgemessen werden) eintauchen und darauf achten, dass Rad, Schutzblech, Bremszangen und Leitungen über den gesamten Lenkeinschlag einen Mindestabstand von 5 mm, in horizontaler Ebene 15 mm (wegen Durchbiegung bei Vollbremsung), zu den nächstliegenden, rahmenfesten Bauteilen aufweisen. Konventionelle Gabeln (RSU) dürfen nur soweit durchgesteckt werden, dass die Staubkappe des Tauchrohres in maximal eingefederter Position nicht an der unteren Gabelbrücke anstößt. Bei USD-Gabeln ist darauf zu achten, dass bei einer Veränderung der Fahrhöhe der Standrohrdurchmesser im Bereich der Klemmung über die gesamte geklemmte Breite zylindrisch ist. Oft sind die Standrohre außerhalb der Klemmung in einem sehr flachen, kaum sichtbaren Winkel konisch abgedreht. Deshalb den Bereich in den Brücken mit einer Schieblehre nachmessen und markieren. Auch die Klemmdurchmesser im Bereich der Lenkerstummel können variieren und müssen vermessen werden.

Nach dem Durchschieben der Holme nach oben muss die Gabel komplett eingefedert werden ...

In der Praxis pendelt sich der Wert für eine sinnvolle Veränderung der Front bei insgesamt 10 bis 15 Millimetern ein.

ACHTUNG: Beim Abstimmen der Lenkgeometrie ist zu beachten, dass durch die Schrägstellung der Telegabel (Lenkkopfwinkel) von rund 25 Grad zur Vertikalen sich die tatsächliche Fahrhöhe der Front um etwa 10 % weniger verändert, als die Länge der Telegabel. Wird die Vorspannung oder die Gabellänge beispielsweise um 10 mm angehoben, wandert der Lenkkopf nur 9 mm nach oben.

MESSPUNKTE AM HINTERRAD

An der Hinterradfederung gehen Sie nach gleichem Muster vor wie an der Gabel. Hier lässt sich jedoch das frei hängende Hinterrad bei den meisten Serienfederbeinen nicht nach unten ziehen. Der Anschlag beim Ausfedern wird von einer relativ harten Gummiplatte begrenzt. Nur bei hochwertigen Nachrüst-Federbeinen wird eine Topoutfeder verbaut, die speziell im Rennsport eine wichtige Rolle spielt.

... um die Freigängigkeit zwischen Vorderrad, Schutzblech und allen rahmenfesten Bauteilen zu überprüfen.

Stoßrichtung der Gabel (grün) und die Fahrhöhe in vertikaler Richtung (gelb) verändern sich nicht parallel.

Diese Topoutfeder wirkt im Anfangsbereich der Federung gegen die Tragfeder und macht dadurch das Ansprechverhalten je nach Federlänge auf den ersten 10 bis 20 Millimeter sensibler. Aber auch hier bestimmt der durch das Eigengewicht von Hinterrad und Schwinge erzeugte Ausfederweg unseren Messpunkt A.

Ihre Bezugspunkte liegen zwischen dem Zentrum der Hinterradachse und einer möglichst senkrecht nach oben verlaufenden Linie zum Rahmenheck und dem markierten Fixpunkt.

Geometrisch korrekt wäre es, den Fixpunkt im rechten Winkel zur Schwinge anzulegen. Da der tatsächliche Federweg aber keinen geraden Verlauf hat, die Radachse beschreibt beim Einfedern einen Kreisbogen, genügt in der Praxis die Messmethode mit Zollstock und Markierung allemal.

Zumal das Bogenmaß nur wenige Zehntelmillimeter länger als das mit dem Zollstock ermittelte Sehnenmaß ausfällt.

ACHTUNG: Wird die Gabel »verlängert«, also nach unten verschoben, unbedingt darauf achten, dass die Bremsleitungen bei ganz ausgefedertem Zu-

Das Hinterrad beschreibt beim Höher- und Tieferstellen einen Kreisbogen, die Messung orientiert sich jedoch am Sehnenmaß. Die Stoßrichtung bei Bodenunbenheiten (roter Pfeil) passt bei der Hinterradschwinge sehr gut zur Raderhebungskurve.

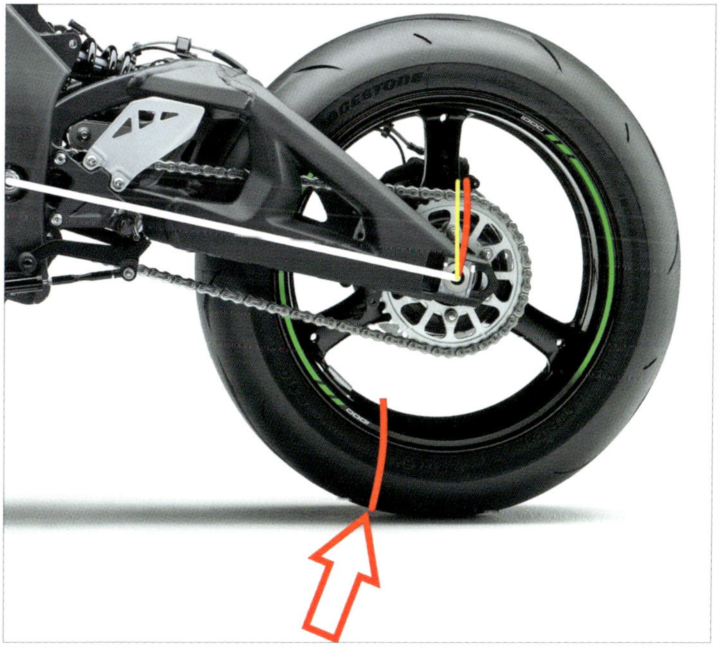

stand nicht unter Spannung stehen. Ein Abreißen und Totalausfall der Bremse wäre die Folge.

Höhenverstellung hinten: Bei einer Veränderung der Federbeinlänge oder anderer mechanischer Möglichkeiten verändert sich auch automatisch der Kettendurchhang. Wird das Heck angehoben, erhöht sich der Kettendurchhang durch die stärkere Auslenkung der Schwinge. Auf keinen Fall Nachspannen, da sich der Kettendurchhang beim Einfedern bis zur Fluchtlinie von Hinterradachse, Schwingendrehpunkt und Ritzeldrehpunkt ganz erheblich reduziert. Eine zu stramm justierte Kette belastet und zerstört im Dauerbetrieb die Lagerstellen von Getriebewelle und Hinterrad. Beste Prüfmethode: Motorrad durch Belastung mit zwei Mann oder einem Spanngurt soweit einfedern, bis die drei oben genannten Punkte in einer Linie fluchten. In diesem Zustand sollte sich die Kette mit leichtem Druck etwa einen Zentimeter nach oben und unten bewegen lassen. Der Messpunkt liegt exakt zwischen Ritzel und Hinterradachse.

Die Veränderungen am Fahrzeugniveau sollten in kleinen Schritten von nicht mehr als fünf Millimetern vorgenommen werden. Wer hier gleich in Zentimeterschritten vorgeht, wird sich schwertun, die optimale Einstellung herauszuarbeiten. Ein kleines Beispiel dafür, wie stark sich die Lenkgeometrie verändert:

Wird ein Motorrad mit 1400 mm Radstand um rund 24 Millimeter am Heck angehoben, steht der Lenkkopfwinkel um ein ganzes Grad steiler. Der Nachlauf verkürzt sich um zirka sechs Millimeter. Die Veränderung der Fahrhöhe wirkt sich bei Motorrädern mit kurzem Radstand stärker auf Lenkkopfwinkel und Nachlauf aus als bei Maschinen mit langem Radstand.

Ihre Bezugspunkte bei der Messung liegen, wie bei der Einstellung des Negativfederweges, zwischen dem Zentrum der Hinterradachse und einer möglichst senkrecht nach oben verlaufenden Linie zum Rahmenheck und dem markierten Fixpunkt.

ACHTUNG: Speziell bei einer Veränderung in Richtung handlich darf die Fahrstabilität bei Höchstgeschwindigkeit und auf allen erdenklichen Straßenoberflächen nicht beeinträchtigt werden. Sollte dies der Fall sein, muss die Geometrie wieder soweit korrigiert werden, dass sich das Motorrad in allen Situationen sicher und stabil verhält.

EINSTELL-TIPP: Die Veränderung der Fahrhöhe wird hinten von Achsmitte zum Rahmenheck in einer möglichst senkrechten Linie gemessen. Für Supersportmotorräder verwenden die Profis auch ein sogenanntes Ride-Hight-Tool, das, an Rahmenfixpunkten montiert, eine exakte und reproduzierbare Vermessung der Fahrhöhe erlaubt.

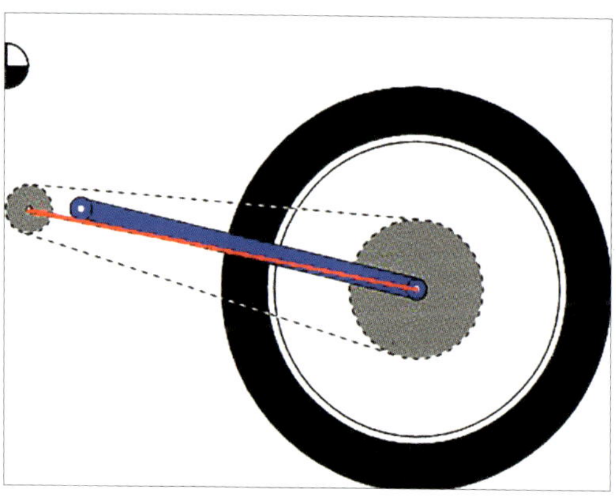

Ausgefedert hängt die Kette durch, da die Punkte Ritzel/Schwinge/Hinterachse nicht auf einer Ebene liegen.

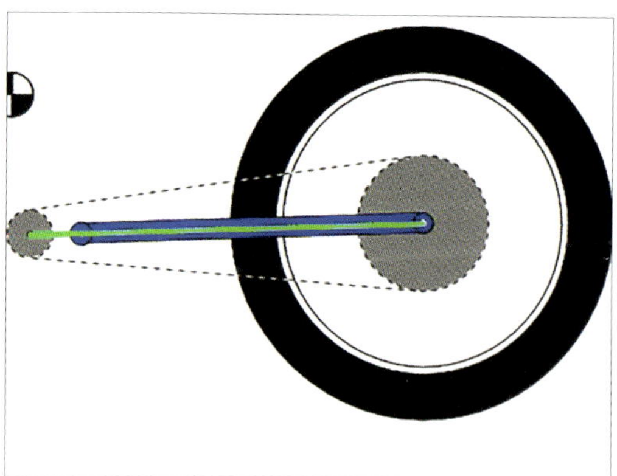

Die höchste Kettenspannung ist erreicht, wenn diese drei Punkte auf einer Ebene fluchten.

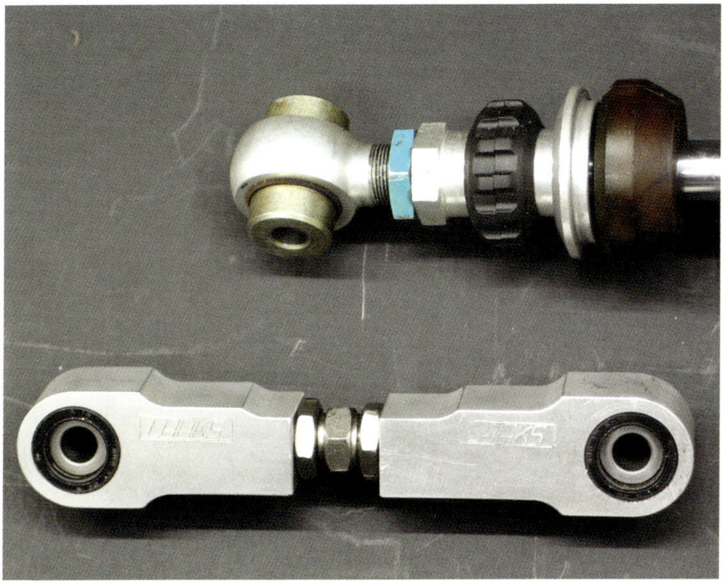

Höhenverstellung am Hinterrad über Längenverstellung am Federbein (hinten) oder durch variable Länge der Zugstrebe.

Stufenlose Höhenverstellung durch den gut erreichbaren Exzenter (rot) am KTM RC8 Superbike.

Bei der Gabel wird der Abstand von der oberen Gabelbrücke bis zum Abschlussstopfen des Standrohres gemessen, dem sogenannten Gabelüberstand.

Bringt eine vorgenommene Änderung keine spürbaren Vorteile, sollte sie durch den nächsten Schritt verstärkt werden. Erreicht man auch bei maximal möglicher Veränderung keine Optimierung des Fahrverhaltens, sollte man in jedem Fall zum Originalzustand zurückkehren.

Anhand dieses Puzzles an Möglichkeiten kann sich jeder Fahrer seine Maschine auf seine individuellen Bedürfnisse zurechtstutzen. Ziel muss es sein, das Motorrad so zu trimmen, dass es neutral und sicher zu fahren ist. Und: Nicht alle Maschinen reagieren auf die Modifikationen gleich stark.

Beispiel: Anheben des Hecks: Dabei verringern sich Nachlauf, Lenkkopfwinkel (steiler) und, durch einen erhöhten Auslenkwinkel der Schwinge, geringfügig der Radstand. Dieses verstärkte Auslenken führt auch zu einer veränderten Reaktion auf die Antriebskräfte und damit das Federverhalten. Der Schwerpunkt liegt höher. Plus: Leichteres Einlenken, besseres Handling, geringeres Einsacken der hinteren Federung beim Beschleunigen. Mehr Bodenfreiheit. Stärkere Belastung des Vorderrades, daher weniger Auftrieb bei hohem Tempo und möglicherweise eine bessere Fahrstabilität in schnellen Kurven trotz »kürzerer« Lenkgeometrie. **ACHTUNG:** Eine zu große Verlängerung des Federbeins kann bei manchen Umlenksystemen, speziell mit kurzen Hebellängen, eine unerwünschte Veränderung der Progressionskurve von Federung und Dämpfung bewirken.

Vorsicht auch bei der Veränderung der Umlenkhebel, meist durch kürzere oder längere Zugstreben. Eine unsachgemäße Veränderung von Umlenkhebeln kann die Federung negativ beeinflussen.

Maschinen mit exzentrischen Achsaufnahmen (einige Modelle von Kawasaki, Triumph, etc.) können durch die Positionierung der Achse im oberen oder unteren Teil über einen durch die Kettenspannung festgelegten Bereich verändert werden. Allerdings ist diese Änderung als Höhenverstellung beim Serienmotorrad nicht vorgesehen und arbeitet zuweilen in einem sehr hohen Bereich von bis zu 40 Millimeter.

Die nachstehende Aufzählung gibt Aufschluss darüber, welche geometrischen Werte sich verändern und welche Vorteile beziehungsweise Nachteile daraus entstehen können.

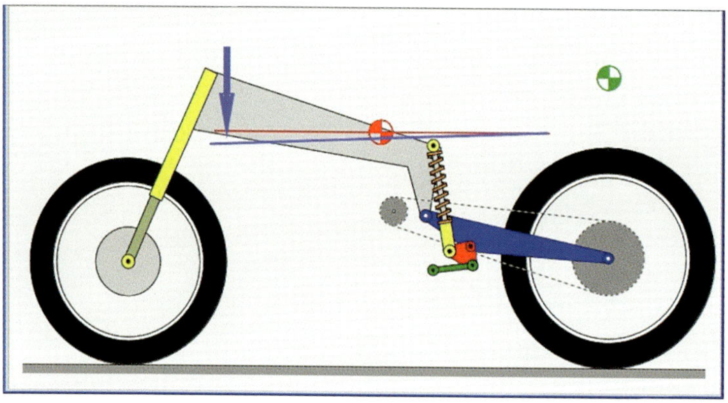

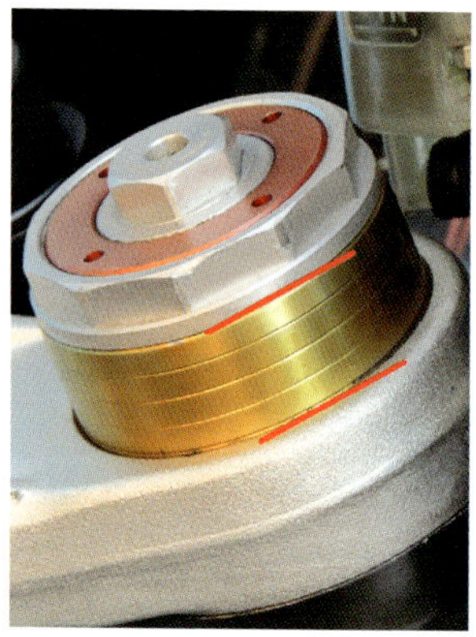

Motorrad vorne absenken, dazu wird die Gabel nach oben durchgeschoben.

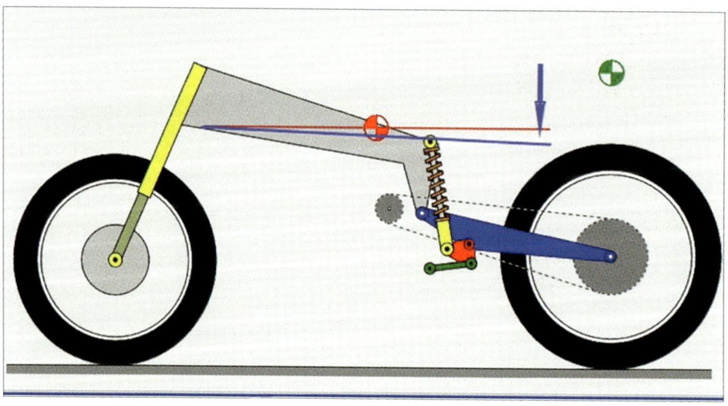

Motorrad hinten absenken, dazu wird die Gewindespindel hineingedreht.

VERÄNDERUNGEN DER FAHRHÖHE UND GEOMETRIE

Absenken der Front:
Gabel nach oben durch die Brücken schieben. Front und Schwerpunkt liegen damit tiefer, Lenkkopfwinkel wird steiler, Nachlauf kürzer.
Plus: Agileres Lenkverhalten, bessere Lenkpräzision.
Minus: Eventuell kippeliges Kurvenverhalten, instabiler bei Topseed und Bodenwellen, weniger Bodenfreiheit, unkomfortable Sitzposition im Straßenbetrieb durch eine erhöhte Last auf den Armen.

Absenken des Hecks:
Der Lenkkopfwinkel wird flacher und der Nachlauf länger, der Radstand geringfügig länger, die Auslenkung der Schwinge kleiner, der Schwerpunkt tiefer.
Plus: Tiefere Sitzposition, stabilerer Geradeauslauf, bessere Bremsstabilität.
Minus: Geringere Bodenfreiheit, schlechteres Handling und Einlenken, Neigung zum Untersteuern, Anti-Squat-Effekt schwächt sich ab. Federung kann sich verhärten, wenn die Umlenkung zum Federbein früher in die Progression läuft.

Anheben der Front:
Dies ist nur möglich, wenn die Gabelholme aus den Brücken herausragen. Auswirkungen: Nachlauf und Lenkkopfwinkel werden größer, der Radstand verlängert sich geringfügig. Der Schwerpunkt wird angehoben.
Plus: Mehr Bodenfreiheit, besserer Geradeauslauf, mehr Bremsstabilität, weniger Armlast.
Minus: Unhandlicher, neigt zum Untersteuern, höhere Sitzposition.

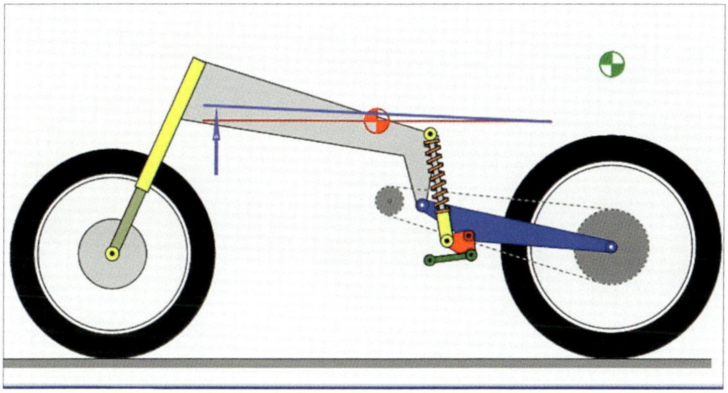

Motorrad vorn anheben, indem die Gabel nach unten durchgesteckt wird.

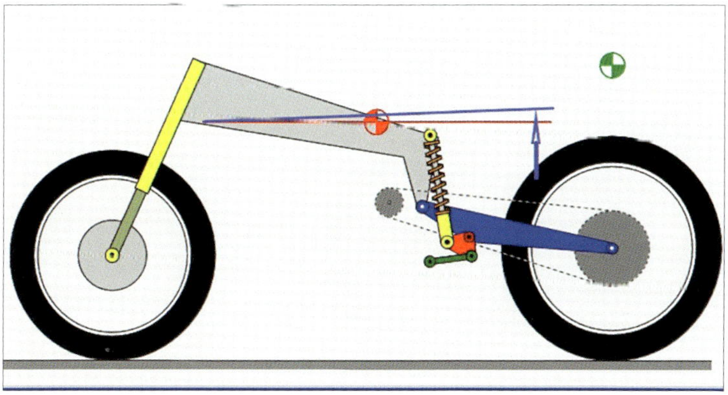

Motorrad hinten anheben, dazu wird die Gewindespindel herausgedreht.

Anheben des Hecks:
Schwerpunkt wird höher, Lenkkopfwinkel steiler, Nachlauf kürzer, Ausfedermoment der Schwinge (Anti-Squat-Effekt) stärker.
Plus: Agiles Handling, weniger running-wide am Kurvenausgang
Minus: weniger Bremsstabilität, möglicherweise kippeliges Lenkverhalten, höhere Sitzposition, mehr Armlast.

Kippen um die Fahrzeugmitte:
Dabei wird das Motorrad durch Höherstellen hinten und gleichzeitiges Absenken vorn (oder umgekehrt) um die Hochachse zwischen Vorder- und Hinterachse gedreht. Der Schwerpunkt bleibt fast unverändert, die Geometrie und die Fahreigenschaften verändern sich je nach Kipprichtung wie bei den Punkten vorn/hinten absenken/anheben.
Plus: Schwerpunktlage, Sitzhöhe und Bodenfreiheit ändern sich kaum.

Veränderung der Schwerpunkthöhe:
Dazu werden Gabel und Federbein in gleichem Maße verlängert oder verkürzt. Durch die Veränderung des Schwerpunkts lassen sich Handlichkeit, Fahrstabilität, Bodenfreiheit und Kurvenstabilität beeinflussen. Eine generelle Anleitung ist hier nicht sinnvoll, da jede Veränderung Vor- und Nachteile mit sich bringen kann, die je nach Einsatzzweck und Strecke abgewogen werden müssen.

Die Schwerpunkthöhe bestimmt Handlichkeit und Stabilität
Der Massenschwerpunkt ist das rechnerische und messbare Zentrum aller beim Motorrad verwendeten Bauteile. Dieser Massenschwerpunkt wird

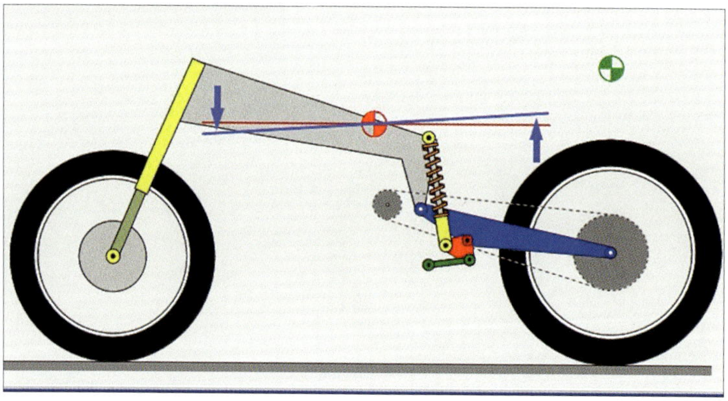

Motorrad nach vorn kippen, dazu Gabel kürzen, Federbein verlängern.

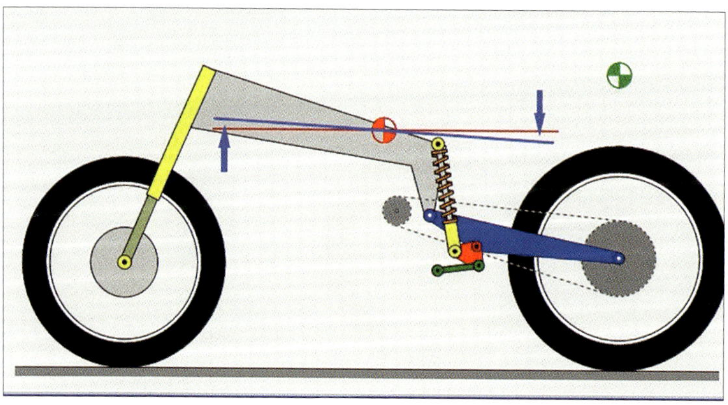

Motorrad nach hinten kippen, dazu Gabel verlängern, Federbein verkürzen.

fahrfertig mit Kraftstoff gemessen, zusätzlich kann der Wert mit Fahrer in artgerechter Sitzhaltung ermittelt werden. Neben dem Massenzentrum spielt auch die Massenverteilung eine wichtige Rolle für die Fahrdynamik eines Motorrades. Im Rennsport versucht man, die schweren Bauteile um den gewünschten Schwerpunkt herum zu platzieren, die sogenannte Massenkonzentration. Bei Straßenmotorrädern hingegen sucht man einen Kompromiss, um das Federungsverhalten komfortabel auszulegen. Das Problem bei einer extremen Massenkonzentration, also etwa in der Fahrzeugmitte (halber Radstand), ist die dadurch reduzierte Gegenmasse vertikal über den Radachsen. Nur wenn direkt über den Achsen genügend gefederte Masse vorhanden ist, sprechen die Radaufhängungen, also die ungefederten Massen, entsprechend sensibel an, ohne das Motorrad auszuwerfen.

Ein hoher Schwerpunkt bewirkt, auch wenn es in vielen Diskussionen und Beiträgen selbst in Fachzeitschriften anders dargestellt wird, eine bessere Handlichkeit beim Einlenken, in Wechselkurven und sorgt für mehr Bodenfreiheit und eine verbesserte Haftung beim Beschleunigen aus Kurven durch die höhere dynamische Radlaständerung. Mit dem Nachteil, dass sich das Motorrad früher mit einem Wheelie aufs Hinterrad stellt, beim Bremsen hinten durch den »Stoppie« eher abhebt und insgesamt instabiler wird. Der Grund: Der hohe Schwerpunkt reagiert sehr sensibel auf Längskräfte (Bremsen/Beschleunigen) und entsprechend auch auf Querkräfte, die beim gewollten oder auch ungewollten Lenkimpuls entstehen.

Zur Erinnerung: Der Fahrer schlägt beim »gegenläufigen« Lenkimpuls mehr oder weniger heftig nach links ein, worauf das Motorrad durch diesen

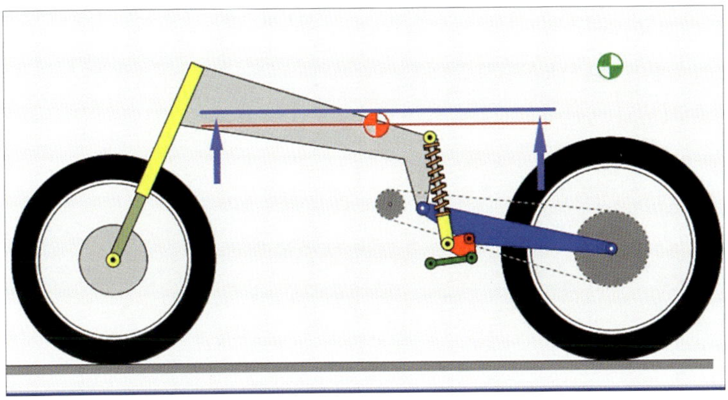

Motorrad synchron anheben, dazu Gabel und Federbein verlängern.

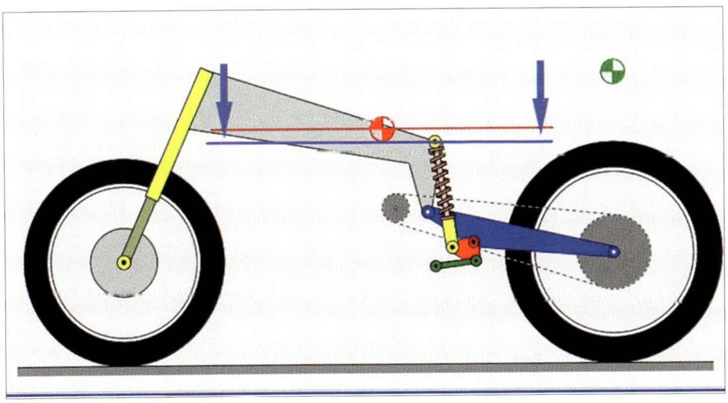

Motorrad synchron absenken, dazu Gabel und Federbein verkürzen.

Ein Beispiel für massive Konzentration der Massen um den Schwerpunkt beim KTM RC8 Prototyp. Öltank und Batterie/Elektrik (linke Seite) waren exakt um den Schwerpunkt gruppiert. Gut fürs Handling, weniger gut für den Federungskomfort.

Störimpuls nach rechts abkippt. Dabei müssen vor allem die stabilisierenden Kreiselkräfte der rotierenden Massen, also die kompletten Räder und die Kurbelwelle aus ihrer Rotationsebene gekippt werden.

Wie alle Massenkräfte, möchten auch die Räder ihre Drehebene nicht verlassen und setzen der Schräglage und Richtungsänderung einen entsprechenden Widerstand entgegen.

Da sich jedoch die rotierenden Massenkräfte bei gegenläufiger Drehrichtung aufheben, werden in der MotoGP-Motoren verbaut, bei denen sich die Kurbelwelle rückwärts dreht, womit ein Teil der Massenkraft der vorwärtsdrehenden Räder kompensiert und das Handling verbessert wird.

Den Widerstand der rotierenden Massen zu überwinden, geht über den längeren Hebelarm des hohen Massenschwerpunktes leichter als bei einem tief angesetzten Massenschwerpunkt mit entsprechend kurzem Hebel. Je höher die Geschwindigkeit und die Drehzahl der Räder oder des Motors, desto steifer, oder besser stabiler, wird das Motorrad und umso wichtiger wird die Massenkraft des Schwerpunktes. Unter etwa 60 km/h hingegen ist die Wirkung der Kreiselkräfte relativ gering und die Schwerpunkthöhe weniger ausschlaggebend.

Zu beachten ist, dass sich bei einer Veränderung der Fahrhöhe nicht die gesamte Fahrzeugmasse anhebt oder absenkt, sondern nur die gefederten Massen, aber nur ein kleiner Anteil der ungefederten Massen, zu denen die Räder-Bremsanlage und Radführungen (Tauchrohre der Gabel, Schwingenarme, Teile von Umlenkung und Stoßdämpfe gehören).

Durch die systembedingte Instabilität muss jedes Einspurfahrzeug im unteren Geschwindigkeitsbereich durch leichte Lenkbewegungen nach links und rechts ausbalanciert werden. Was der Fahrer jedoch schon als Kind auf dem Fahrrad erlernt hat und auf dem Motorrad intuitiv und ohne zu überlegen regelt. Bei Schrittgeschwindigkeit oder kurz vor dem Stillstand empfindet man Motorräder mit tiefem Schwerpunkt als angenehm, sicher und leicht zu handeln. Die Ursache: Durch den tiefen Schwerpunkt fühlt sich das Motorrad stabil und gut ausbalanciert an. Dieses sichere Gefühl wird

- Aus-/Einbau und Teilzerlegung der Telegabel
- Simmerringe und Gabelöl erneuern
- Demontage und Pflege des Federbeins
- Fachgerechte Montage von Vorder- und Hinterrad
- Kontrolle und Pflege der Umlenkhebel

MONTAGE UND OPTIMIERUNG DER TELEGABEL

Voraussetzung für die fachgerechte Montage einer Gabel sind:

- Handwerkliches Geschick und Erfahrung
- Ein hochwertiges Werkzeugsortiment
- Wenn nötig Spezialwerkzeuge wie Federniederhalter, Simmerring-Eintreiber und Kolbenstangen-Verlängerung
- Ein sauberer Arbeitsplatz
- Stabile Ständer oder Haltevorrichtungen für die Maschine
- Falls nötig, die passenden Ersatzteile und Gabelöl sowie alle Anzugsdrehmomente der Befestigungsschrauben
- Frische Papiertücher oder saubere Putzlappen, um die Bauteile der Reihenfolge nach auszulegen
- Bremsenreiniger oder entsprechende Reiniger
- Saubere Edelstahl- oder Kunststoffschalen für die entfernten Bauteile und Schrauben
- Fotoapparat oder Handy, um die Einbaulage vor der Demontage zu fotografieren
- Motorrad so aufbocken, dass Vorderrad und Gabelholme frei beweglich sind. Wer keinen Frontständer oder eine solide Hebevorrichtung zur Verfügung hat, kann die Maschine auch über einen fest angebrachten Haken an der Werkstattdecke mit soliden Spanngurten aufhängen.
- Tank mit einem dicken Tuch abdecken, um mögliche Kratzer oder Beulen durch Werkzeug oder Bauteile zu vermeiden.

Wichtig: Vor der Demontage alle Einstellwerte und die Position in der Gabelbrücke (Überstand) notieren und ein Foto der Frontpartie anfertigen, um bei der Montage die korrekte Verlegung aller Züge, Kabel und Leitungen kontrollieren zu können.

ACHTUNG: *Gabelausbau nur bei solide unterbautem Motorrad vornehmen und wenn möglich mit Spanngurten absichern.*

Vor dem Ausbau der Gabelholme den Überstand aus der oberen Gabelbrücke messen und notieren.

Generell sollten sämtliche Bauteile in ihrer Position vor der Demontage mit Handy oder Digitalkamera fotografiert werden, um bei der Montage die korrekte Position oder Einbaurichtung parat zu haben.

Vorderrad ausbauen, dabei auf die Einbaurichtung und Position der Distanzhülsen achten. Bremszangen, Kotflügel, Befestigung der Bremsleitungen und ABS-Verkabelung, ABS-Sensor demontieren. Bremszangen nicht an den Leitungen baumeln lassen, sondern mit Draht oder Spannbändern an der unteren Gabelbrücke befestigen.

Um die kratzempfindlichen eloxierten Oberflächen von Gabelstopfen und vor allem Gewindespindel der Federvorspannung zu schonen, ist es zu empfehlen, Stecknüsse oder Ringschlüssel mit gerundetem Sechskant zu verwenden, die keinen scharfkantigen, metallischen Kontakt herstellen. Diese Stecknüsse gibt es in den gängigen Schlüsselweiten, also auch für Leichtmetall-Achsmuttern. Sind solche speziellen Stecknüsse nicht greifbar, sollten die eloxierten Stellschrauben mit dünnem Textilband abgeklebt werden.

TIPP: Stecknüsse für die Vorspannungsspindel können auch in »Heimarbeit« mit einem schonenden Kunststoff-Inlay hergestellt werden. Dazu eine Stecknuss mit zwei Millimeter größerem Sechskant, also 19 mm anstatt 17 mm, in den Schraubstock einspannen. Dann eine M10er Schraube mit 17er Mutter bestücken (Oberfläche mit MoS^2 be-

Vor dem Radausbau ABS-Sensor lösen. Bei der Raddemontage könnte dieser beschädigt werden.

Nach dem Öffnen der Gabelklemmschraube den Gabelstopfen mit gutem Werkzeug lösen.

Für große Schlüsselweiten empfehlen sich solche Spezial-Ringschlüssel aus dem Fachhandel.

Die Distanzhülsen in richtiger Position auf die Achse stecken, ein Foto kann nicht schaden.

Mit Heißkleber ausgegossene Stecknuss als Schutz für die empfindlichen Oberflächen am Gabelstopfen.

Alternativ dazu wird der Sechskant mit Klebeband umwickelt und die Stecknuss darübergestülpt.

streichen), das Gewinde zirka 5 mm durchschrauben (Platzhalter für die Zugstufenstellschraube). Die 19er Stecknuss mit gut aufgeheiztem und flüssigen Heißkleber füllen und die M10er Schraube mit 17er Kopf zentrisch in die flüssige Kunststoffmasse drücken. Das Ganze aushärten lassen, Mutter herausziehen und überstehenden Kunststoff mit dem Tapeziermesser etwa einen Millimeter über dem Bund der Stecknuss abschneiden. Den Kunststoffeinsatz ein paar Stunden aushärten lassen. Mit dieser Nuss kann jetzt die Vorspann-Spindel vorsichtig gedreht werden, ohne dass die empfindliche Eloxalschicht Schaden nimmt. Für das übliche Anzugsdrehmoment von Schrauben ist der Heißkleberkunststoff allerdings zu weich. Hierfür bedarf es hochfester Einsätze, wie sie beispielsweise von der Firma Kipp (kipp.com) in einigen Größen hergestellt werden.

Vor dem Öffnen aller Klemmschrauben der Gabelbrücke den Überstand aus den Gabelbrücken messen und notieren.

Der Verzug der Standrohre in der unteren Gabelbrücke kann mit einem Mikrometer vermessen werden.

Dazu vor und nach dem Festziehen der Gabelbrücke den Messbügel im 90-Grad-Versatz ansetzen.

Um sich ein Bild des Verzuges der Standrohre durch die Klemmungen zu machen, können die Außendurchmesser in Längs- und Querrichtung mittels Mikrometerschraube gemessen werden. Diese Messung vor und nach dem Lösen der Klemmschrauben an der unteren Gabelbrücke vornehmen.

Dann die Klemmschrauben der oberen Gabelbrücke lösen, um die Spannung am Gewinde des Gabelstopfens zu reduzieren. Erst danach den Stopfen mit einer Stecknuss lösen und die Gabelbeine komplett nach unten herausziehen. Die Stecknuss sollte mit verrundeten Kanten arbeiten und eine glatte Oberfläche besitzen, um den Aluminium-Sechskant des Gabelstopfens nicht zu beschädigen. Im Zweifelsfall wird, wie an der Gewindespindel der Vorspannung, der Sechskant mit einem Klebeband umwickelt.

Für USD-Gabeln mit Schlüsselweiten über 32 Millimeter empfehlen sich spezielle Ringschlüssel aus eloxiertem Aluminium, die der Fachhandel in den gängigen Größen anbietet.

Falsch: Um die untere Gabelbrücke etwas aufzuspreizen keinen Schraubenzieher oder Meißel verwenden. Dabei kann das Standrohr beschädigt werden.

Richtig: Ein weicher Keil aus Kunststoff oder Holz kann bedenkenlos verwendet werden, um die Klemmung aufzuspreizen und das Standrohr mit leichten Drehbewegungen aus einem Sitz zu ziehen.

Wenn diese in den Gabelbrücken klemmen, müssen die Klemmschlitze vorsichtig mit einem kleinen Kunststoffkeil aufgespreizt werden. Bitte keinen Schraubenzieher oder Meißel in die Klemmung drücken, dabei können die Oberfläche des Standrohres und die Gabelbrücken beschädigt werden.

Die Gabelholme lassen sich sehr praktisch in einer passenden Klemmfaust im Schraubstock befestigen. Dazu kann auch ein Lenkerstummel oder eine Gabelbrücke mit dem passenden Klemmmass verwendet werden – wenn solche Bauteile greifbar sind. Professionelle Klemmvorrichtungen findet man auch beim Motorrad-Werkstattausrüster ECON (www.econ-werkzeuge.de)

Andernfalls wird das Gabelbein nur am Gabelfuß in Alu- oder Kunststoffbacken gespannt.

Gabelstopfen herausdrehen und das Gabelöl kopfüber in einen ölresistenten und dichten Behälter mit Sieb ausgießen. Dabei Tauch- und Standrohr oder Dämpferstange hin und her schieben, um das restliche Öl aus dem Dämpfersystem

BEMERKUNG: Der Arbeitsschritt zum Ausbau des Festlagers ist bei USD-Gabeln mit zwei fest im Standrohr montierten Lagerbuchsen nicht erforderlich. Bei solchen Systemen können Tauch- und Standrohr nach Entfernen des Gabelstopfens einfach auseinandergezogen werden.

TIPP: Zur Reduzierung der Gleitreibung kann das hartverchromte Tauch- oder Standrohr in dem Bereich, in dem es Simmerring und Gleitbuchse berührt, poliert werden. Auf keinen Fall Standrohre mit Kohlenstoff oder Titannitrit nachträglich polieren, dabei würde die extrem dünne Beschichtung abgetragen werden.

Zum Polieren von Hartchrom-Standrohren wird eine Polierscheibe in die Standbohrmaschine oder Drehmaschine gespannt und das Standrohr von Hand in Längsrichtung poliert. Dadurch werden die microfeinen Riefen auf der radial geschliffenen Chromschicht gebrochen und geglättet.

Um die Reibung im Gabelsystem weiter zu reduzieren, ist das Polieren der Federwindungen auf der Außenseite zu empfehlen. Der Hintergrund: Die Tragfedern werden beim Eintauchen komprimiert und biegen sich leicht s-förmig durch. Dabei berühren sie die Innenwand des Tauch- oder Gleitrohres und scheuern dabei mit mehr oder weniger viel Widerstand und teilweise deutlichen Geräuschen. Speziell lange, schlanke Gabelfedern haben mit diesem Problem zu kämpfen, weshalb hochwertige Gabeln mit möglichst kurzen Federn bei großem Durchmesser ausgestattet sind.

Die polierte Außenseite reduziert Geräusche, Reibung und den Abrieb. Dazu werden die Federn von Hand mit 300er Läppleinen auf der Außenseite glattpoliert. Alternativ spannt man die Federn in die Drehbank, nimmt das andere Ende im Zentrierkonus auf, lässt sie mit geringer Geschwindigkeit laufen und führt das Schleifpapier an der Feder entlang.

Die perfekte Lösung jedoch ist das Hochglanzpolieren in einer Trommel, die mit Schleifkörpern bestückt ist, das sogenannte Gleitschleifen. So behandelt, erhalten die Gabelfedern eine rundum glänzende und edle Oberfläche.

Bei Gabeln mit einer Innenführung der Federn aus Kunststoff ist das Polieren nicht notwendig, da kein Kontakt zwischen Feder und Tauchrohr entsteht.

Vorsicht beim Abziehen der Dichtringe über die breite, eingestochene Nut der Gleitbuchsen! Hierbei können die Dichtlippen beschädigt werden. Deshalb wird vor der Montage neuer Dichtringe die scharfkantige Nut sorgfältig mit dünnem Paket-Klebeband zur Montage der empfindlichen Dichtringe abgedeckt. Darauf achten, dass die Gleitbuchsen in derselben Richtung wie vor dem Zerlegen montiert werden. Dies garantiert, dass bereits »eingefahrene« Lagerschalen bestens zum Reibpartner passen.

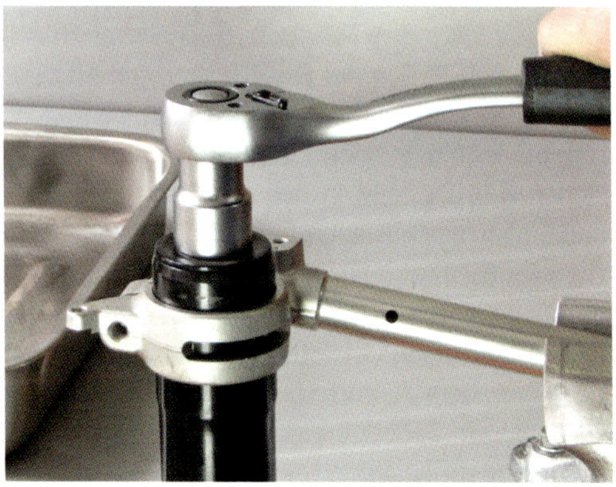

Den Gabelholm im gebrauchten Lenkerstummel festgeklemmt, lässt es sich gut arbeiten.

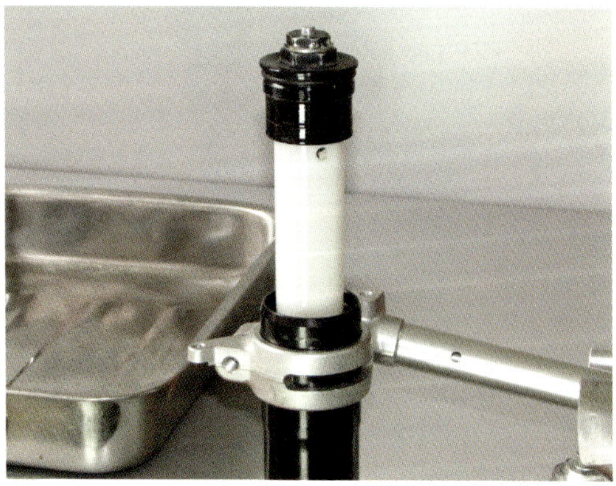

Nach dem Lösen des Gabelstopfens kommen Vorspannhülsen und Feder zum Vorschein.

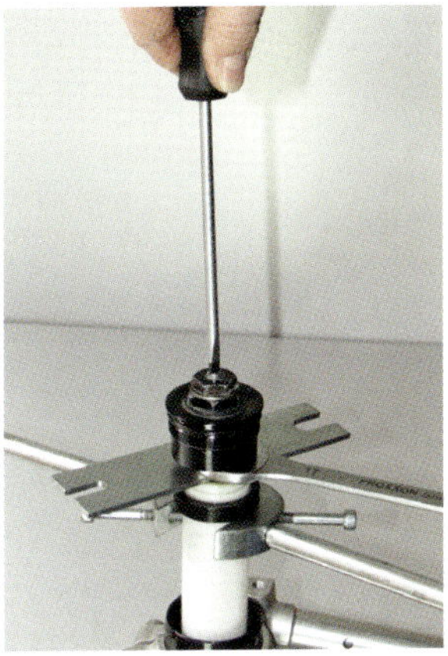

Vor dem Zerlegen der Gabel wird der Einstellbereich der Zugstufendämpfung ermittelt und notiert.

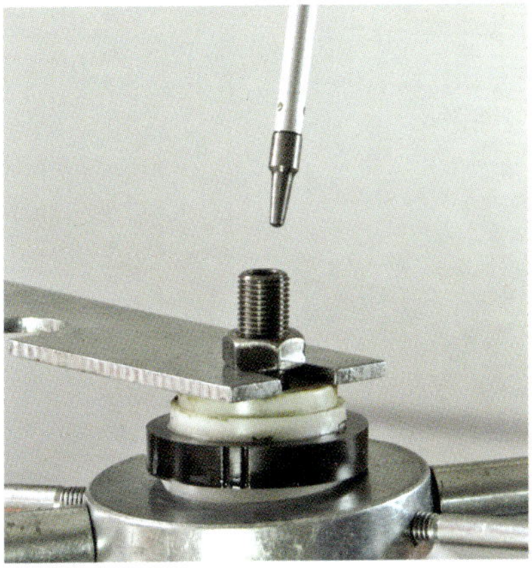

Mit Federniederhalter und dem geschlitzten Gabelblech kann der Gabelstopfen mitsamt Verstellnadel gelöst und entfernt werden.

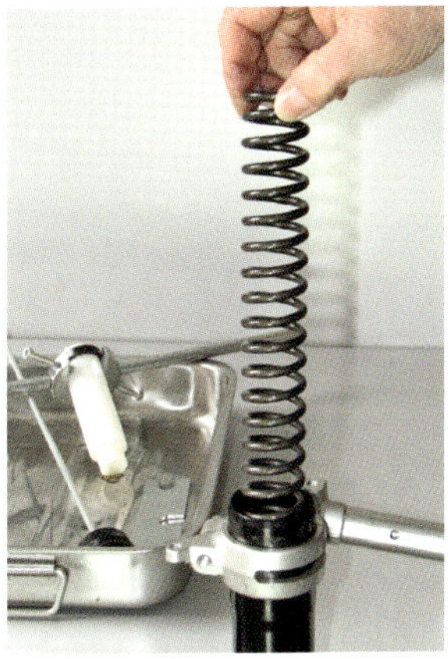

Vorspannhülse und Feder ausbauen. Dabei auf die Einbaulage der Feder achten und diese notieren.

Gabelöl vollständig entleeren, dabei immer mit Sieb am Ölbehälter arbeiten, um lose Teile aufzufangen.

Tauchrohr so weit als möglich herausziehen und erst dann den Sicherungsring unter der Staubkappe entfernen.

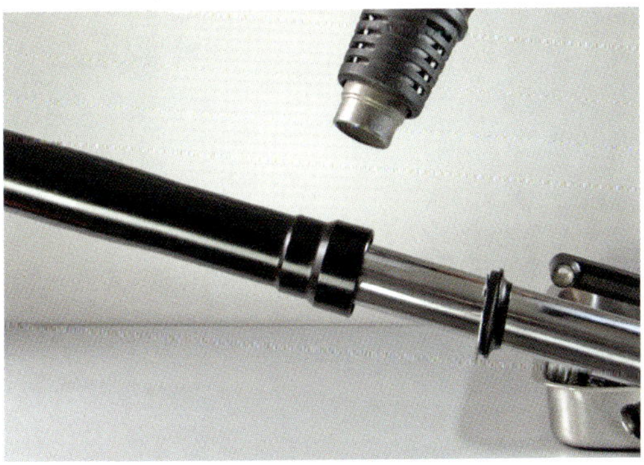

Mittels Heißluftfön den Bereich um Simmerring und Lagerbuchse auf etwa 60 Grad gleichmäßig erhitzen.

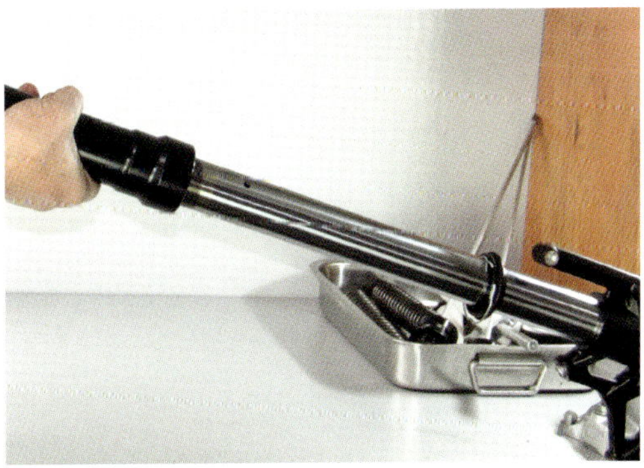

Tauchrohr am Gabelfuß in Alu-Backen einspannen und am Standrohr mit kräftigem Ruck ziehen.

Die »schwimmende« Lagerbuchse abziehen und sämtliche Bauteile in der richtigen Position auslegen.

Die Schraube am Gabelfuß lösen. Dreht sich der Cartridge-Einsatz mit, muss gegengehalten werden.

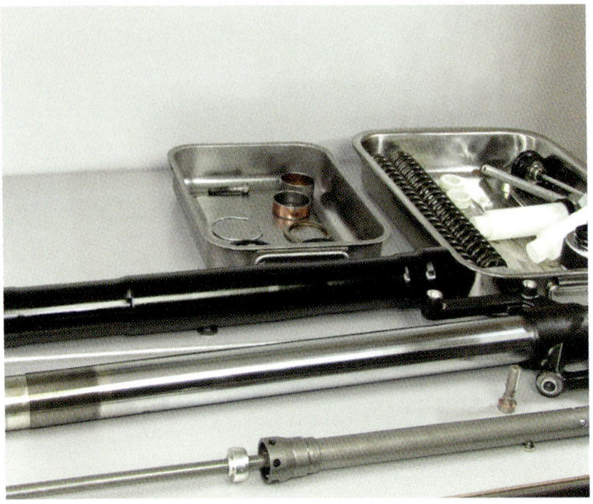

Alle Bauteile der Innereien gründlichst reinigen und auf Verschleiß und Beschädigung überprüfen.

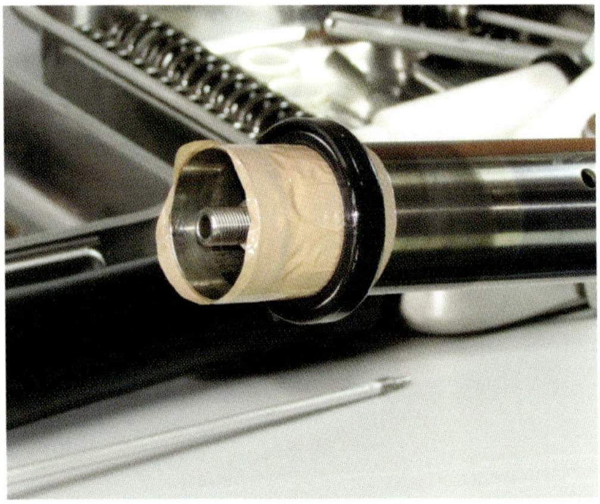

Tauchrohr entfetten, Paketband faltenfrei anbringen und Simmering vorsichtig darüberschieben.

Vor der Montage nochmals die korrekte Reihenfolge und Einbaurichtung des Simmerrings prüfen.

Mittels Eintreibwerkzeug zuerst Lager und Stahlring, und erst danach den Simmerring einpressen.

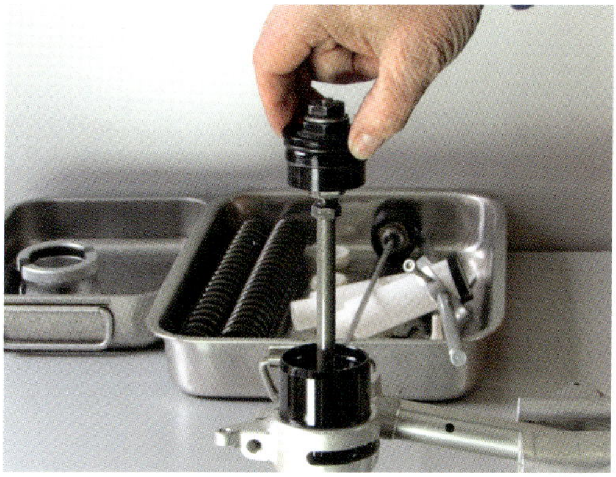

Federweg vermessen 1: Gabelstopfen mit Öl, aber ohne Feder montieren und im Standrohr verschrauben.

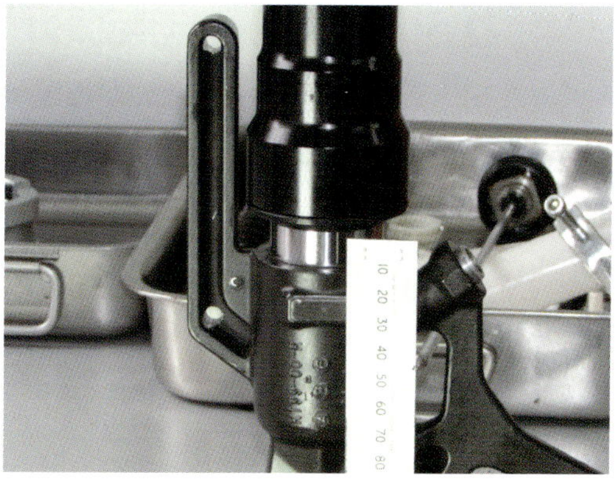

Federweg vermessen 2: Gabel bis auf den Hydrostopp einfedern und den Abstand zum Gabelfuß messen.

Gabelöl bis etwa eine Handbreit einfüllen, dann Cartridge und Gabelholme sorgfältig entlüften.

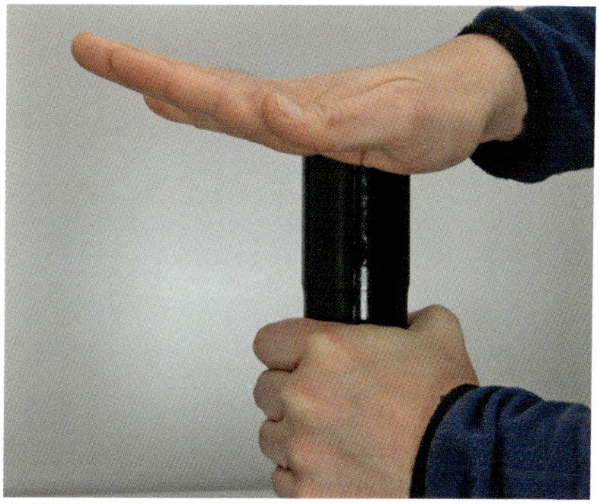

Mit der Handfläche abgedeckt, entsteht ein Überdruck, der das Entlüften beschleunigt.

Gabel und Dämpferstange komplett einfedern, und Ölstand mit einem geeigneten Metall-Messstab ermitteln.

Weit genug eingetaucht, lässt sich jetzt der Gabelölstand wie bei einem Ölmessstab ablesen.

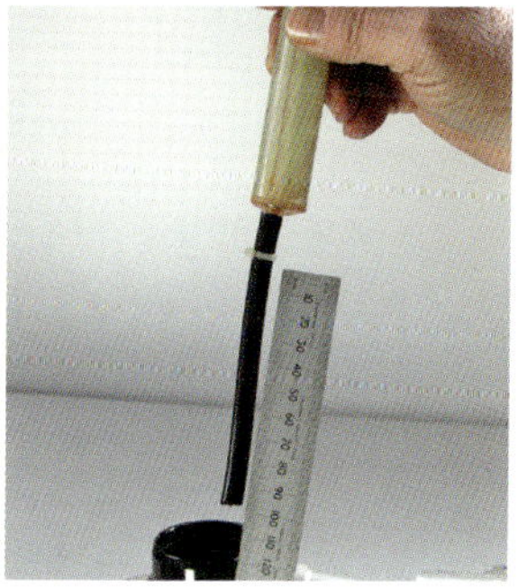

Spritze zum Absaugen mit Gummischlauch, auf dem der gewünschte Ölstand mittels Kabelbinder eingestellt wird.

In der Drehbank können die Gabelfeden bei geringer Drehzahl mit 300er Läppleinen bearbeitet werden. **ACHTUNG** *Verletzungsgefahr!*

Dabei müssen nur die Außenseite der Federwindungen poliert werden, die Kontakt zum Tauchrohr haben.

Nach dem Kontern des Gabelstopfens müssen die verfügbaren Klicks oder Umdrehungen nachgezählt werden.

Nach der Montage werden Dämpferwirkung und Funktion der beiden Gabelholme abgeglichen.

Vor der Montage in die Gabelbrücken wird der Klemmbereich gründlich entfettet.

Gabelüberstand einstellen, Klemmschrauben nach Vorgabe festziehen. Die Gabelstopfen nicht vergessen!

Um die Verformung der Gabelrohre in der Großserie auszugleichen, wird oftmals das Laufspiel, also die Differenz zwischen Innenrohr und den eingepressten Lagerschalen mit bis zu 0,45 Millimeter großzügig bemessen. Dementsprechend müssen die Simmerringe für eine zuverlässige und dauerhafte Abdichtung entsprechend vorgespannt sein.

Das relativ große Laufspiel ist wichtig, um ein möglichst reibungsarmes Federverhalten auch dann zu sichern, wenn die Gabelbeine etwa bei einer Vollbremsung bis zu 20 Millimeter durchgebogen werden. Aus diesem Grund ist davon abzuraten, das Lagerspiel durch Unterlegen von dünnen Metallstreifen oder Ähnliches zu verkleinern. Zumal sich dieses Spiel nicht oder nur minimalst auf die Verdreh- oder Biegesteifigkeit der Gabel auswirkt.

Auch die Erneuerung der Lagerschalen im Rahmen von Gabelöl- oder Simmerringwechsel sollte nur dann erfolgen, wenn die obere, graue Beschichtung durch deutlichen Verschleiß abgetragen ist. Und das ist erfahrungsgemäß erst nach weit über 50 000 Kilometer Laufleistung der Fall. Vorausgesetzt natürlich, das Gabelöl wurde in den empfohlenen Intervallen gewechselt und die Gabelinnereien dabei gründlich gereinigt.

Für möglichst wenig Reibung und ein feines Ansprechverhalten sorgen hochwertige Simmerringe, wie hier von SKF.

Vor der Montage Dichtlippen der Simmerringe mit Gabelöl, Silikonfett oder speziellem Öl zur Reduzierung der Reibung benetzen. Die Montage erfolgt in umgekehrter Reihenfolge. Dabei sind folgende Maßnahmen zu beachten: Alle Teile gründlich reinigen, mit Druckluft ausblasen. Die Schraube am Gabelende mit neuem Dichtring und Schraubensicherung einsetzen und festziehen. Beim Einpressen des Simmerrings mit einem speziellen Eintreibwerkzeug darauf achten, dass auf keinen Fall die Oberfläche des Stand- beziehungsweise Tauchrohres beschädigt wird.

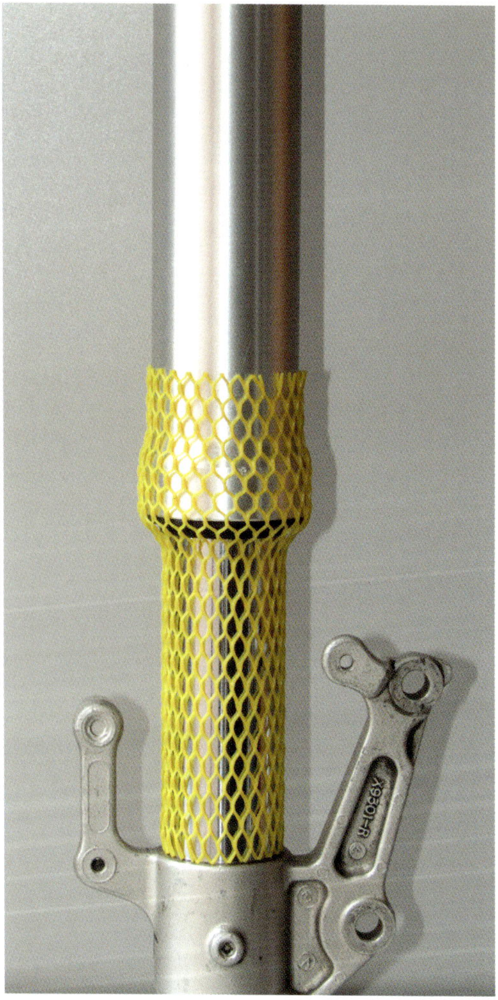

Das gelbe Plastikgewebe schützt bei Lagerung und Transport die Oberflächen der Gabelholme.

TIPP: Tauch- und Standrohr werden bei der Montage von konventionellen/RSU-Gabeln ganz zusammengeschoben. USD-Gabeln hingegen soweit als möglich herausziehen. So sind die Laufflächen, die über die Simmerringe gleiten, vor Beschädigung geschützt. Auch ein Überzug aus Plastikgeflecht vermeidet Beschädigungen der hartverchromten Oberfläche bei Lagerung und Transport.

Zum Einpressen von Lagerschale und Dichtring wird am besten ein spezielles Werkzeug aus dem Motorradfachhandel verwendet. Um bei diesem Vorgang den Simmerring nicht zu sehr zu beanspruchen, wird zuerst die Lagerschale mitsamt der großen Stahlscheibe und danach der Simmerring eingetrieben.

ACHTUNG: Auf keinen Fall die Simmerringe per Durchschlag, Schraubenzieher oder andere scharfkantige Werkzeuge in ihren Sitz treiben. Schon kleinste Macken oder Kratzer am Tauchrohr zerstören in kürzester Laufzeit die Dichtlippen der Simmerringe. Zudem kann sich der Blechunterbau des mit Kunststoff überzogenen Simmerrings durch die kleine, punktuelle Auflage des Dorns verbiegen und damit die Dichtfunktion beeinträchtigen.

Damit der Simmerring leichter in seinen Sitz schlüpft, sollte der gummierte Außendurchmesser mit Gabelöl benetzt und der Sitz mit dem Heißluftfön wieder auf zirka 60 Grad erwärmt werden. Dadurch wächst nicht nur der Durchmesser, auch die gummierte Oberfläche wird geschmeidiger.

ACHTUNG: Das Eintreibwerkzeug muss so gestaltet sein, dass die äußere Dichtlippe, auch Staublippe genannt, nicht beschädigt wird.

Drahtring einsetzen und auf rundum in der Nut eingerasteten Sicherungsring achten, und zuletzt die Staubkappe, die in jedem Fall auch erneuert werden sollte, einpressen.

Beim Einsetzen und Festschrauben der Dämpferkartusche oder des Dämpferkolbens bei einfachen Systemen sollte das Tauchrohr komplett eingefedert sein. So ist sichergestellt, dass die Bauteile zentrisch verschraubt sind und damit wenig Reibung verursachen. Zur Probe werden die Gabelbeine nach dem Einbau langsam ein und aus bewegt. Dabei müssen die Gabelbeine mit geringem Widerstand, ohne zu haken oder blockieren, über den gesamten Hub gleiten.

TIPP: Gabelöl wird auch durch eindringenden Staub oder Bremsbelagabrieb verschmutzt. Speziell im Rennsport liegen die Tauchrohre in Drehrichtung der Bremsscheiben, wodurch der Abrieb der feinen Sintermetallbeläge an die Tauchrrohre gespült wird. Deshalb gehört zur regelmäßigen Pflege der Gabel auch die gründliche Reinigung der Tauchrohre bis unter die Staubkappe, um Staub, Schmutz, Mückenreste oder den wie Schmiergelpapier wirkenden Bremsbelagstaub zu entfernen. Dazu wird jedoch kein Bremsenreiniger verwendet, sondern in bewährter Methode eine fettlösende Mischung aus lauwarmem Wasser mit einem kräftigen Schuss Spülmittel oder bei hartnäckiger Ölkruste ein MoS^2-Spray. Die Spülmittelmischung taugt ebenso zur Reinigung von Bremszangen, Federbeinen und Umlenkhebeln.

Nach dem Komplettieren der Dämpfungsteile bei eingetauchter Gabel (vorher den tatsächlichen Federweg vermessen und einstellen) frisches Gabelöl bis etwa eine Handbreit unter Standrohrkante einfüllen und durch mehrmaliges Pumpen an der Kolbenstange und am Tauchrohr das System so lange entlüften, bis ein deutlicher, durchgehender Widerstand spürbar ist. Beim Entlüften die Dämpferstange ganz eintauchen lassen und alle Dämpfungsschrauben auf »weich« einstellen, damit das Hydrauliköl mit wenig Widerstand das Dämpfersystem durchströmen kann.

Bei älteren Systemen wird das Öl oben an der Kolbenstange geregelt, dabei spritzt das Öl beim schnellen Bewegen der Dämpferstange aus der Bohrung. Dann einfach leicht den Daumen darauf halten und die Kolbenstange langsam bewegen. Der Nachteil dieser Lösung: Das Hydrauliköl fließt durch die Luftkammer nach unten und schäumt dadurch stärker auf. Bei aktuellen Systemen tritt das Öl im unteren, mit Öl befüllten Bereich aus.

TIPP: Um die Luft schnell und vollständig aus dem Dämpfersystem zu bekommen, lässt man die Dämpferstange absinken und zieht das Standrohr nach oben. Dabei hält man mit der Hand das Standrohr dicht zu und federt die Gabel mehrmals bis zum Anschlag ein. Beim Zusammenschieben wird das Standrohr ebenfalls mit der Handfläche abgedichtet. Durch den entstehenden Über- und Unterdruck wird das frische Gabelöl bis in den letzten Winkel der Dämpferkartusche und der Lagerbuchsen gepresst und die Gabel somit sorgfältig entlüftet. Danach nochmals über die Dämpferstange sicherstellen, dass die Dämpfkraft über den gesamten Hub gleichmäßig und ohne Leerweg, speziell am Umkehrpunkt, arbeitet. Dann wird der Ölstand erneut kontrolliert.

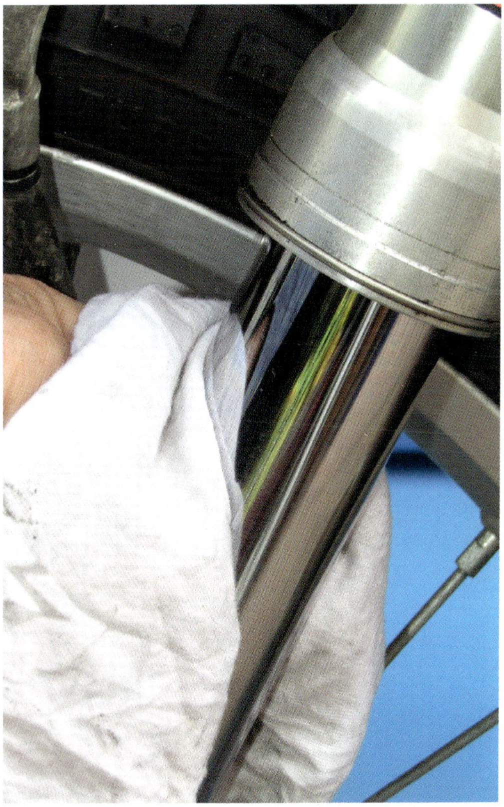

Nach dem Einbau werden die Tauchrohre gründlich gereinigt, um die Dichtigkeit der Simmerringezu prüfen.

ACHTUNG: Tauch- und Standrohr können ohne Verbindung der Kolbenstange soweit herausgezogen werden, dass Öl über den Simmering austritt. Deshalb nur den Hub des echten Federweges nutzen.

Die Ölfüllmenge wird von einigen Herstellern und

bei älteren Modellen in Kubikzentimetern angegeben. Da jedoch beim Wechsel ein gewisser Anteil an Restöl zurückbleibt, sind diese Angaben für eine perfekte Abstimmung nicht geeignet. Das entscheidende Maß ist nicht die Füllmenge, sondern immer die Füllhöhe, also das Luftpolster. Dieses Luftpolster, das zwischen Gabelöl und Gabelstopfen entsteht, ist eine weitere Möglichkeit, die Federung und Progression in der Telegabel zu beeinflussen. Das Luftpolster wird beim Einfedern komprimiert und erzeugt einen Druck, der die Gabelfedern unterstützt. Je kleiner dieses Luftpolster gewählt wird, desto größer ist die Federwirkung und umgekehrt. Da ein Luftpolster progressiv wirkt, steigt die Federwirkung des Luftpolsters gegen Ende des Federwegs deutlich an.

Das Luftpolster ist abhängig vom Standrohrdurchmesser, dem Federweg, dem Volumen von Feder und Hülsen und der gewünschten Progression. In der angeführten Tabelle sind die Minimal- und Maximalwerte für konventionelle Gabeln (RSU) und Upside-Down-Gabeln (USD) für Straßenmaschinen mit einem Federweg von maximal 130 mm aufgeführt. Grundsätzlich wird das Maß bei maximalem tatsächlichen Federweg ohne Feder und Vorspannhülsen, gemessen. Ausnahmen sind Gabelhersteller, die das Luftpolster in ganz ausgefedertem Zustand definieren. In der Praxis besteht dieser Wert aus dem Luftpolster plus dem Hub des Federwegs.

Die Werte können je nach Wunsch stufenlos zwischen den Maximal- und Minimalangaben variiert werden. Das Luftpolster in beiden Gabelholmen sollte gleich groß sein. Zur Überprüfung des Ölstandes muss das Dämpfungssystem vollständig entlüftet und die Kolbenstange vollständig eingetaucht sein.

Bei einer eingebauten und damit schräg gestellten Gabel ergibt sich ein Unterschied beim Messen der Füllhöhe. Wird der Ölstand im vorderen Bereich des Standrohres gemessen, ist das Luftpolster größer, im hinteren Bereich kleiner. Exakte Messungen werden aus beiden Werten gemittelt. In jedem Fall müssen Füllhöhe links und rechts am gleichen Messpunkt des Standrohres ausgeführt werden.

Das so ermittelte Luftpolster steigt an, wenn die Federn und Hülsen eingesetzt werden, denn deren Volumen verdrängen das Öl, der tatsächliche Ölstand erhöht sich. Bei der Verwendung kurzer Federn mit zusätzlichen dünnwandigen Hülsen steigt der Ölstand und damit die Federkraft des Luftpolsters etwas weniger an als beim Einbau langer oder eng gewickelter Federn ohne dickwandige Vorspannhülsen. Zudem ist das Verhältnis von Federstahlvolumen zu Luftpolstervolumen bei kleinen Gabeldurchmessern größer als bei Telegabeln mit einem großen Durchmesser der Standrohre.

ACHTUNG: Ein zu hoher Ölstand kann dazu führen, dass die Gabel beim Eintauchen noch vor dem Erreichen des maximalen Federwegs das Luftpolster vollständig aufbraucht und dann auf der nicht komprimierbaren Ölfüllung abblockt.

Ist die Dämpfungskartusche vollständig entlüftet,

Solche Entlüftungsschrauben sind an Enduro-Gabeln üblich, um einen möglichen Überdruck abzulassen.

Das Luftpolster in Verbindung mit den jeweiligen Durchmessern von Stand- und Tauchrohren

konventionelle Gabel

Ø	weich	mittel	hart
35 mm	180 mm	160 mm	140 mm
38 mm	180 mm	160 mm	140 mm
40 mm	160 mm	130 mm	110 mm
41 mm	160 mm	130 mm	110 mm
43 mm	140 mm	110 mm	90 mm
46 mm	140 mm	110 mm	80 mm
48 mm	130 mm	100 mm	80 mm
50 mm	130 mm	100 mm	70 mm

Upside-Down-Telegabel

Ø	weich	mittel	hart
41 mm	160 mm	140 mm	110 mm
43 mm	140 mm	110 mm	90 mm
46 mm	140 mm	110 mm	80 mm
48 mm	130 mm	100 mm	80 mm
50 mm	130 mm	100 mm	70 mm

wird der Gabelölstand auf den gewünschten Wert korrigiert und dazu Gabelölviskosität und Ölstand (z.B. 7,5/130 mm) mit einem benzin- und wasserfesten Marker auf den Gabelholmen oder Gabelbrücken vermerkt. Ist zuviel Öl eingefüllt, wird es mit einer kleinen Spritze und aufgestecktem Benzinschlauch abgesaugt.

Um das Schlauchstück an der Spritze einen Kabelbinder zurren und diesen so verschieben, dass das überstehende Schlauchende exakt der Höhe des gewünschten Luftpolsters entspricht. Dann Kabelbinder auf die Standrohrkante auflegen und absaugen – fertig.

Speziell bei Enduros mit langen Federwegen und entsprechend hohen Federgeschwindigkeiten, kann die Gabel beim schnellen Ausfedern über die Simmerringe Luft ziehen. Dieser Luftüberschuss baut sich über dem Öl zu einem Überdruck auf. Aus diesem Grund sind viele Offroad-Gabeln mit einer M4- oder M5-Schraube ausgestattet, über die beim Öffnen der Überdruck in ganz ausgefedertem Zustand auf null bar korrigiert werden kann. Dieses unerwünschte Aufpumpen, kann auch bei Gabeln im Straßenbetrieb vorkommen. Sollte sich die Front aus unerklärlichen Gründen im Lauf der Zeit verhärten, kann es durchaus an einem Überdruck liegen. Um diesen abzubauen, müssen die Gabelstopfen in völlig entlastetem Zustand soweit geöffnet werden, bis das Gewinde unter den O-Ringen sichtbar wird, und die Luft entweichen kann. Die Gabelstopfen müssen auch in komplett entlastetem Zustand wieder montiert werden, da sonst ein Unterdruck in der Gabel entstehen würde. Die Gabel wäre dann zu weich. Spezielle Schnellentlüfter-Ventile aus dem Motocross-Sport erleichtern das Nullsetzen des Luftdrucks enorm.

TIPP: Zudem kann über ein solches Ventil die Wirkung der »Luftfeder« schnell überprüft und verändert werden, indem man die Gabel ohne Belastung durch den Fahrer einsacken und dann in diesem N1-Zustand die Luft entweichen lässt. Dadurch wird der Druck bei maximalem Federweg ähnlich wie bei einem vergrößerten Luftpolster abgesenkt und damit die Progression verringert. Dieser Test taugt jedoch nur für eine kurze Strecke, da sich beim kompletten Ausfedern der Gabel ein Unterdruck aufbaut, der über die Simmerringe eventuell Luft nachzieht.

TIPP: Als kleine Hilfe zur Abstimmung streifen Sie vor der Montage der Gabel in die Brücken noch zwei O-Ringe über das Tauch- oder Standrohr, deren Durchmesser etwa 5 Millimeter kleiner ist. Sie dienen dazu, den im Fahrbetrieb tatsächlich genutzten Federweg abzulesen. Verwenden sie dazu nur UV-Licht-beständige, hochwertige O-Ringe. Die billigen Baumarkt-Gummis lösen sich oftmals mit poröser Oberfläche schnell auf und reißen.

Messen und notieren Sie unbedingt den maximalen Federweg mit und ohne hydraulischen Endanschlag. Drücken Sie dazu die Gabel ohne Feder, jedoch mit kompletter Ölfüllung und eingeschraubtem Abschlussstopfen zusammen. Etwa 15 bis 20 Millimeter vor dem mechanischen Endanschlag stellt sich ein zäher Widerstand ein: der hydraulische Anschlag, kurz Hydro-Stopp. Dann wird die Gabel komplett eingefedert und der tatsächliche komplette Federweg (Stahl-auf-Stahl) gemessen und notiert. Danach Gabelstopfen wieder demontieren und Feder einsetzen.

Um Feder und Hülsen ohne großes Gefummel über die Kolbenstange fädeln zu können, verwendet man eine Stange mit passendem Innengewinde. Diese ist im Fachhandel erhältlich oder sie wird aus einem ausreichend langen Motorbolzen zurechtgemacht, auf dessen Gewinde eine lange Mutter mit passender Gewindesteigung (meist m 10 x 1,0 oder 1,25 Steigung) aufgeschraubt und verklebt wird.

Zur Not stülpt man ein stramm sitzendes, zirka 20 cm langes Schlauchstück über das Gewinde, um die Kolbenstange damit hochzuziehen.
ACHTUNG: Bei einigen Federn ist der Durchmesser so angelegt, dass die Hülse satt geführt ist. Deshalb vor der Federmontage auf die Einbaurichtung von Feder und Vorspannhülse achten.

Mit einem Spezialwerkzeug, dem Federniederhalter, wird die Schraubenfeder über der Vorspannhülse zusammengepresst. Dann schiebt man ein geschlitztes Gabelblech unter die Kontermutter, womit Gabelstopfen und Vorspannmechanik leicht zu demontieren sind.

Nun den Gabelstopfen, bei dem vorher die Einstellschraube der Zugstufendämpfung auf »maximal« gedreht wurde, auf die Dämpferstange schrauben, bis ein deutlicher Widerstand spürbar wird und sich die Dämpferstange mitdreht. Kontermutter anlegen und den Verstellbereich der Zugstufen-Klicks überprüfen. Stimmen diese Klicks mit der Serieneinstellung überein, Kontermutter nach Drehmomentvorgabe festziehen, Gabelblech entfernen und Gabelstopfen vorsichtig und im rechten Winkel in den ersten Gewindegang der Standrohre vorsichtig einschrauben und leicht anziehen. Darauf achten, dass sich an dem Aluminium-Gewinde keine kleinen Späne ausbilden, die dann ins Hydrauliköl gelangen könnten. Deshalb die Gabelstopfen vorher gründlich reinigen.
ACHTUNG: Festziehen im eingebauten Zustand nicht vergessen.
Nach dem Komplettieren die Gabelholme durch kräftiges Zusammendrücken auf Grundfunktion prüfen. Beide Gabelholme müssen bei gleicher Einstellung auch gleiche Dämpfungscharakteristik aufweisen. Prüfen Sie dies über den gesamten Verstellbereich. Drücken Sie immer mit gleicher Kraft. Vergleichen Sie direkt linken und rechten Holm in Bezug auf Dämpfungswiderstand und Ansprechverhalten. Stellen Sie vor der Montage an beiden Holmen Federvorspannung und Dämpfung nach dem Handbuch oder einer mittleren Position ein. Bei Split-Gabeln arbeiten die Gabelholme je nach Funktion komplett gegensätzlich. Der Zugstufenholm muss die Ausfedergeschwindigkeit regulieren, der Druckstufenholm baut beim Einfedern einen hydraulischen Widerstand auf.

EINBAU VON GABEL UND VORDERRAD

Vor dem Einsetzen in die Gabelbrücken sollten die Standrohre im Bereich der Klemmungen mit Bremsenreiniger entfettet werden, um eine möglichst gute Verzahnung der Oberflächen und damit eine hohe Verdrehsteifigkeit zu erreichen. Die Gabel wird mit einer leichten Drehbewegung auf den gewünschten Überstand und die symmetrische Position der Gabelstopfen (Beschriftung, Stell- und Entlüftungsschrauben) eingestellt.

Beim Einbauen oder Verschieben von Upside-Down-Standrohren die Klemmschrauben der unteren Gabelbrücke unbedingt nach Herstellerangaben mit dem Drehmomentschlüssel anziehen. Werden sie zu fest angezogen, verspannt sich das Standrohr oval, die Gabelführung klemmt, Ansprechverhalten und Funktion verschlechtern sich.

Je nach Qualität der Bearbeitung der Klemmfäuste können die Aluminium-Standrohre dramatisch verformt werden. Diese Verformung lässt sich von außen mit Hilfe einer Mikrometer-Schraube messen. Dazu wird vor dem Verspannen zuerst der Außendurchmesser im Klemmbereich in Längs- wie in Querrichtung gemessen. Danach werden die Klemmschrauben mit dem korrekten Anzugsdrehmoment festgezogen und der Außendurchmesser an exakt den gleichen Messpunkten nochmals abgeglichen. An unserem Beispiel einer Kayaba-Ga-

Achs-Festseite: Hier wird die Radachse mitsamt Distanzhülsen fest an den Gabelfuß gezogen.

Achs-Klemmseite: Nach dem Anziehen der Achse Gabel durchfedern und Klemmung festziehen.

Bremszange ohne Passhülse. Bei der Montage Bremsdruck anlegen, um die Zange auszurichten.

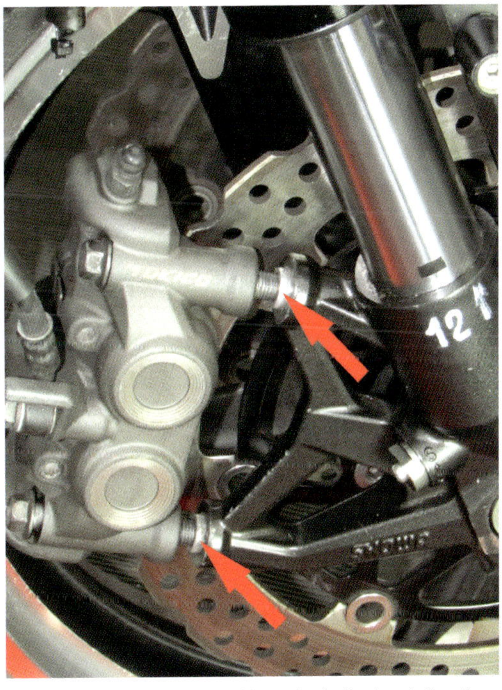

Bremszange mit Passhülsen (rot): Dadurch ist die Bremszange parallel zur Bremsscheibe fixiert.

bel lag die Ovalität mit 12 Nm bei 2/100 mm bei 20 Nm aber bereits bei 5/100 mm.

Unsere Empfehlung: Für Upside-Down-Gabeln mit zwei und mehr Klemmschrauben an der unteren Gabelbrücke, egal welchen Durchmessers, nicht mehr als 12 bis 14 Nm Drehmoment Anzugsmoment anwenden.

Die obere Brücke nach Handbuch oder maximal 18 bis 20 Nm Drehmoment anziehen, vorher jedoch die Gabelstopfen nachziehen.

Das Anzugsdrehmoment sollte in zwei Schritten angelegt werden. Schritt eins mit 10 Nm, Schritt zwei dann mit dem endgültigen Anzugswert.

Rad, Bremszangen und Schutzblech montieren, Federfunktion und Freigängigkeit der Lenkung in beide Richtungen im Stand überprüfen. Sind alle Züge und Kabel richtig verlegt? Dazu den Lenker vollständig nach rechts und links einschlagen und auf absolute Freigängigkeit von Zügen und Leitungen achten.

Bei radial verschraubten Bremszangen, die ohne Fixierhülsen und mit entsprechendem Spiel montiert werden, sollten die Befestigungsschrauben zuerst nur leicht angelegt, dann der Bremshebel mit hoher Kraft gezogen werden und gezogen bleiben (mit Gummiband fixieren). Erst jetzt werden die Befestigungsschrauben mit dem vorgesehenen Drehmoment angezogen. Durch diesen Trick richten sich Beläge und Bremszangen akkurat im rechten Winkel zur Bremsscheibe aus. Bei Bremszangen mit Passhülsen ist dieser Vorgang nicht nötig.

Die Grundeinstellung der Gabel nach Anleitung vornehmen und Probe fahren. Nach der Probefahrt nochmalige Kontrolle aller Schraubverbindungen.

TIPP: Um ein Verspannen der Gabelholme zu vermeiden, darf die Achsklemmung auf der gegenüber der Achsmutter (Festseite) liegenden Seite (Klemmseite) erst dann festgezogen werden, nachdem die Gabel wiederholte Male kraftvoll gegen ein stabiles Hindernis durchgefedert wurde. Dabei richten sich die Gabelholme parallel aus, wodurch die Gabel sensibler anspricht und weniger verschleißt. Also zuerst Radachse mit dem korrekten Drehmoment festziehen. Dreht sich die Achse mit, muss die Achse mit passendem Schlüssel angehalten werden. Achse festziehen, danach Gabel bei geöffneten Klemmschrauben auf der Klemmseite mehrmals durchfedern, und danach alle Schrauben festziehen. Auch hier auf das korrekte Drehmoment achten, da bei filigran gearbeiteten Klemmfäusten die Gefahr eines Bruches bei einem zu hohen Anzugsmoment besteht.

ÖLWECHSELINTERVALLE, VISKOSITÄT UND QUALITÄT:

Bei der Verwendung hochwertiger Gabelöle in modernen Motorrädern genügt ein Wechsel des Gabelöls alle 15 000 bis 20 000 Kilometer oder spätestens alle zwei Jahre. Beim Einsatz auf der Rennstrecke sollte das Öl vor jeder Saison erneuert und die Gabelbauteile zerlegt und gereinigt werden. Dasselbe gilt für ein Federbein im Rennbetrieb. Wobei der Ölwechsel auch immer mit einer kompletten Zerlegung und Kontrolle einhergehen sollte, auch um möglichen Abrieb aus dem Dämpfersystem zu entfernen. Speziell beim erstmaligen Zerlegen kann sich ein regelrechter Ölschlamm im Bereich des Druckstufenventiles am Boden abgesetzt haben. Diese klebrige Emulsion aus Öl und Abrieb, speziell von den Aluminiumoberflächen, kann die Funktion der Dämpfung beeinträchtigen. Deshalb sollten Telegabeln, die im Sport eingesetzt werden, egal ob Straße oder Gelände, beim ersten Ölwechsel komplett zerlegt und gereinigt werden.

Mehr als das jährliche Wartungsintervall ist für den Amateur-Rennfahrer nicht sinnvoll. Bei den Profis hingegen werden meist für jede Strecke neue Settings beziehungsweise fertig abgestimmte Dämpfer eingesetzt oder die Shims auf Dichtigkeit überprüft und bei Verformung erneuert.

Das Dämpferöl auf der Rennstrecke wird in der Regel weniger beansprucht als auf der Landstraße. Warum? Weil die Federbewegungen, und damit der Abrieb, im Rennbetrieb auf relativ ebenem Asphalt und mit weniger genutztem Federhub geringer ausfallen als bei einem Motorrad ,das mit voller Zuladung über wellige Landstraßen brettert, ständig den vollen Federweg nutzt, und das Öl mit aller Kraft durch die Shims gepresst

Fällt die Grunddämpfung der Gabel zu weich oder zu hart aus, hilft die Verwendung einer anderen Ölviskosität.

wird. Auch die mechanische Beanspruchung, also die Reibung in der Gabel, ist bei einem 450 Kilo schweren Tourendampfer deutlich größer als bei einem 180 Kilogramm leichten Rennmotorrad, das nur beim Bremsen eine hohe Seitenkraft in der Telegabel aufbaut. Ausnahme: Rennstrecken, auf denen häufig über die Curbs geräubert und dabei die Gabel extrem beansprucht wird.

Das Argument, dass ein Rennmotorrad extreme Schräglagen fährt und hohe g-Kräfte am Fahrwerk zerren, ist deshalb haltlos, weil dabei nicht das Federbein, sondern Schwinge und Rahmen beansprucht werden. Ganz anders sieht das beim Motocross aus, wo die Stoßdämpfer durch extrem lange und schnelle Federbewegungen bis auf über 150 Grad Öltemperatur erhitzt werden und die Telegabeln bei Sprüngen und Wellblechpisten extremen Biegebelastungen ausgesetzt sind.

Die Wahl der Viskosität sollte sich in erster Linie nach den Angaben des Fahrzeugherstellers richten. Beim Umbau auf andere Gabelfedern oder überarbeitete Dämpfersysteme sollte das Öl der empfohlenen Viskosität benutzt werden. Bei der Optimierung der Dämpfung durch ein anderes Gabelöl empfiehlt es sich, nur hochwertige Öle zu verwenden. Billige Produkte von der Tankstelle erfüllen nicht die hohen Anforderungen an eine konstante Dämpferwirkung. Es kann zum Aufschäumen des Öls kommen. Zudem erhöht sich der Verschleiß der Lagerstellen und Simmerringe. Am besten, Sie verwenden nur Öle, die auch die Hersteller von Fahrwerkskomponenten benutzen und empfehlen. Dort finden Sie auch Viskositäten in kleinen Abstufungen.

Ein Mischen unterschiedlicher Ölviskositäten, also eine 15er Viskosität aus einem 20er und einem 10er Öl zu mischen, ist nicht möglich, da die Beimischung der Additive und Inhaltsstoffe nicht »linear« erfolgt. Deshalb stets nur eine Viskosität verwenden.

In der Gabel sollte ein Öl mit mindestens SAE 5 oder höher verwendet werden. Öle mit SAE 2,5 bauen bei hohen Kräften an den Lagerstellen keinen zuverlässigen Schmierfilm auf und können den Verschleiß erhöhen.

MONTAGE UND WARTUNG VON FEDERBEIN UND UMLENKUNG

Bei Umbauarbeiten an der hinteren Federung gibt es gleich zu Anfang ein mittelschweres Problem zu lösen: Das Entlasten der Hinterradschwinge. Profis verwenden dazu einen Montageständer, der am Rahmen ansetzt, oder sie hängen das Motorrad über einen kräftigen Gurt an der Werkstattdecke auf.

Für den einmaligen Umbau geht es auch einfacher. Das Motorrad wird über den Seitenständer nach links gekippt und durch einen soliden Unterbau am Rahmen, den Fußrasten oder am Auspufftopf abgestützt, so dass das Hinterrad komplett entlastet wird. Zur Sicherheit wird die Vorderradbremse mittels Gummiband blockiert und der Lenker nach links eingeschlagen.

Erste Prüfung: Das Hinterrad wird in entlastetem Zustand auf und ab bewegt. Dabei sollte kein oder nur ein minimales Spiel auszumachen sein. Lässt sich die Schwinge mit lautem Klackgeräusch mehr als einen Millimeter frei nach oben und unten bewegen, wird durch einen angelegten Finger jede Lagerstelle auf Höhenspiel überprüft. Oft ist dieses Höhenspiel an der Hinterachse die Summe aus mehreren Nadellagern mit radialem Spiel. Dann helfen nur speziell angefertigte Übermaß-Innenringe, wie sie Fahrwerks-Guru Emil Schwarz anfertigt (www.emilschwarz.de), weiter. Spiel in der Umlenkung/Federbein kann zum unkontrollierten Springen der Räder bei Schlaglöchern führen. Sportmotorräder reagieren mit solchem Spiel empfindlich auf Chattering, das sind lästige Vibrationen beim Einlenken und in Schräglage, speziell bei der Verwendung von Rennsportreifen oder Slicks.

Nach dieser ersten Prüfung werden die Muttern und Bolzen am Federbein und der Umlenkung entfernt. Sitzen diese fest, können sie mit einem Alu-Dorn ausgetrieben werden. Bitte keinen Durchschlag aus Stahl verwenden, um die Feingewinde der Bolzen nicht zu beschädigen.

Federbeine können je nach Lage schnell und einfach nach oben oder unten entfernt werden. Gelegentlich ist es jedoch notwendig, die kompletten Umlenkhebel zu entfernen, um das Federbein nach unten durch die Schwinge hindurch zu fädeln.

Beim Ausbau der Umlenkhebel die Bauteile vor der Demontage mit Seite und Einbaurichtung ölfest markieren. Oftmals lassen sich die Dreiecksplatten auch in der falschen Richtung montieren, wodurch sich natürlich die Funktion dramatisch verschlechtern würde. Bevor die Umlenkhebel ausgebaut werden, sollten neben der Einbaulage auch die jeweils dazugehörigen Bolzen skizziert und markiert werden, da diese oftmals in ihrer Länge etwas variieren.

Bei Federbeinen mit einer hydraulischen Vorspannung, muss diese am Rahmen abgeschraubt und die Leitung, ohne zu knicken, dem Federbein hinterher geschoben werden. Bei Nachrüst-Federbeinen sollten auf jeden Fall die Breite der Befestigungsaugen, die Einbaulänge und die vorgespannte Länge der Feder kontrolliert werden. Um die Einbaulänge mit montierter Feder zu messen, können anstatt eines teuren Spezialwerkzeuges auch passende Schrauben auf der Drehbank so zurechtgemacht werden, dass eine kleine Spitze im Zentrum übersteht. Diese Schrauben werden in die Federbeinaugen gesteckt, auf gleiche Höhe gebracht, und dann der Abstand der zentrischen Spitzen mit dem Zollstock vermessen.

Zur Überprüfung der Federbein-Funktion muss die Feder abgenommen werden. In jedem Fall muss vor der Demontage die vorgespannte Federlänge vermessen und notiert werden. Die Vorspannung anhand von freien Gewindegängen abzulesen, ist zu ungenau, was zählt, ist die auch in den Federbeindaten angegebene vorgespannte Länge beziehungsweise die Vorspannung in Millimeter gegenüber der freien Länge.

Bei manchen Typen lässt sich die Vorspannung mittels Hakenschlüssel soweit herunterdrehen, dass sich der geschlitzte Federteller herausziehen und die Feder problemlos entfernen lässt. Oft ist für diesen Arbeitsschritt jedoch eine Federpresse erforderlich. Dann hilft nur der Gang zum Spezialisten oder in die gut ausgestattete Motorradwerkstatt. Vor Versuchen, die Feder mit Montierhebel oder Schraubenzieher zu entfernen, sei gewarnt. Durch die enorme Federkraft kann es zu schweren Verletzungen kommen.

Zum Federbein-Ausbau kann das Motorrad an den rahmenfesten Fußrastenplatten abgestützt werden.

Oftmals gestaltet sich der Ausbau etwas kompliziert und erfordert die Teildemontage der Umlenkhebel.

Eine Markierung der Einbaurichtung der Dreiecksplatten kann nicht schaden, ein Handyfoto auch nicht.

In ausgebautem Zustand lässt sich die Länge der vorgespannten Feder einfach messen und einstellen.

Durch die exponierte Einbaulage von Federbein und Umlenkung sind diese meist extrem verschmutzt oder korrodiert. Zur äußerlichen Reinigung empfiehlt sich die oben bereits erwähnte Wasser/Spülmittel-Emulsion, die auch verkrusteten Schmutz auflöst.

Nicht nur bei Offroad-Motorrädern sollte der meist eingepresste Anschlagdeckel zwischen Dämpferzylinder und Anschlagpuffer vorsichtig entfernt und der darunter angesammelte Schmutz mit der Emulsion entfernt und mit Druckluft ausgeblasen werden. Bitte keine Drahtbürste oder scharfkantigen Werkzeuge benutzen, damit der Staubdichtring nicht beschädigt wird.

Ist die Kolbenstange des Stoßdämpfers riefig oder ölverschmiert, sind meist die Dichtringe mitsamt Führungen verschlissen, was eine Reparatur oder den Austausch gegen ein Nachrüstfederbein notwendig macht. Mit Reparatur-Kits und kompletten Abschlussstopfen und Dichtringen lassen sich die meisten Federbeine kostengünstig auf Vordermann bringen. Diese Arbeiten sollten jedoch den Spezialisten überlassen werden, für die mit Spezialwerkzeug und der nötigen Erfahrung ausgerüstet, auch eine individuell angepasste Dämpferabstimmung kein Problem ist.

Bei der nächsten Prüfung wird die Kolbenstange gegen den Druck des Gaspolsters im Federbein in den Dämpfer geschoben. Dabei muss ein gleich-

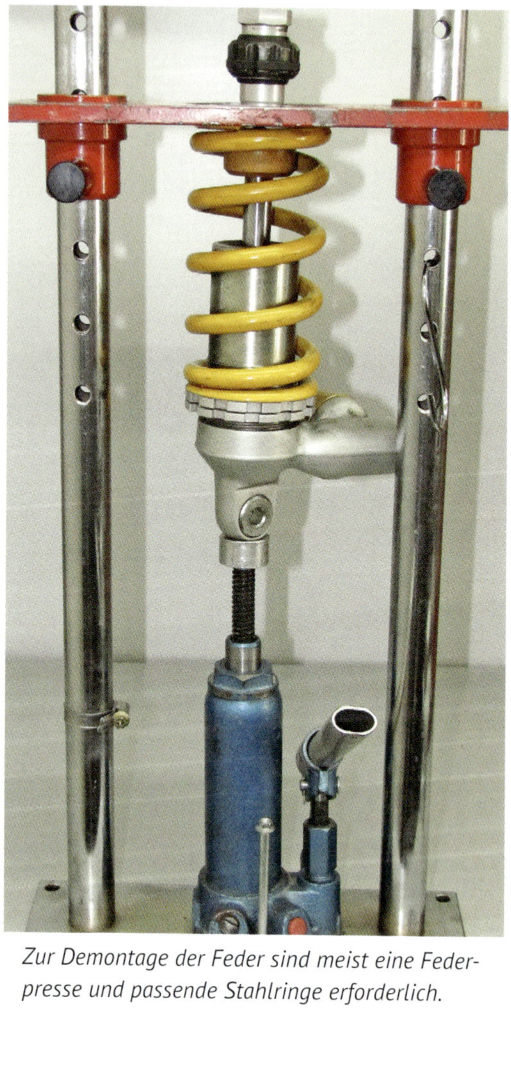

Zur Demontage der Feder sind meist eine Federpresse und passende Stahlringe erforderlich.

Mit einem rückfettenden MoS²- Spray lassen sich hartnäckiger Schmutz und Ablagerungen einfach entfernen.

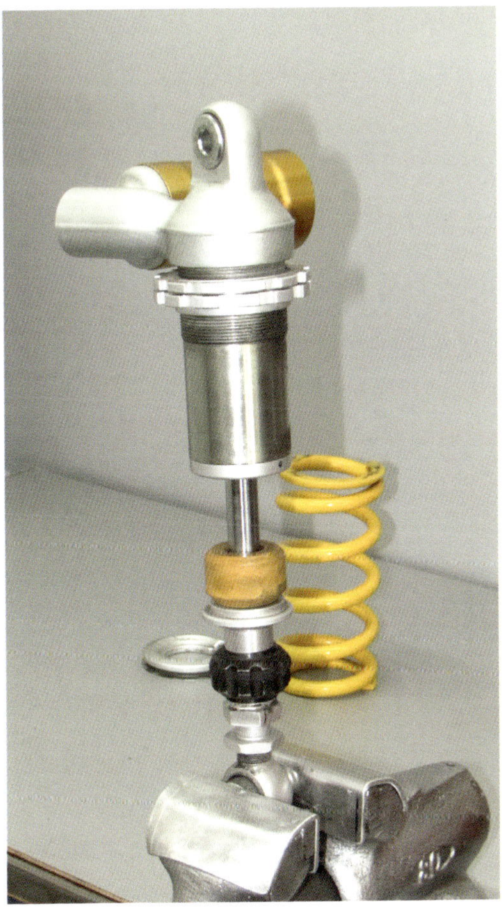

Funktionsprüfung durch Zusammendrücken und ausfedern lassen in allen Dämpfer-Einstellstufen.

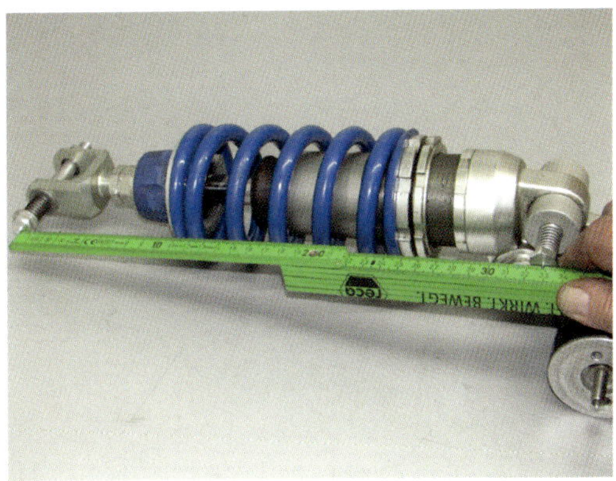

Die Einbaulänge kann durch eingesetzte lange Schrauben mit spitzem Zentrum gemessen werden.

mäßiger, cremig/hydraulischer Widerstand bis zum Umkehrpunkt zu spüren sein. Es darf auf keinen Fall zu kurzen, ruckartigen Bewegungen mit schlürfenden Geräuschen der Dämpfung kommen, was auf Luft im System schließen lässt.

Beim »Ausfedern« muss sich die Dämpferstange durch den Gasdruck selbsttätig langsam und gleichmäßig bis zum Anschlag aus dem Dämpferzylinder herausschieben. Dieser Vorgang kann mit unterschiedlichen Einstellungen der Dämpferschrauben wiederholt werden, wenn vorher die Grundeinstellung notiert wurde. Dabei wird man bei funktionierenden Einstellmöglichkeiten deutliche Unterschiede in der Druck- und Zugstufen-Dämpfkraft feststellen.

Gewindespindeln zur Veränderung der Fahrhöhe dürfen nicht weiter als bis zur Nut verlängert werden.

ACHTUNG: Diese Prüfungen lassen sich nur bei Zentralfederbeinen mit Gasdruckpolster durchführen.

Diese Prüfung sicherheitshalber in zwei Richtungen, also einmal Dämpferzylinder oben, einmal unten, durchführen, um sicherzugehen, dass sich keine Luftblase im Zylinder »versteckt« hat.

Gibt es an der Funktion des Dämpfers nichts auszusetzen, werden alle Bauteile in umgekehrter Reihenfolge montiert und Federbeinlänge und die Federvorspannung auf das gewünschte Maß eingestellt.

ACHTUNG: Bei einer Längenverstellung mittels Gewindespindel am Federbeinauge darf die maximale Länge nicht über die am Gewinde eingedrehte Nut eingestellt werden.

Beim Einbau des Dämpfers darauf achten, dass die Zugstufeneinstellung am Gabelfuß auf der richtigen, zugänglichen Seite liegt. Wenn nicht, einfach den Gabelfuß mit einem passenden Dorn oder Schraubenschlüssel um 180 Grad verdrehen. Keine Sorge, dabei wird weder die Dämpfereinstellung, noch die Federbasis verstellt.

Bei der Reinigung von Schwinge und Umlenkbauteilen kann ebenso mit der Spülmittelmischung oder MoS^2-Spray gearbeitet werden. Dabei müssen die Lagerinnenringe jedoch in den Simmerringen verbleiben, da sonst feine Schmutzpartikel in die Nadellager eindringen.

Nach der äußerlichen Reinigung werden die Lagerinnenringe entfernt, gereinigt und anschließend mit einer frischen Fettpackung wieder montiert.

Vor der Montage werden alle Bolzen am Schaft leicht gefettet, eingesetzt und Muttern ohne Sicherungsring mit flüssiger Schraubensicherung eingestrichen und angesetzt, aber noch nicht angezogen. Dann wird das Motorrad von der Abstützung genommen, sodass es auf den Rädern steht, und alle Muttern und Bolzen im belasteten Zustand nach den Vorgaben festgezogen.

Warum unter Belastung festziehen? Weil das Radialspiel in den Verschraubungen so groß ist, dass es die Fahrhöhe beeinflusst. Würde man die Bolzen in entlastetem Zustand festziehen, stünde das Motorrad hinten zu hoch. Allerdings können sich die Schraubverbindungen unter hoher Last, manche Lagerstellen müssen über eine Tonne aushalten, wieder setzen, womit sich unbemerkt auch die Geometrie verändert. An unserem Beispiel an der Aprilia RSV 4 differiert die Fahrzeughöhe durch das Spiel der Bolzen und Zugstreben um ganze fünf Millimeter. Beim Anziehen verwendet man einen Drehmomentschlüssel und die werkseitig angegebene Anzugswerte.

Vor der Probefahrt wird das Motorrad einige Male kräftig durchgefedert und die Grundeinstellung von Dämpfung und Negativfederwege vorgenommen oder kontrolliert. Zur Sicherheit werden danach alle Schraubverbindungen kontrolliert.

Auch Kettenfett und festgebackener Straßenstaub lassen sich durch ein MoS^2-Öl aufweichen und entfernen.

Wenn schon, denn schon: Kontrolle der Schwingenlager und eine frische Fettpackung können nicht schaden.

KAPITEL 9

PRAXIS Rennstrecke, Youngtimer, und andere Sonderfälle

Zur perfekten Abstimmung auf der Rennstrecke sind Federwegsensoren an Gabel und Federbein unerlässlich.

Einstell-Tipps

- Rennstrecke und Kurventraining
- Youngtimer optimieren
- Zuladung für Touren
- Tieferlegung

Grundeinstellung für die Rennstrecke

Wer bei Kurven- und Renntrainings antritt, sollte sein Fahrwerk an diese Anforderungen anpassen. Denn nur wer sein Motorrad auf die stramme Bolzerei richtig vorbereitet, hat auch seinen ungetrübten Spaß dabei. Im Folgenden sind die wichtigsten Schritte für die Vorbereitung im Hobby- und Amateuer-Sporteinsatz aufgelistet. Diese Erfahrungswerte basieren auf unzähligen Rennstrecken-Kilometern mit Serienmaschinen im Rahmen der Testfahrten für Motorrad-Fachzeitschriften und viele namhafte Fahrwerks- und Reifenhersteller.

Die meisten Federbeine und Gabeln von Straßenmaschinen sind in ihrer Grundabstimmung nur bedingt für die Rennstrecke geeignet. Für die Landstraße entwickelt, fehlt es oft an einer straffen, präzisen Druckstufendämpfung und einer ausreichenden Federhärte (Federrate zu gering). Nutzt man den Verstellbereich aus, lassen moderne Mittelklasse-Motorräder trotzdem erstaunlich flotte Runden zu.

Bei echten Supersportmotorrädern ab den Baujahren von etwa 2004 bis 2006 wurde die Grundabstimmung bereits so ausgelegt, dass man zum Beispiel mit einer Suzuki GSX-R 1000 K6 ohne echte Probleme richtig schnelle Runden zustande bringen kann.

Ab den Produktionsjahren 2016 und mit Einführung der semi-aktiven Federelemente sind die meisten Supersport-Serienmotorräder auch für ganz schnelle Rundenzeiten mit Slickbereifung gerüstet.

Grundsätzlich sollte auf der Rennstrecke mit deutlich mehr Druckstufendämpfung gefahren werden als im Straßenbetrieb – und zwar vorne wie hinten. Auch wenn der Verstellbereich fast gänzlich genutzt werden muss, bringt diese Einstellung mehr Stabilität, mehr Grip und mehr Bodenfreiheit. Denn genau um die Stabilität, oder besser gesagt, um die unerwünschten Nickbewegungen geht es dabei, wenn man versucht das Motorrad so stabil und präzise wie möglich abzustimmen. Allerdings sollte man die Stabilität über Dämpfung oder Feder nicht mit der gnadenlosen Härte eines Flacheisens gleichsetzen. Auch auf der Rennstrecke und bei ganz schnellen Rundenzeiten müssen die Reifen Bodenwellen sauber ausfedern und dürfen nicht in der Hydraulik oder Feder abblocken.

Welcher Reifen ist der schnellste? Reifentests auf der Rennstrecke bringen Licht ins Dunkel.

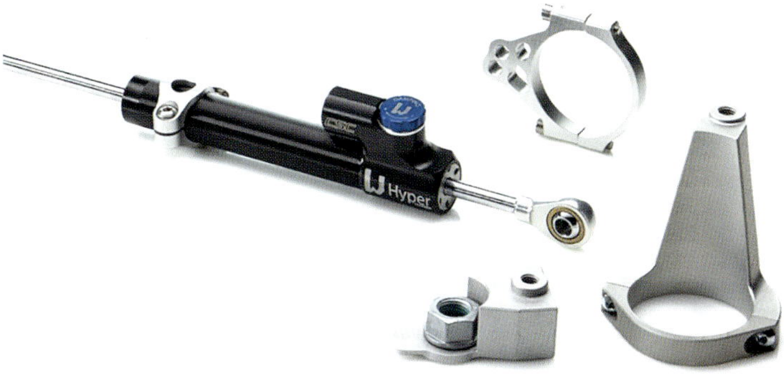

Für die Rennstrecke unverzichtbar: einstellbarer Lenkungsdämpfer mit Montage-Kit.

Ist die Rennstrecke nass, kommt man oftmals mit der Serieneinstellung »Straße« ganz gut zurecht und schont die extrem weichen Regenmischungen. Ein Umbau auf weichere Federn und ein angepasstes Dämpfer-Setup ist im Hobby-Bereich nicht zwingend. Der Profi jedoch, der über die Renndistanz seine Reifen schonen muss, kommt um ein spezielles Regen-Fahrwerk nicht herum. Als Faustregel gilt dabei, dass die Federelemente mit einem ähnlichen tatsächlichen Federweg arbeiten wie im Trocken-Setup. In der Regel ist das eine rund 10 bis 15 % geringere Federrate vorne wie hinten, um sicherzustellen, dass das Motorrad auch im Regen-Setup synchron einfedert. Was sich am besten mit dem Datarecording und Federwegsensoren erkennen lässt. O-Ringe an Gabel und Federbein, die als »Sensoren« herhalten, können nur maximale Belastung, also vorn beim Bremsen, hinten beim Durchfahren von Bodenwellen in voller Schräglage, aufzeigen.

Mögliche Nachregulierungen in Richtung härter oder weicher lassen sich wirkungsvoll über die Druckstufendämpfung oder die Füllhöhe des Gabelöls bewerkstelligen.

Die Nachteile einer stabilen Druckstufendämpfung: Das Motorrad wird auf holprigen Stellen nervöser, und vor allem leistungsstarke Big Bikes tendieren in Verbindung mit Supersport-Rennreifen oder gar Slicks zum Lenkerschlagen, neudeutsch als »Kickback« bekannt.

Deshalb gehört ein reibungsarmer, einstellbarer Lenkungsdämpfer an jedes Supersport-Motorrad, das für den Rennstreckenbetrieb oder auch den sportlichen Straßeneinsatz präpariert wird. Seit Anfan des neuen Jahrtausends gehören Lenkungsdämpfer bei den 1000ern lobenswerterweise zur Grundausstattung. Aber auch bei den kleinen Klassen führt kein Weg daran vorbei. Die Einstellung der Dämpfkraft eines Lenkungsdämpfers richtet sich nach Einsatzzweck und Strecke. Bei langsamen Strecken mit engen Kurven oder Fahrten im Regen stört eine zu hohe Dämpfkraft die Lenkpräzision massiv, die Maschine kippelt und muss ständig korrigiert werden. Hier heißt es also, die Dämpfkraft zurückzunehmen oder ein Bauteil mit geringer Losbrechkraft und sensiblem Ansprechverhalten zu verwenden.

Aus diesem Grund sind die elektrisch angesteuerten Lenkungsdämpfer eine sehr gute Lösung, um ein messerscharfes Lenkverhalten mit sicherem Kickbackverhalten zu kombinieren.

Man unterscheidet bei den hydraulischen Lenkungsdämpfern zwei Bauarten: der gebräuchliche lineare Teleskopdämpfer und der aufwendigere, aber unterm Strich bessere Rotationsdämpfer, wie er lange Zeit an der Honda CBR 1000 RR verbaut und leider beim Modeljahr 2020 durch den Teleskopdämpfer ersetzt wurde. Der große Vorteil des Rotationsdämpfers liegt in den sehr leichtgängigen, weil radial arbeitenden Dichtringen und einer sehr kompakten Bauweise.

Für die Einstellung des Lenkungsdämpfers gilt: So weich wie möglich, so hart wie nötig.

Der Lenkungsdämpfer ist so einzustellen, dass Kickback nur noch als leichtes Zucken im Lenker auftritt. Mehr ist nicht nötig und schadet, wie oben beschrieben, auch bei schnelleren Pisten der Zielgenauigkeit und der Handlichkeit bei schnellen Schräglagenwechseln. Zudem hilft eine optimale Feder-/Dämpferabstimmung mit feinem Ansprechverhalten und gut ausbalanciertem Fahrwerk die Kickbacktendenz abzuschwächen.

Negativ kann sich ein zu straffer Lenkungsdämpfer auch auf die Fahrstabilität bei hohem Tempo und Bodenwellen auswirken, da die Feder- und Fahrzeugbewegungen über die zu straffe Hydraulik in das Chassis eingeleitet werden.

ACHTUNG: Nie den Lenkungsdämpfer während der Fahrt verstellen! Bei manchen Modellen lässt sich die Dämpfkraft fast bis zum Blockieren der Lenkung erhöhen, was zum Sturz führen kann. Beim Einstellen im Stand die Dämpfkraft durch mehr oder weniger schnelles Hin- und Herbewegen der Lenkung überprüfen.

Bei der Montage der Klemmschellen an der Gabel darauf achten, dass die Klemmschrauben korrekt angezogen sind, dabei aber nicht die Freigängigkeit der Gabel durch oval verzogene Standrohre einschränken.

Verdrehen sich die Schellen während der Fahrt oder nach einem heftigen Lenkausschlag durch Kickback, kann es ebenfalls zur Blockade der Lenkung kommen. Der Dämpfer muss über den gesamten Lenkeinschlag frei beweglich sein und darf in keiner Position an Rahmen, Gabel oder Anbauteilen anliegen.

TIPP: Tritt extremes Lenkerschlagen auf, das kaum mehr zu beherrschen ist, hilft meist ein kurzer kräftiger Tritt auf die Fußbremse. Dabei taucht die Maschine vorn ruckartig ein und stabilisiert durch die erhöhte Vorderachslast die Lenkung. Das funktioniert natürlich nur auf geraden Streckenabschnitten und dann, wenn kein anderer Fahrer dichtauf folgt.

Die Federvorspannung

Als Basiswert für die Federvorspannung gilt der kleinste Durchhang, der für den Straßenbetrieb eingestellt wird. Also kann der Negativfederweg 1 für die Rennpiste ohne Fahrer hinten von etwa 15 Millimeter auf rund 10 bis maximal 5 Millimeter verkürzt werden.

Auch vorn kann die Vorspannung auf den Minimalwert des Negativfederweges angehoben werden. Speziell bei den relativ weichen Serienfahrwerken ist diese Korrektur sinnvoll, um Bodenfreiheit und Handling zu verbessern. Auf keinen Fall darf die Feder soweit vorgespannt werden, dass das Heck, ohne Belastung durch den Fahrer (N1), bis zum Anschlag ausfedert. Beim harten Beschleunigen über Bodenwellen könnte das Hinterrad bei einer solchen Federeinstellung in Verbindung mit einem hochwirksamen Anti-Squat-Effekt (sehr steil angestellte Schwinge) schlagartig die Haftung verlieren.

Härtere Federn für die Gabel sind im Hobby-Bereich nur selten notwendig, da durch die Gewichtseinsparungen am umgebauten Rennstreckenmotorrad (Scheinwerferausbau, leichte Verkleidung etc.) die Belastung gegenüber dem Serientrimm abnimmt.

Harte Bremsvorgänge werden besser durch ein kleineres Luftpolster abgefangen. Mit mehr Ölvolumen in der Gabel lässt sich möglicherweise die gewünschte Federprogression erreichen. Je nach Bauart kann das Luftpolster in Fünf-Millimeter-Schritten in Richtung »hart« verändert werden (siehe Tabelle Luftpolster).

Zudem werden im Rennsport oftmals lange, aber weiche Topoutfedern verbaut, die im oberen Federbereich gegen die Tragfedern arbeiten und einen ähnlichen Effekt erzielen wie progressive Federn. Solche Abstimmungen dienen dazu, dass das Vorderrad nach einem Wheelie beim Beschleunigen bis weit über 200 km/h weich und geschmeidig aufsetzen kann, ohne dass es zum Lenkerschlagen kommt. Ähnliches beim Hinterrad, das durch eine lange Topoutfeder beim harten Bremsvorgang sensibel über den Asphalt titscht und weich anspricht. Ist der Funktionsbereich der Topoutfeder jedoch aufgebraucht, also etwa nach dem ersten Viertel des Gesamtfederweges, übernehmen die oftmals sehr harten Tragfedern die Arbeit.

Wie am Federbein, so darf auch die Gabel nicht bis zum Anschlag, dem Hydrostopp, durchtauchen. Ab welchem Federbereich der Hydrostopp einsetzt, kann nur bei ausgebauten Federn, aber montierten Gabelstopfen genau beurteilt werden (siehe Kapitel 8). Man spürt dies durch einen zusätzlich wirkenden hydraulischen Widerstand, der etwa 25 Millimeter vor dem metallischen Anschlag einsetzt. Die beste Lösung: Den Hydrostopp gänzlich stilllegen oder durch zwei kleine Querbohrungen (etwa 3 mm) in halber Höhe kürzen. Die Bohrungen können auch um etwa 5 mm in der Höhe versetzt angeordnet werden, woraus sich ein »zweistufiger« Hydro-Anschlag ergibt.

Die Dämpfung

An der Zugstufendämpfung werden im Rennstreckenbetrieb nur wenige Änderungen vorgenommen. Meist wird eine Erhöhung der Dämpfung nur wegen der stärkeren Erwärmung des Dämpferöls bei längeren Runs und der damit verbundenen reduzierten Wirkung notwendig. Wobei die Erwärmung des Federbeines oftmals der extremen Hitzeabstrahlung von Motor und Auspuffanlage geschuldet ist. Vorn überträgt sich die hohe Temperatur der Bremszangen über die Gabelholme auf das Dämpferöl.

Auf Strecken mit harten, schnellen Schräglagenwechseln kann eine erhöhte Zugstufen-

Für die Feinabstimmung der Gabel können unterschiedlich lange und harte Topoutfedern genutzt werden.

Im oberen Federbereich (rot) arbeitet die Topoutfeder etwa 30 Millimeter weit gegen die Tragfeder.

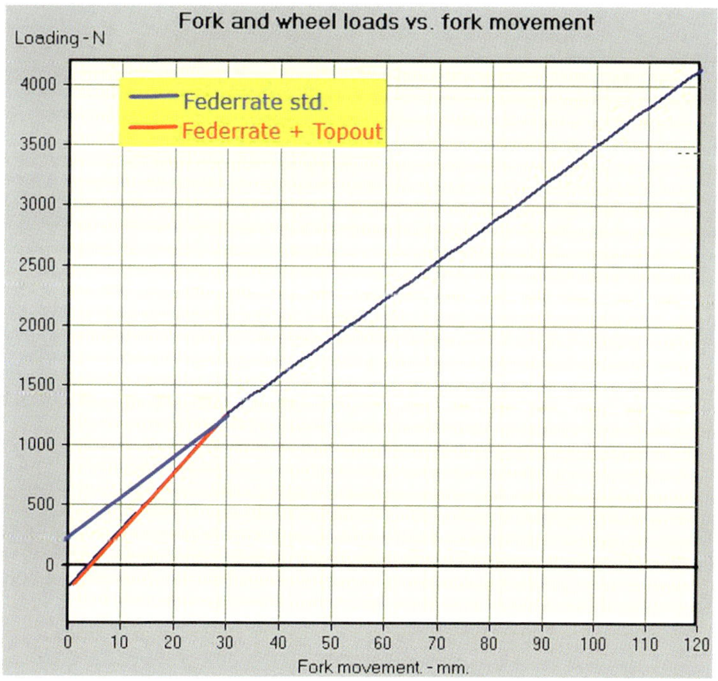

dämpfung zu mehr Stabilität in den Schikanen beitragen. Auch ein zu abruptes Zurückschnellen aus dem harten Federbereich beim schnellen Umlegen kann die höhere Zugstufendämpfung verhindern.

Die wohl beste Lösung ist die Verwendung eines für den Rennsport abgestimmten Federbeines und der Umbau der Telegabel auf ein stabiles Dämpfungs-Setup oder der Einbau einer geschlossenen, gasdruckunterstützten Kartusche. Diese garantiert eine über die Distanz gleichbleibende Dämpfkraft.

Dass zudem auch die Reifen in Sachen Haftung und Grenzbereichverhalten zulegen, ist ein enormer Vorteil. Und: Ein stabiles Fahrwerk vermittelt dem Fahrer eine bessere Kontrolle und eine glasklare Rückmeldung. Also: Man fährt so nicht nur schneller, sondern auch sicherer.

Ein weit verbreitetes Problem bei der Verwendung reinrassiger Rennsportreifen: Das lästige Chattering, ein hochfrequentes Stempeln des Vorderrades in Kurven. Dagegen hilft meist nur eine sehr straffe Lowspeed-Dämpfung von Gabel und Federbein. Chattering ist meist eine Überlagerung von Schwingungsfrequenzen der Radaufhängung, die durch den steifen Unterbau der Rennreifen nicht abgefedert wird. Um die hochfrequenten Stempelbewegungen bereits im Keim zu ersticken, muss der hydraulische Dämpfungswiderstand schon bei den kleinsten Federbewegungen einsetzen. Zwar treffen die Auswirkungen dieser Schwingungen das Vorderrad, doch der Auslöser für das lästige Problem kann durchaus auch vom Hinterrad herrühren und über das Chassis nach vorn übertragen werden. Selbst lose Anbauteile, wie Verkleidungen, instabile Rahmenhecks oder Schalldämpferbefes-

Reifen zu hart? Reifen zu weich? Luftdruck zu hoch, zu tief? Die Reifen-Profis wissen wo's lang geht.

Der Ausgleichbehälter an der CC-Gabel wurde gegen einen Anti-Chattering-Massendämpfer von Tractive getauscht.

Aufgerissene Laufflächen bei Slicks und Supersportreifen sind ein teures Ärgernis für Rennstrecken-Freaks.

tigungen können Frequenzen auslösen, die in der Konsequenz im Chattering enden.

Auch die penible Wuchtung und ein tadelloser Rundlauf der Reifen können dieses Problem aus der Welt schaffen. Auch das bereits angesprochene Problem des Lagerspiels in der Umlenkung ist häufig die Ursache für die mit rund 15 Herz auftretenden Schwingungen.

Das Hochgeschwindigkeits-Pendeln um die Lenkachse mit Rennreifen hingegen lässt sich oft über die Korrektur der Geometrie beeinflussen. Auch eine zu harte Feder-/Dämpferabstimmung kann dafür verantwortlich sein, da damit Bodenwellen und Anregungen fast ungefiltert ins Fahrwerk eingeleitet werden. Eine weitere Möglichkeit zur Optimierung findet sich in der Lenkgeometrie. In ausgiebigen Testfahrten kann durch gezielte Veränderungen die Maschine an Strecke und Fahrstil angepasst werden (siehe Kapitel 6 und 7).

TIPP: Oft werden die weichen Gummimischungen der Supersport-Reifen beim Einsatz auf der Rennstrecke regelrecht zerfetzt. Im Schulterbereich bildet sich ein daumenbreiter Streifen, auf dem der Gummi stark aufgerissen ist. Häufigste Ursache: Der Reifenluftdruck in heißem Zustand passt nicht zu Gummimischung und Karkasssteifigkeit. Dann stimmt weder der dynamische Latsch, also die Auflagefläche, noch die Reifentemperatur. Bevor man sich von den Fahrerlager-Weisheiten in die Irre führen lässt, besser beim Reifenservice oder direkt beim Hersteller/Importeur die für Strecke, Temperaturen und erreichte Rundenzeit geltenden Werte und Mischungen anfordern.

Bei schweren Fahrern oder einer zu geringen Vorspannung oder Federrate kann es vorkommen, dass in großer Schräglage die Zentrifugalkraft so groß ist, dass das Federbein bis auf den Anschlagpuffer durchfedert. Dann verhärtet sich die Federung derart, dass der Reifengummi überlastet wird und aufreißt. Generell sollten im Sportbetrieb Federung und Dämpfung so eingestellt sein, dass der Anschlagpuffer nicht berührt wird. Dabei hilft ein an der Kolbenstange befestigter Kabelbinder oder ein vor der Montage übergestülpter O-Ring, der bei zu weicher Feder regelrecht in den Kunststoff-Puffer gepresst wird.

Wenn Gummimischung, Reifenluftdruck und Fahrwerk passen, sieht der Reifen nach zwei Tagen so aus.

Im optimalen Fall sind zwischen Kabelbinder und Anschlagpuffer nach ein paar schnell gefahrenen Runden noch etwa fünf Millimeter Luft. Diese Kontrolle lässt sich auch mit einer Messerspitze Lagerfett durchführen, die auf die Dämpferstange aufgebracht wird.

Nach der Testfahrt muss vor dem Puffer noch ein kleiner Fettring sichtbar sein. Ist dieses Fett verschwunden oder klebt es am Abschlussdeckel des Federbeins, ist dies der Beweis dafür, dass der Federweg völlig aufgebraucht wurde. Ist der Negativfederweg korrekt eingestellt, muss durch den Einbau einer härteren Feder oder mehr Druckstufendämpfung das Motorrad oben gehalten werden.

Eine weitere Ursache für zerstörte Reifen und heftiges Pumpen am Kurvenausgang ist eine zu weiche Druckstufendämpfung der Serienfederbeine. In diesem Fall also in Richtung »hart« nachregulieren.

Auch eine zu hohe Zugstufendämpfung zwingt die Hinterradfederung in den harten Arbeitsbereich von Feder und Umlenkung oder gar auf Block.

Dann kann die Maschine nach einer Bodenwelle nicht schnell genug ausfedern, pumpt sich bei der nächsten Welle noch tiefer in den harten Federbereich und zerstört dadurch den Reifengummi. Unschöner Nebeneffekt: Das Motorrad wird durch die tiefe Heckpartie (flacher Lenkkopfwinkel, langer Nachlauf) unhandlich und untersteuert.

Ein ganz eigenes Kapitel im Rennstreckenbetrieb ist die Abstimmung von Hinterradfederung in Kombination mit dem Anti-Dive-Effekt der Schwinge (Anti-Squat) und der Regelung der Traktionskontrolle. Alle drei Parameter beeinflussen wechselseitig beim harten Herausbeschleunigen aus Kurven das Dämpfer- und Federungsverhalten am Hinterrad. Steht die Schwinge sehr steil, federt das Heck am Kurvenausgang kräftig aus. Dieses federunterstützende Verhalten kann die Zugstufe, die ja eigentlich auf die reine Kraft der Tragfeder abgestimmt ist, überfordern, muss also mehr zugedreht werden. Was jedoch bei Fahrsituationen mit gleichmäßiger Geschwindigkeit, zum Beispiel enge Kurvengeschlängel oder Schikanen, die Hinterhand zu weit unten hält. Kommt dann noch die mehr oder weniger gute Regelung der Traktions-

Klassiker und Youngtimer können mit gezielten Verbesserungen am Fahrwerk sehr viel Freude bereiten.

kontrolle hinzu, die nichts anderes macht, als das Drehmoment und damit die Antriebskraft am Hinterrad zu unterbrechen, kommen sich die drei Parameter teilweise gehörig in die Quere. Das Resultat: Ein heftiges Pumpen am Heck, das die Linie und den Reifegummi zerstören kann. Zudem macht bei solchen Unruhen die Traktionskontrolle dicht und verschlechtert die Beschleunigung. Was tun? Wer es manuell auf die Reihe bekommt, ohne zu stürzen, schaltet für Testzwecke die Traktionskontrolle ab oder auf minimale Regelung und versucht in diesem Zustand, eine stabile Abstimmung von Fahrhöhe/Schwingenwinkel und Dämpfung zu finden, und diese dann mit einer passenden Stufe der TC zu kombinieren. Für den reinen Wettbewerb allerdings sollte, wenn verfügbar, ein TC-Kit mit feiner Abstufung und bester Regelqualität verbaut werden.

SO MACHT MAN YOUNGTIMERN BEINE

Der Trend zum Zweitmotorrad aus vergangenen Zeiten ist nicht zu übersehen. Wenn selbst ein Formel 1 Weltmeister mit einer 40 Jahre alten Suzuki GT 750 durchs Fahrerlager zuckelt, weiß man, dass Hightech kein Ersatz für hemdsärmelige, ehrliche Mechanik ist.

Wer sich auf das Abenteuer Motorrad-Youngtimer einlässt, kann die Zeit zwar nicht zurück-, aber ein paar Jahr vordrehen. So lässig der Ausritt auf einer Honda Bol d'Or oder BMW R 90 S auch sein mag, die Schwächen und Fehler der Fahrwerke können einem den Spaß am alten Eisen nachhaltig vermiesen.

Deshalb sollten einige Fahrwerks- und Federelemente gründlich überarbeitet oder durch aktuelle Bauteile ersetzt werden.

Beispiel: BMW R 80 GS mit der verlängerten Schwinge und einem dazu passend abgestimmten Federbein.

Perfekter Rundlauf und gleichmäßig gespannte Speichen sind die Grundlage für ein tadelloses Fahrverhalten.

Bereifung / Räder

Auch die Reifenindustrie hat den Trend aufgegriffen und baut Pneus, die mit haftfähigen Gummimischungen und optimiertem Karkassunterbau auch widerspenstigen Fahrwerken die Zügel anlegen. Eine Übersicht über aktuelle Reifen im Youngtimer- Format gibt es in der Fachpresse oder den einschlägigen Internetforen.

Vor dem Reifenwechsel müssen Seiten- wie Höhenschlag der Räder von mehr als 1,0 Millimeter über eine gleichmäßige Speichenspannung minimiert werden. Ein unrunder Lauf kann zu lästigem Lenkerflattern (Shimmy) oder instabilem Fahrverhalten führen.

Oftmals lassen sich defekte oder korrodierte Lager in eingebautem Zustand nur schlecht beurteilen, deshalb werden Radlager und Simmerringe bei ausgebauten Rädern überprüft.

Die Radachsen müssen zwischen den Spitzen rundlaufen, ein Schlag über die gesamte Länge von einem Millimeter ist in der Toleranz.

Kontrolle der Telegabel
Aus Erfahrung lohnt es sich, in die Jahre gekommene Telegabeln komplett zu zerlegen und mit frischem Gabelöl und Simmerringen und Staubkappen flottzumachen. Denn was sich in den Tiefen der Tauchrohre an Emulsion aus Kondenswasser, verbrauchtem Öl und Abrieb ansammeln kann, ist nicht zu glauben.

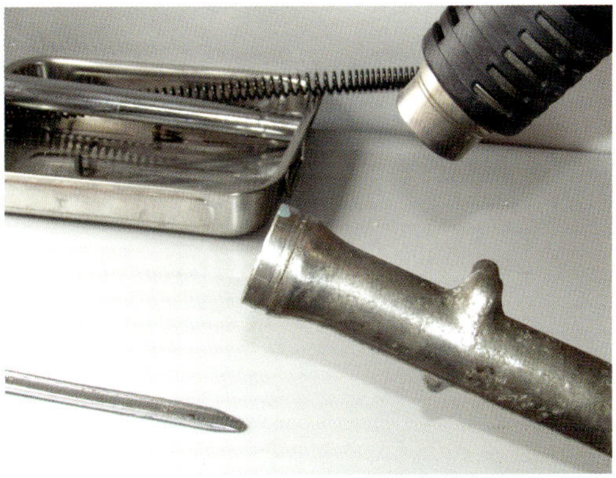

Zum Simmerring-Wechsel wird das Alutauchrohr aufgewärmt, damit der Gummi geschmeidig wird.

Darauf achten, dass die hartverchromten Gleitflächen bei den Arbeiten nicht beschädigt werden. Deshalb werden die Standrohre bei allen Arbeiten immer soweit wie möglich eingetaucht, um die Gleitflächen zu schützen. Bei allen anderen Arbeiten empfiehlt es sich, die Chromflächen durch ein Kunststoffnetz zu schützen. Die Montageschritte klassischer Right-Side-Up-Gabeln können nach der Anleitung in Kapitel 8 erfolgen.

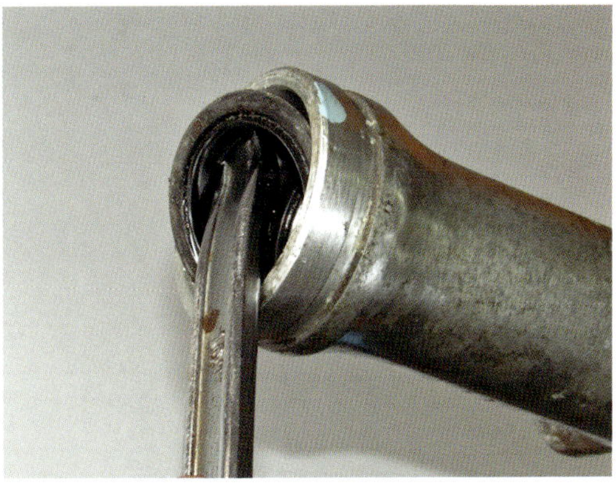

Mit einem Montiereisen mit gerundeten Kanten lässt sich der Simmerring leicht aus seinem Sitz hebeln.

Der Rundlauf der Standrohre wird am einfachsten durch Abrollen auf einer ebenen Fläche (Glasplatte, plane Holzplatte o. ä.) geprüft. Auch hier ist die Toleranz von einem Millimeter über die gesamte Länge ausreichend.

TIPP: Sind die Gleitflächen der hartverchromen Standrohre im Bereich der Lagerung in den Tauchrohren riefig oder stark verschlissen, und ist ein Ersatz nicht zu beschaffen, sollten diese Bauteile um 90 Grad verdreht montiert werden. So ist sichergestellt, dass die seitlichen, meist noch intakten Chromflächen in Belastungsrichtung arbeiten und somit das Spiel in Fahr- und damit in Lastrichtung minimiert wird. Dazu müssen die Standrohre am oberen Ende durch einen kleinen Körnerpunkt an den weniger verschlissenen Seiten markiert und bei der Montage ausgerichtet werden.

Bei solch einem Ölschlamm aus Alu-Abrieb und altem Gabelöl wurde es höchste Zeit für eine gründliche Revision.

Generell empfiehlt es sich, die an manchen Motorrädern serienmäßig vorgesehene Unterstützung durch Zusatzluft, sogenannte »luftunterstützte Telegabel« auszuschalten und stattdessen härtere Federn zu verbauen. Denn oftmals wurde die Federrate bei den Youngtimern serienmäßig etwas zu nieder angesetzt, weshalb der Markt härtere, meist progressiv gewickelte Federn in Hülle und Fülle anbietet.

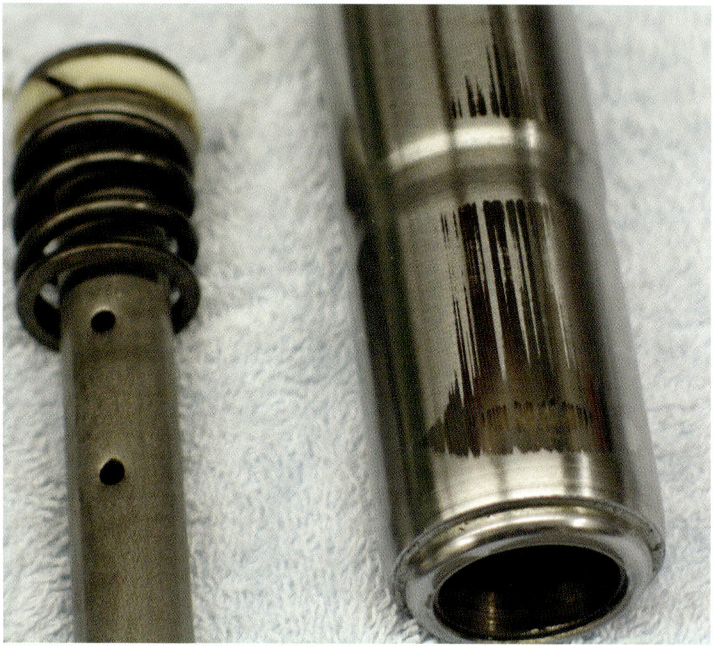

Stark verschlissenes Standrohr erfordert einen Ersatz oder muss um 90 Grad verdreht montiert werden.

Auch hier kann durch die Füllhöhe des Gabelöles, dass im besten Fall in der Viskosität der jeweiligen Feder angepasst ist, eine mehr oder weniger starke Progression erzeugt werden. Die Werte dafür und für die einzustellenden Negativfederwege an der Gabel findet man ebenfalls in Kapitel 8.

Einstellung für die große Tour

Damit die Reise mit Sack und Pack nicht getrübt wird, sind einige Punkte am Fahrwerk zu beachten.

Stellen Sie die Federvorspannung auf die Beladung ein. Speziell hinten lastet bei Zuladung erheblich mehr Gewicht auf dem Federsystem.

Der Negativfederweg N2 sollte bei voller Zuladung die 60 %-Marke nicht überschreiten. Also Federvorspannung auf maximalen Wert erhöhen und, wenn möglich, über die Verstellung der Druckstufendämpfung in Richtung »hart« eine weitere Maßnahme zur Stabilisierung treffen. Auch die Zugstufenverstellung kann zu mehr Stabilität bei voller Zuladung beitragen, zum Beispiel dann, wenn das Motorrad durch lange, tiefe Bodenwellen in die Kompression gezwungen und danach durch die stark vorgespannte Feder herauskatapultiert wird. Zudem wirkt sich die Nadelverstellung der Zugstufendämpfung auch auf die Druckstufe aus.

Frische Ware fürs alte Eisen: SKF Gabel-Simmerringe sind in fast allen Größen lieferbar.

Hängt das Motorrad hinten zu tief in der Federung, leiden auch Handling und Bodenfreiheit. Ist dem Problem mit der serienmäßigen Verstellung nicht beizukommen, bleibt nur eines: eine härtere Feder im Federbein- oder ein auf das Gewicht abgestimmtes Nachrüstfederbein.

Verfügt das Motorrad über eine Niveauverstellung am Heck, nutzen Sie diese Möglichkeiten und trimmen Sie durch Höherstellen das Fahrwerk in Richtung Handlichkeit.

Denn mit dem weiten Absinken des Hecks verändern sich auch Nachlauf und Lenkkopfwinkel in Richtung Unhandlichkeit. Ein Durchstecken der Gabel, um auf die ursprüngliche Geometrie zu gelangen, ist wenig sinnvoll, da dabei die Bodenfreiheit beträchtlich abnimmt.

Erhöhen Sie vor dem Antritt einer Fahrt mit maximaler Zuladung bei Autobahnfahrten den Reifenluftdruck auf den obersten angegeben Wert, für Radialreifen gilt meist der Normluftdruck von 2,5 und 2,9 bar. Vergessen Sie aber nicht, den Reifenluftdruck im Solobetrieb wieder abzusenken, da sich sonst Haftung und Eigendämpfung verschlechtern.

Möglichkeiten zur Tieferlegung von Motorrädern
Kurze Beine? Kein Problem. Immer mehr Menschen sind vom Motorradbazillus befallen, und nicht immer wollen sie sich mit den flunderflachen Choppern anfreunden. Wer sich trotz kleinem Körperbau für einen Sportler, ein Naked Bike oder gar eine Enduro entscheidet, hat auch hier Möglichkeiten, die Sitzhöhe auf ein rangierfreundliches Maß zu senken. Ein Abpolstern der Sitzbank um bis zu rund drei Zentimeter ist möglich. Nachteil: Der Sitzkomfort und die Stoßabsorption verschlechtern sich.

Doch was tun, wenn Leichtgewichte auf Holperstrecken fast aus dem Sattel purzeln?

Sind die Verstellmöglichkeiten an Gabel und Federbein vorhanden, kann jeder seine Dämpfungseinstellung abstimmen.

- Druckstufendämpfung reduzieren
- Zugstufendämpfung reduzieren. Dabei sollte in kleinen Schritten vorgegangen und das Ergebnis überprüft werden

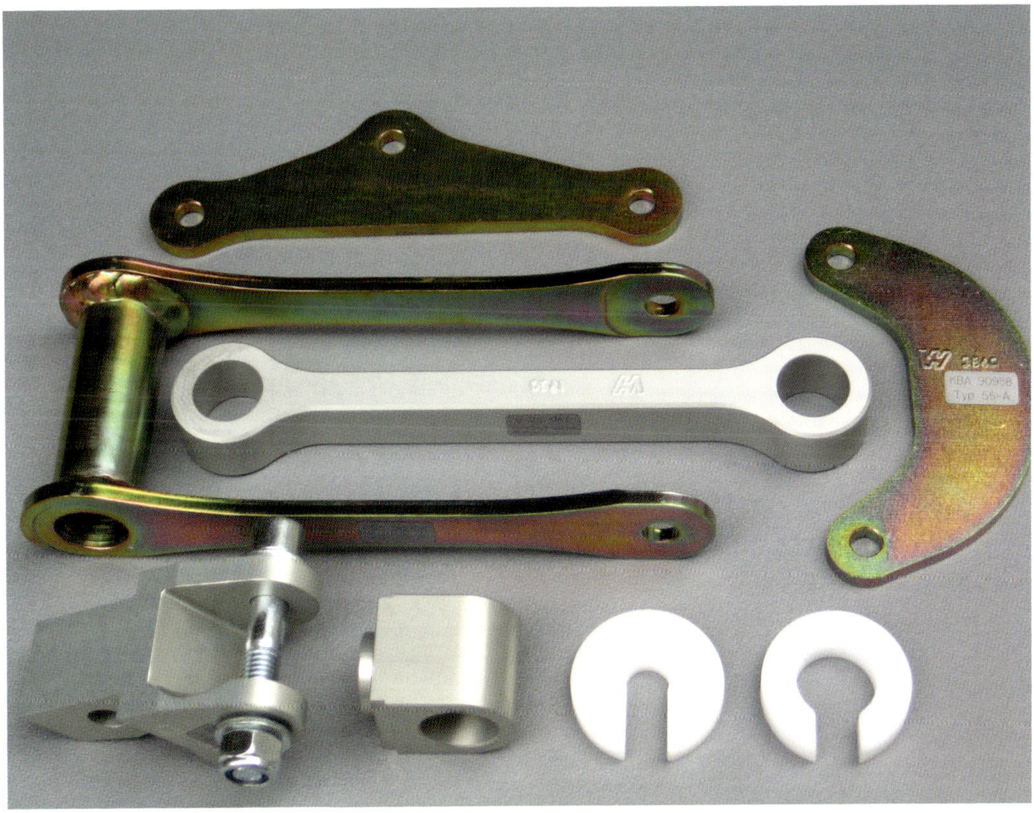

Bauteile für eine Tieferlegung müssen sehr gut durchdacht und gemacht sein, sonst geht's schief.

Benny Wilbers kennt das Problem. Bis zu 70 Prozent seiner Fahrwerke werden mit Tieferlegung bestellt.

- Negativfederweg, also Federvorspannung, auf das Fahrergewicht einstellen, dabei kann ohne Bedenken der maximale Wert einjustiert werden
- Wenn nötig, Gabelölviskosität, Ölstand und Länge der Vospannhülsen reduzieren
- Eventuell Einbau einer weicheren Feder am hinteren Federbein. Aus den Werten von N1 und N2 lässt sich ablesen, ob und welchem Bereich die Feder zu hart ist. Unter Gewichtsangabe des Fahrers und den Angaben zum Fahrzeugtyp kann daraus die passende Federrate errechnet werden.

Die einfachste und kostengünstigste Möglichkeit zur Höhenkorrektur besteht im Verringern der Federvorspannung an Gabel und Federbein auf etwa 50 % des Negativfederwegs N2 mit Fahrer. Eine Lösung, mit der leichte Fahrer/innen bis etwa 60 Kilogramm gut leben können, ohne dass die Federung durchschlägt. Nachteile: Die Bodenfreiheit in Kurven und beim Überfahren von Hindernissen wird eingeschränkt. Bei progressiven Hebelsystemen am Federbein kann der große Negativfederweg einer wenig vorgespannten Feder auch zu Komforteinbußen führen. Der Grund: Je weiter die Federung eintaucht, desto »härter« wird die mechanische Übersetzung zwischen Hinterrad und Stoßdämpfer.

Wird für die Urlaubsreise jedoch Gepäck zugeladen, muss die Vorspannung dementsprechend erhöht werden.

Eine andere Möglichkeit der Tieferlegung ist der Einbau kürzerer Federbeine und das Durchstecken der Gabelholme. Vorteil: Das Motorrad schlägt nicht so schnell durch und bleibt komfortabler. Nachteil: Die Bodenfreiheit wird geringer. Dabei sind auf jeden Fall die Sicherheits-Tipps in Kapitel 8 zu beachten. Die Reifen müssen bei komplett eingefedertem Zustand noch mindestens 15 Millimeter Spielraum zu den umliegenden Bauteilen aufweisen.

Eine nicht ganz so aufwendige, aber sehr effiziente Lösung ist der Einbau geänderter Umlenkhebel am Zentralfederbein. Vor- und Nachteile sind ähnlich wie bei der Verwendung kürzerer Federbeine. Oftmals muss bei beiden Lösungen die Länge des Seitenständers angepasst werden.

Die Zeiten, als echte Rennfahrer auch noch als Maschinisten ihre Motorräder aufbauen mussten, sind vorbei. Aus der Kiste auf die Piste ist heute das Motto.

KAPITEL 10

TECHNIK
Semi-aktive Fahrwerke

Yamaha R1 M: Nicht nur das Öhlins-Fahrwerk wird elektronisch geregelt, auch Traktion, Wheelie, Driftwinkel, Motorbremsmoment und Gasannahme werden von der Elektronik kontrolliert.

- Aktueller technischer Stand
- Arbeitsweise elektronisch gesteuerte Dämpfung
- Aktive Fahrwerke der Zukunft

AKTUELLER TECHNISCHER STAND

Vorbei die Zeit, als man sich gebückt oder gar liegend unter dem Motorrad auf die Suche nach den Stellschrauben gemacht hat, um dann kopfüber vor lauter Klicks und Umdrehungen nicht mehr wusste: links oder rechtsherum? Auf- oder zudrehen? Mehr oder weniger Dämpfung?

Kein Wunder, dass bei einem Großteil der Tourenmotorräder bei der Bestellung das semi-aktive Fahrwerk auf dem Wunschzettel steht. Selbst bei den Hightech-Supersportlern tauscht der gebückte Reiter den Schraubenzieher immer öfter gegen den Multifunktionsschalter am Lenker und tüftelt sein Fahrwerkssetting lässig über den Tank gebeugt am Display zusammen.

Die unterschiedlichen Bezeichnungen, von Sky Hook, Dynamik ESA bis DDC, im Detail auszuleuchten, macht wenig Sinn, zumal sich jedes System rasant weiterentwickelt.

Angefangen haben, wie auch beim ABS, die Münchner Motorradl-Bauer von BMW, die von den Kollegen aus der Pkw-Abteilung nicht nur das Knowhow, sondern auch gleich die passenden Bauteile ausleihen konnten. Wobei – so richtig gepasst haben die Bauteile der ersten elektrisch angesteuerten Federbeine und Gabeln nicht wirklich. Zu groß, zu schwer und wegen der damals noch indirekten Steuerventile zu langsam in der Regelung, wurden erst im Lauf der Jahre von Sachs/ZF und anderen Herstellern spezifisch auf die Ansprüche beim Motorrad Ventile und Steuergeräte entwickelt und produziert.

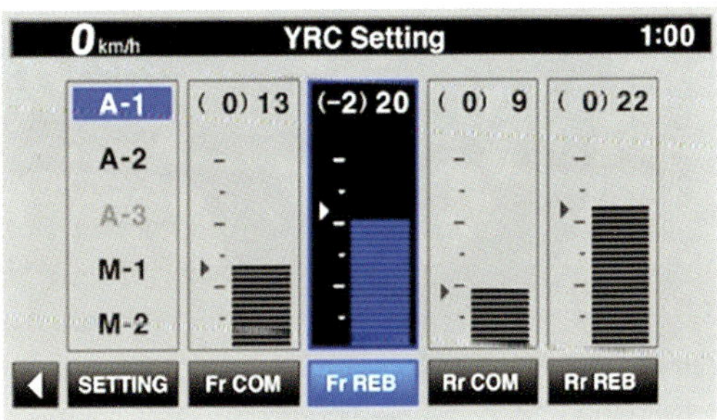

Mit Knopfdruck kann das individuelle Fahrwerkssetting einjustiert werden.

Der zweite Dämpferkolben sitzt unter dem »Mechanischen Kolben« auf der Dämpferstange und beinhaltet die elektronisch angesteuerte DDA (Dynamic Damping Adjuster) Dämpfung. Dieser Kolben, wir nennen ihn »Elektrischen Kolben«, läuft jedoch berührungsfrei im Dämpferzylinder, also ohne Kolbenring.

Wie dies im Detail funktioniert, erklären die holländischen Tractive-Techniker Toon Verhoeven und Rob Jacobs, die für die neue Vierzylinder Baureihe der BMW S 1000 RR/R/XR die elektronischen Bauteile in den Marzocchi-Federelementen bereitstellen.

In diesem »Elektrischen Kolben« sind Bohrungen angebracht, durch die das Hydrauliköl hindurchströmen kann. Anders als beim »Mechanischen Kolben« mit Shims, der nur jeweils eine Richtung freigibt, kann das Öl im »Elektrischen Kolben« auf gleichem Weg durch die Bypass-Bohrungen von einer Kammer zur anderen fließen. Das heißt: Zug- und Druckstufe haben den gleichen Weg, den gleichen Querschnitt und damit auch die gleiche Dämpfkraft. Den notwendigen Unterschied macht also nur das Shim-Setting am »Mechanischen Kolben«.

Der Querschnitt der Bohrungen, und damit die Dämpfkraft, wird durch einen vom Elektromagneten (dem sogenannten Solenoid-Valve) bewegten, rohrförmigen Schieber vergrößert (weniger Dämpfung) oder verkleinert (mehr Dämpfung). Die Schritte dieser Dämpferverstellung richten sich nach dem jeweiligen aktuellen Bedarf an Dämpfkraft. Die Verstellschritte des Schiebers werden durch die unterschiedliche Bestromung des Magnetventils geregelt.

Je nach Grundeinstellung, also »Komfort«, »Normal«, »Sport« oder »Zuladung«, die der Fahrer im Display auswählen kann, wird die dazu passende Dämpferstufe einjustiert. Im Prinzip läuft diese Auswahl nach demselben Prinzip, wie bei einem konventionellen Dämpfer, bei dem die Klicks der Dämpfung eben per Schraubendreher oder Handrad eingestellt werden müssen.

Die Verstellmechanik ist bei den DDA-Ventilen sehr stabil und solide ausgelegt, um dem hohen Öldruck, der im Dämpfer auftritt, gewachsen zu sein. Bei Motorrad-Stoßdämpfern wirken bis zu 80 bar auf die Bauteile, bei Pkw-Fahrwerken geht man von bis zu 100 bar Öldruck aus, der sich bei einem schnellen, harten Federvorgang aufbauen kann.

Sachs/ZF liefert für die GS-Baureihe das Dynamic-ESA, mit dem der Großteil der Reise-Enduros ausgerüstet wird.

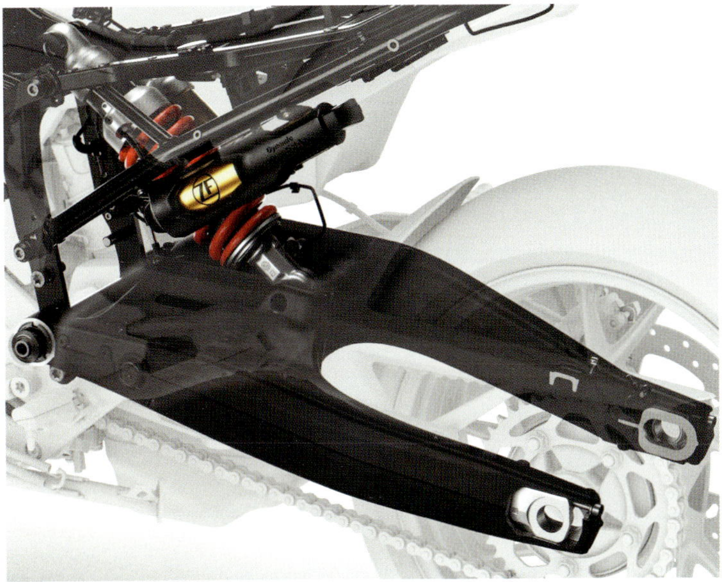

Auch in der gehobenen Mittelklasse, hier die BMW F 900 R, sind die semi-aktiven Fahrwerke auf dem Vormarsch.

Bei den »Elektrischen Kolben« unterscheidet man zwei grundsätzlich unterschiedliche Strategien.
Im Falle des DDA-Ventils von Tractive wird die »Normally-closed«-Strategie verwendet, kurz NC. Das bedeutet, dass sich der Schieber ohne Bestromung, also auch bei einem ungewollten Stromausfall, in der geschlossenen Position befindet und somit der »Mechanische Kolben« die Dämpfung übernimmt. Dies garantiert, dass dieser Dämpfer bei einem Stromausfall etwas unkomfortabel und überdämpft die Radführung übernimmt, mit der man im Notfall aber die Fahrt fortsetzen kann.

Die andere Strategie ist die »Normally-open«-, kurz NO-Strategie, bei der der »Elektrische Kolben« bei einer Stromunterbrechung die Dämpfung komplett freigibt und damit eine unkontrollierte Radführung eintritt, wodurch eine sichere Weiterfahrt kaum mehr möglich ist – wenn die Konstrukteure für diesen Notfall keine Sicherung eingebaut haben, die bei Stromausfall eine »Notdämpfung« bereitstellt.

In der Entwicklung steht natürlich das Ansprechverhalten bei den semi-aktiven Fahrwerken klar im Fokus, um Komfort und Fahrbahnkontakt

Netz-Werk: Gabel wie Federbein arbeiten mit der semi-aktiven Dämpfung, die aus den Daten der Motor- und Fahrwerks-Sensorik je nach Fahrzustand angepasst wird.

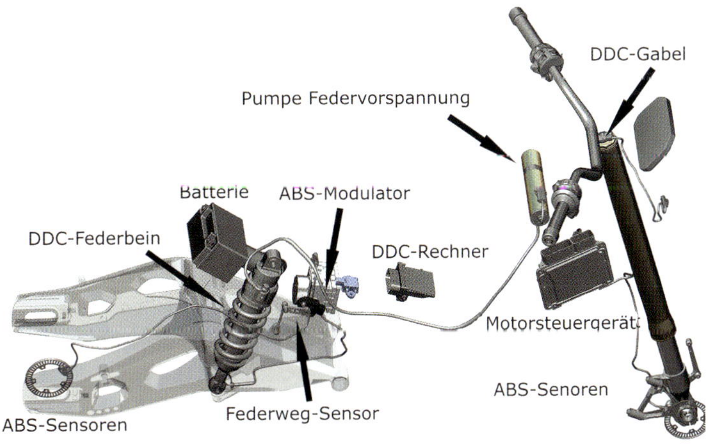

der Reifen zu optimieren. Denn nicht alle semiaktiven Fahrwerke konnten in der Vergangenheit den Beweis des perfekten Ansprechverhaltens antreten. Zuweilen polterte und stuckerte so manche »elektronische Gabel« höchst widerwillig über Flickstellen und Frostaufbrüche. Ein Umstand, der auch mit der Regelschnelligkeit der Elektronik und dem Hysterese-Verhalten an der Magnetspule zu tun hat. Einfach ausgedrückt: Die Dämpfung gibt nur verzögert nach, wodurch die Reifenkarkasse den ersten Stoß abfedern muss, sich dabei verformt und dann mit einem harten »Plopp« in ihre Ausgangsform zurückfedert.

In den Diagrammen der Firma Tractive wird der Vergleich der Entwicklungsschritte vom sogenannten »Indirekten Ventil« zum aktuellen »Direkten Ventil« sehr anschaulich demonstriert.

Das indirekte Ventil reagiert erst ab einem gewissen Öldruck, was dazu führt, dass der Stoß am Anfang der Federbewegung nicht weich ge-

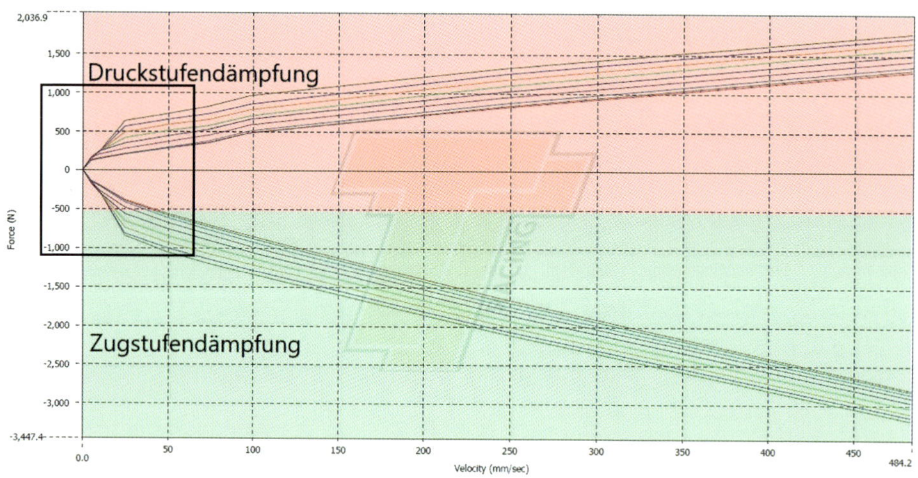

Indirektes Ventil: Der hydraulische Widerstand und damit das Ansprechverhalten (Ausschnitt) im Lowspeedbereich ist relativ hoch, die Bandbreite begrenzt

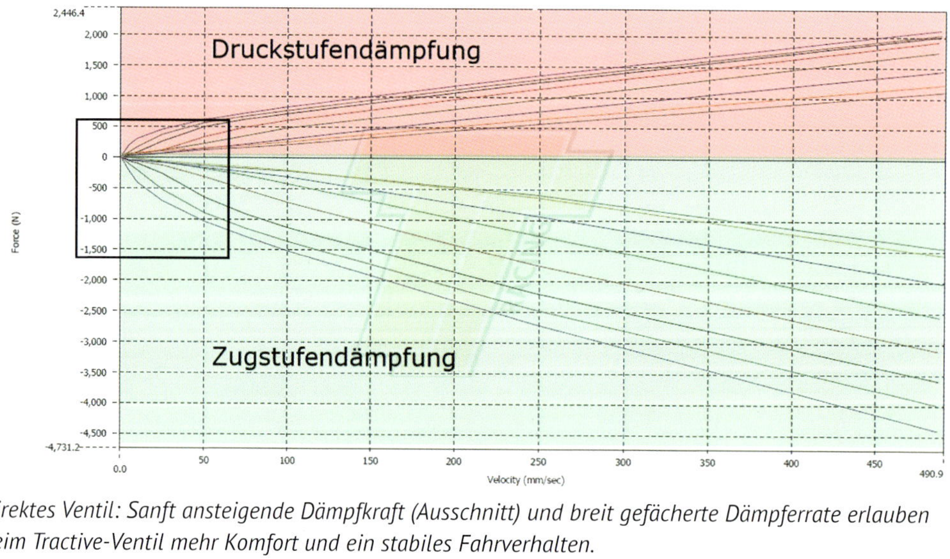

Direktes Ventil: Sanft ansteigende Dämpfkraft (Ausschnitt) und breit gefächerte Dämpferrate erlauben beim Tractive-Ventil mehr Komfort und ein stabiles Fahrverhalten.

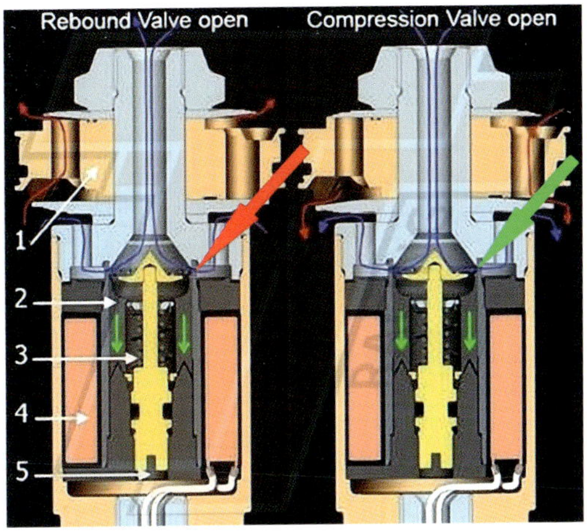

Tractive-Kolben: 1 »Mechanischer Dämpferkolben«, 2 Schieberegler, 3 Rückstellfeder, 4 Magnetspule, 5 Einstellschraube. Gut zu sehen, dass der Ölstrom (blaue Linien) bei Zug- und Druckstufe den gleichen Weg im »Elektrischen Kolben« nimmt.

nug abgefedert wird. Beim direkten Ventil gibt die Steuerung gleich zu Anfang einen genügend großen Querschnitt frei, der den Öldruck und damit den Stoß schneller abbaut. Dazu ist eine sensible Sensorik der Federwegsensoren und eine schnelle Umsetzung des elektronischen Befehls an den »Elektrischen Kolben« notwendig.

Auch die Spreizung der Dämpferverstellung ist, wie auf den Diagrammen dargestellt, bei den seit 2020 in den BMW S 1000 RR/R/XR-Modellen verbauten Ventilen, hier unter dem Kürzel DDC, deutlich angewachsen und lässt je nach Straßenverhältnissen und gewähltem Modus die passende Dämpfungscharakteristik zu.

Durch die Verknüpfung der semi-aktiven Stoßdämpfer mit der Sensorik von Motorsteuerung und ABS können die Konstrukteure und Testfahrer für fast jede beliebige Fahrsituation die beste Dämpferabstimmung abrufen.

Bestes Beispiel ist der Anti-Dive-Effekt beim Bremsen. Hierbei wird die Druckstufendämpfung aktiviert. Diese bremst das zu schnelle Eintauchen der Gabel und verhindert somit die dynamische Rotationsbewegung der Fahrzeugmassen, wodurch das Hinterrad weniger schnell abhebt und sich somit Bremsweg und Bremsstabilität verbessern.

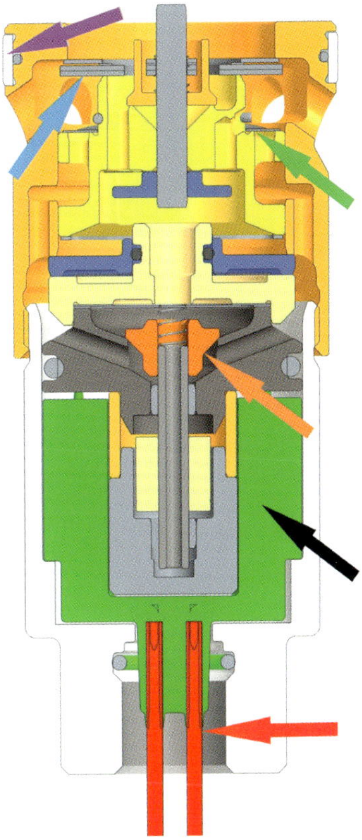

Schnitt durch den WP-Suspension-Dämpferkolben der 2021er KTM Super Adventure 1290 S. Auch hier übernimmt ein Kolben mit Shim-Bestückung die Grunddämpfung, während das darunter platzierte Steuerelement die Dämpfung elektronisch regelt. Die Bauteile: rot = Bestromung; schwarz = Magnetspule; orange = »elektrisches« Druckregelventil; grün = Rückschlagventil ; blau = Shims für Grunddämpfung; lila = Kolbenring.

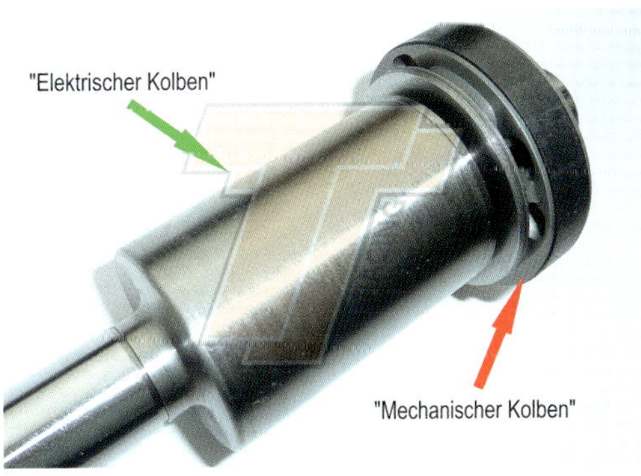

Und so sieht der Tractive-DDA-Kolben in echt aus.

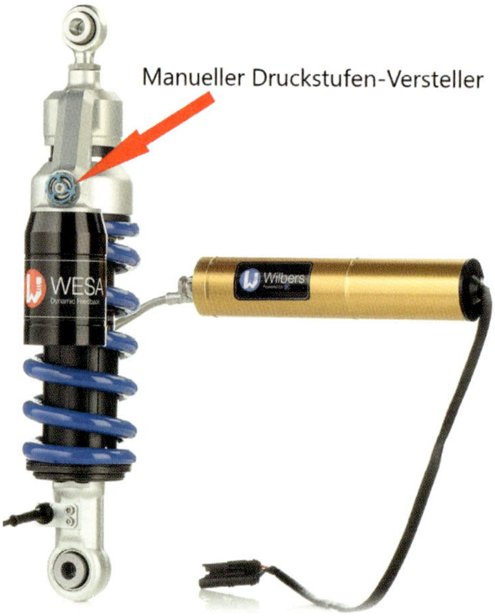

Um eine bessere Rückmeldung zu erhalten, wird die Druckstufe beim Wilbers WESA manuell angepasst.

Touratech-Federbein mit kompletter Tractive DDA-Dämpfung und manueller Druckstufenregelung.

Ähnliches spielt sich auch beim Beschleunigen, speziell bei hoher Zuladung, ab. Wenn speziell in den unteren Gangstufen und bei deutlicher Übermotorisierung der Fahrer ordentlich am Gas zupft, schiebt das semi-aktive Fahrwerk dem Einfedervorgang am Hinterrad mit mehr Druckstufendämpfung einen Riegel vor.

Ganz anders reagiert die Elektronik, wenn die Sensorik runzelige Asphaltverwerfungen ans Großhirn meldet und das Solenoid-Ventil die Dämpfung zugunsten eines Höchstmaß an Komfort die Schleusen öffnet. Doch wie wir von tausendundeinem Fahrwerkstest wissen, kommen sich dabei zwei scheinbar unvereinbare Ansprüche in die Quere: himmlischer Komfort und glasklare Rückmeldung. Nicht umsonst kommen bei aller Begeisterung für die neue Technik Stimmen auf, die mit der radikalen Anpassung an das holprige Geläuf nicht einverstanden sind. Speziell professionelle Testfahrer, die mitunter auch auf der letzten Rille unterwegs sein müssen, kritisieren das oftmals dem Komfort geopferte Feedback als klares Signal, nicht nur im Grenzbereich.

Ganz in diesem Sinne suchten die Techniker um Benny Wilbers nach einer praktikablen Lösung, speziell für die BMW-Boxer-Kundschaft mit Telelever-Vorderradführung. Neben der Überarbeitung des Serien-Settings spendierte man den von ESA auf WESA umbenannten Boxer-Fahrwerken eine zusätzliche, manuell bedienbare sogenannte »Feedback-Verstellung«. Im Prinzip wurde dabei das elektronische DDC-Fahrwerk durch eine manuelle Druckstufenstellschraube ergänzt.

Auch Touratech Suspension stattet ihre mit den DDA-Tractive-Dämpfern aufgebauten elektronischen BMW GS-Fahrwerke mit getrennter High- und Lowspeed Druckstufe aus.

Speziell vorn, wo durch die Telelever-Konstruktion bereits eine sehr entkoppelte Rückmeldung existiert, kann sich der Fahrer damit einen Teil seines verlorenen Gefühls für die Straße wieder zurückholen. Denn wie wir aus unzähligen Test- und Abstimmungsfahrten wissen, garantiert vor allem eine cremig-direkte Druckstufendämpfung den besten Kontakt zwischen Fahrer und Straßenoberfläche.

Bei KTM wurde die 2021er Reise-Enduro Super Adventure 1290 S mit einer Fahrdynamik-Erkennung ausgeliefert. Im Modus »Auto« wird anhand verschiedener Parameter, wie Beschleunigung, Schräglage, Bremsdruck und Drehzahl, dem Fahrer automatisch, also nahezu aktiv, eine Dämpferabstimmung bereitstellt, die auf seine aktuelle Fahrweise maßgeschneidert wird.

Maßgeschneidert wird bei den meisten aktuellen elektronischen Fahrwerken auch der Negativfederweg am Hinterrad. Meist im Automatik-Modus hinterlegt, wird die Feder am Stoßdämpfer auf ein festgelegtes Niveau vorgespannt, um das Motorrad in allen Beladungszuständen in die beste Balance aus Handlichkeit und Stabilität zu bringen.

Emrich Pasching von WP Suspension in Österreich gibt an, dass die neue, sehr exakte Messtechnik der WP-Fahrwerke einen Gewichtsunterschied von rund 500 Gramm erkennen und korrigieren kann. Was natürlich bei einem 250 Kilogramm schweren Gravel-Tourer weniger von Bedeutung ist, aber im Supersportsegment durchaus eine Rolle spielen kann. Womit wir auch bereits den leisen Tönen der Zukunftsmusik lauschen dürfen.

AKTIVE FAHRWERKE DER ZUKUNFT

Als leidenschaftlicher Mechaniker und Motorradfahrer sieht man die Entwicklung der elektronischen Fahrwerke mit gemischten Gefühlen und einigen Fragezeichen. Zum einen wünscht man sich leichte, agile und wendige Fahrmaschinen mit überschaubarer und reparabler Technik, zum anderen ist es schon ein sehr gutes Gefühl, wenn ABS, Traktionskontrolle oder Kurvenfahrlicht die aktive Sicherheit ergänzen. Und es ist einfach lässig, auf Knopfdruck vom geschmeidigen Touren-Modus auf »Sport« zu wechseln und mit Schmackes den Pass hoch zu brettern. Und weil sich sehr viele Motorradfahrer für diesen Klick zum Glück entscheiden, werden die Entwicklungsabteilungen der großen Hersteller mit Bits und Bytes weiterhin mächtig Gas geben.

Natürlich denkt jeder Test- und Entwicklungsfahrer an die schier unbegrenzten Möglichkeiten, die ein aktives Fahrwerk zu bieten hat. Deshalb wollen wir an dieser Stelle mögliche und eventuell auch unmögliche Szenarien vorstellen, die nicht in die nächste, aber vielleicht schon übernächste Generation der elektrischen Fahrwerke Einzug halten.

Von Race bis Road, und wenn es sein muss auch noch ins Gelände: KTM walzt die Bandbreite des semi-aktiven WP-Fahrwerks noch ein bisschen aus.

Die Fahrhöhen-Anpassung
Das Problem hier ist der hohe Stromverbrauch der nötigen Aktuatoren, um entweder die Federvorspannung oder gar die Federbeinlänge in sekundenschnelle zu verändern. Stromverbrauch heißt starke Lichtmaschinen, große Akkus, sowie starke und damit schwere Hydraulikpumpen. Und das in einer Zeit, in der um jedes Gramm CO_2 gerungen wird.

Gehen wir davon aus, die Aktuatoren sind an Bord, und die Steuerung ist schnell genug. Was lässt sich mit solch einer »Ride-Hight-Control« alles anfangen?

- Bei hohem Tempo, wobei die 130-km/h-Regel europaweit nur eine Frage der Zeit ist, könnten man das komplette Chassis mitsamt Fahrer absenken, um eine bessere Stabilität – Stichwort tiefer Schwerpunkt – und weniger Luftwiderstand – Stichwort CO_2 – zu generieren. Dazu müsste die Sensorik GPS-gestützt erkennen, dass sich das Fahrzeug auf einer absehbar geraden Strecke befindet und keine Kurven in Sicht sind. Sobald diese Möglichkeit besteht – Stichwort Autobahnausfahrt – und der Fahrer den Blinker setzt, hebt sich das Chassis in Sekundenschnelle an – Stichwort Schräglagenfreiheit.

Zu bedenken: eine tiefe Frontpartie könnte die Luftkanäle zum Wasserkühler deutlich verkleinern und die Motortemperatur bei hohem Tempo oder Vollgas dramatisch in die Höhe schießen lassen.

- Je nach Zuladung, Geschwindigkeit, Fahrweise und Streckenprofil lässt sich durch die GPS-gestützte »Ride-Hight-Control« die Lenkgeometrie auf der Landstraße anpassen. Das heißt: sehr handlich und agil bei schnellen Wechselkurven, stabil und sicher in engen Haarnadelkurven oder tief abgesenkt beim harten Bremsen, Vollgas-Beschleunigung oder Rangieren und Schieben.

Schöne Aussichten: Ducati Panigale V4 SP in voller Elektronik-Montur. Der Mechaniker hat ausgedient, jetzt wird der Fahrer zum Nerd.

Wenn der Zahn der Zeit aus dem ESA-Motor einen Rostklumpen macht, schlägt die Stunde der Service-Techniker.

- Bei Supersport und Rennmotorrädern könnte mit der »Ride-Hight-Control« für jede Sektion auf der Rennstrecke die passende Geometrie einjustiert und die optimale Dämpfung dazugestellt werden.
  Für den Start und Beschleunigung auf der Geraden senken sich Heck und Front synchron ab, beim Bremsen tendenziell mehr das Heck. Denn die Gabel besitzt nur einen begrenzten Federweg, der voll funktionsfähig bleiben muss.
  Auch eine Anpassung der Fahrhöhe und der Dämpfung an die über den Rennverlauf abnehmende Spritladung, bei einem 20-Liter-Tank immerhin rund 16 Kilogramm, würden Reifen und Nervenkostüm schonen.

Um genau diesen immensen Aufwand an Elektronik und Unmengen an Daten einzubremsen, sind in der MotoGP-Weltmeisterschaft elektronisch gesteuerte Fahrwerke bislang verboten. Denn durch eine Freigabe, so fürchten einige MotoGP-Techniker, würden die Test- und Entwicklungskosten aus dem Ruder laufen.

UNDICHT? KAPUTT? WAS DANN?

Und welche Kosten kommen im Dauerbetrieb auf die Besitzer der E-Fahrwerke zu? Zu diesem Thema haben sich unter anderem auch die Spezialisten von Wilbers Gedanken gemacht und bieten für die ESA-Stellmotoren im Federbein der älteren Generation einen Reparatur-Kit an. Zumal das hintere Federbein sehr exponiert dem Staub, Schmutz und Wasserstrahl des Hinterrades ausgesetzt ist.

Reparatur und Wartung, vom undichten Gabelsimmerring bis zum kompletten Service des Federbeines, sind zudem für Besitzer eines semi-aktiven Fahrwerks großes Thema. Sind die Motorradhändler in der Lage, »Elektrische« Telegabel und Federbein zu zerlegen und zu reparieren? Laut Sachs/ZF-Techniker Burkhard Bender können Öl- oder Simmerringwechsel an den ZF-Bauteilen problemlos durchgeführt werden, da die elektrischen Bauteile nach dem Abkoppeln der elektrischen Steckverbindung komplett mit dem Dämpfereinsatz demontiert werden.

Auch Fahrwerks-Spezialist Andy Vogt von GL-Suspension sieht darin das kleinste Problem. Aufwendiger, komplizierter und damit teurer dagegen wird der Service für die elektronischen Closed-Cartridge-Gabeln mit Gasdruckpolster, die sich nur mit Spezialwerkzeug und viel Know-how zerlegen lassen. Denn die relativ geringe Ölmenge des geschlossenen Dämpfers kann natürlich auch weniger Abrieb aufnehmen und sollte entsprechend oft gewechselt werden.

Man darf also gespannt sein, ob in Zukunft die Fahrwerks-Elektronik die unvernünftigste, aber spannendste Fortbewegungsart tatsächlich noch beflügelt – oder dem Maschinisten und Fahrer die Zügel aus der Hand nimmt.

KAPITEL 11

PRAXIS Das Profi-Testhandbuch

Damit die Vergleichbarkeit stimmt, sollte ein Test gut vorbereitet in einem vorgegebenen Zeitfenster ablaufen.

- Grundlagen Testfahrten
- Analyse von Brems- und Fahrstabilität
- Einheitliche Begriffe von Federung und Dämpfung
- Analyse von Brems- und Lenkverhalten

Um Motorradfahrwerke in ihrer Grundfunktion beurteilen zu können, müssen diese auf einer übersichtlichen, verkehrsarmen Strecke, oder noch besser auf einem abgesperrten Gelände oder einer Teststrecke, gefahren und bewertet werden.

Der Autor und sein Team haben für diese Zwecke auf einem ehemaligen Flugplatzgelände einen Handlingkurs angelegt, der neben Kurven aller Art, einer Kreisbahn, dem Slalomparcours und Bremsmessstrecke auch Passagen enthält, die mit harten Trennfugen und tiefen Bodenwellen zudem die Federelemente an ihre Grenzen bringen. So kann ein Motorradfahrwerk oder die Bereifung sehr kompakt, sicher und reproduzierbar getestet und abgestimmt werden.

Neben unzähligen Testfahrten für die Motorradreifen-Industrie, arbeitet das MTE Team (Motorrad-Test-Entwicklung) um den Autor Werner Koch auch als »Externer« für KTM in Mattighofen, mit Schwerpunkt Fahrwerk und Gesamtkonzeption.

Zu den grundlegenden Fahrtests gehören:

- Mehrere Vollbremsungen aus 150 km/h bis zum Stillstand mit und ohne Bodenwellen. Ergänzt werden diese Bremstests je nach ABS-Anforderungen durch Bremsen mit Reibwertsprung (Sandflächen), Bremsen mit gleichzeitigem Ausweichmanöver oder Bremsvorgänge bei Überfahren von Schlagleisten. Im Fokus stehen dabei die Durchschlagsicherheit der Gabel, die Bremsverzögerung, die ABS-Regelung und die Bremsstabilität. (Aufzeichnung über 2D-GPS und 2D-Federwegsensor)

- Der MTE-Bremsschlagtest, dabei wird aus der vollen Beschleunigung im 2. Gang eine abrupte

Bei der mit Ausweichmanöver kombinierten Vollbremsung sind Reifen, ABS und Regelelektronik ziemlich beschäftigt.

Schreckbremsung simuliert, um Überschlagsneigung, mögliches Gabelflattern oder ein mögliches Durchschlagen der Gabel aufzuspüren. (Aufzeichnung über 2D-GPS und 2D-Federwegsensor)

- Mehrere Vollgasbeschleunigungen von 0 auf 150 km/h mit und ohne Bodenwellen. Als Grundlagenmessung für den Anti-Squat-Effekt dient ein 100 Meter langer, ebener Streckenabschnitt bei konstantem Tempo 50 km/h. Damit werden die Federwege N2 in dynamischem Zustand erfasst. (Aufzeichnung über 2D-GPS und 2D-Federwegsensor)

- Kurvenfahrt in der Kreisbahn mit maximaler Schräglage und Überfahren von jeweils zwei harten Trennfugen pro Runde, wobei das synchrone Federverhalten und die Stoßabsorbtion in Schräglage geprüft werden.
  Die Kreisbahn wird in beide Richtungen befahren, um mögliche Unterschiede im Lenkverhalten, Stichwort asymmetrische Gewichtsverteilung, herauszuarbeiten. (Aufzeichnung über 2D-GPS und 2D-Federwegsensor)

Die Kreisbahn gibt Aufschluss über Lenkkraft, Stabilität, Federverhalten und Rückmeldung.

- Slalomstrecke mit einer Durchschnittgeschwindigkeit von rund 60 km/h. Dabei werden Lenkgeometrie, Kurvenstabilität, Handling und die Reifenhaftung beurteilt. Durch archivierte 2D-Datenaufzeichnungen können objektive Vergleiche zu anderen Motorrädern gezogen werden. (Aufzeichnung über 2D-GPS und 2D-Federwegsensor)
- Freihändiges Ausrollen aus 100 km/h, um die Freigängigkeit von Lenkungsdämpfer oder Lenkkopflager und die Gewichtsbalance von linker und rechter Seite zu prüfen.

Schlagleistentest

Um die Funktion der Druckstufendämpfung in Bezug auf Ansprechverhalten und Komfort zu beurteilen, sollte man sich eine Strecke suchen, die mit harten Trennfugen und Kanten gespickt ist, bei denen das Ansprechverhalten eine große Rolle spielt. Sehr gut geeignet sind abgesenkte oder erhabene Kanaldeckel, bei denen man die unterschiedlichen Dämpfungsstufen sicher und reproduzierbar austesten kann.

Dabei wird immer mit derselben Geschwindigkeit und dem vorher richtig eingestellten Reifenluftdruck gefahren. Denn die Federfunktion der Reifen hat bei solchen harten Kanten einen erheblichen Einfluss auf Komfort und Ansprechverhalten.

Um dieses Ansprechverhalten mess- und reproduzierbar darzustellen, hat sich bei den Fahrwerkstests die sogenannte Schlagleiste bestens bewährt. Dabei wird eine Stahlkonstruktion auf den Asphalt der Teststrecke gedübelt, bei der zwei quer zu überfahrende 30 x 10 Millimeter Flachstahlbänder im Abstand von einem Meter verschweißt sind. Diese Schlagleisten können in 10-Millimeter-Schritten bis auf 40 Millimeter erhöht werden. Die Geschwindigkeit beim Überfahren beträgt 30 km/h, kann aber je nach Test beliebig variiert werden.

Alle Tests werden von zwei Testfahrern mit 70 und 90 kg Körpergewicht gefahren, um die Auswirkungen des Gesamtgewichts auf die Lenk- und Kurveneigenschaften auszutesten. Bei Unstimmigkeiten

Variable Schlagleiste für reproduzierbare Fahrwerkstests von Komfort und Ansprechverhalten.

Der 70 Kilogramm leichte Testfahrer bekommt zur Gegenprobe eine 20 kg schwere Bleiweste verpasst

in der Beurteilung simuliert der leichte Testfahrer mit einer 20 kg schweren Bleiweste die Fahreigenschaften, die der 90-kg-Testfahrer ermittelt hat. Dazu kommen mehrere Testrunden mit Sozius bzw. maximaler Zuladung.

Bei Bedarf werden, wenn möglich, alle elektronischen Fahrhilfen deaktiviert, um bestimmte Fahrzustände manuell auszutesten und zu bewerten.

Für alle Tests sind die Reifentemperaturen, bei Bedarf mittels Reifenwärmer, festgelegt und bewegen sich in einem Fenster von 35 bis 40 Grad vorn und 40 bis 50 Grad am Hinterreifen. Diese Temperaturen werden auch im Landstraßenbetrieb erreicht und sind somit Grundlage für einen simulierten Landstraßentest. Der natürlich als Abschluss über eine 220 Kilometer lange festgelegte Strecke die Ergebnisse bestätigen muss.

Bei Testfahrten mit Straßenmaschinen wird auf den Hanging-off-Fahrstil bewusst verzichtet. Der sogenannte **Road-Mode**-Fahrstil und Sitzhaltung orientiert sich am gebräuchlichen Fahrstil der Motorradfahrer. Dabei werden Kurven ohne Hanging-off-Sitzhaltung und in aufrechter, lockerer Körperhaltung befahren. Dieser Road-Mode gilt bei Tests von reinen Straßenmaschinen oder Straßenbereifung auf der Handlingstrecke. Die Erfahrung zeigt, dass sich gewisse Schwächen im Kurven- und Lenkverhalten mit gezieltem Gewichtstransfer abschwächen oder korrigieren lassen. Und genau diese mögliche Verfälschung soll durch den Road-Mode verhindert werden. Zudem sollen diese Testfahrten außerhalb von Rennstrecken die Reproduzierbarkeit im Landstraßenbetrieb sicherstellen.

Ein 2D-Datarecording-System, das mit den unterschiedlichsten Sensoren ausgerüstet werden kann, erfasst dabei die Geschwindigkeit, Federwege, Schräglage und die g-Kräfte in drei Achsen. Es dient zur objektiven Bewertung der Mess- und Testfahrten und erlaubt es, Änderungen speziell am Fahrwerk oder der Lenkgeometrie schnell und reproduzierbar zu analysieren und zu bewerten. Für alle Testfahrer ist zwar das subjektive Empfinden, der berühmte Popo-Meter, letztendlich das entscheidende »Messinstrument«, dennoch möchte das gesamte Team nie mehr auf die 2D-Datenauswertung verzichten. Auch, weil sich selbst feine Unterschiede eindeutig abzeichnen und vor Ort die entsprechenden Änderungen und Bewertungen vorgenommen werden können.

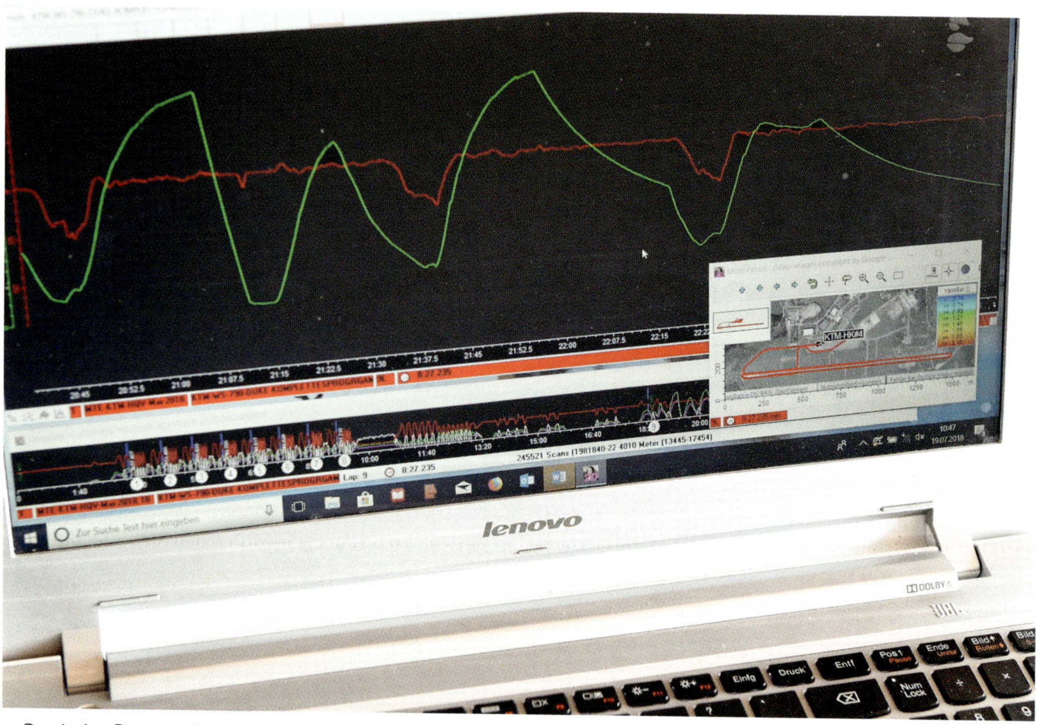

Dank der Datenaufzeichnung lassen sich subjektive Testeindrücke zuverlässig aufzeigen und bewerten.

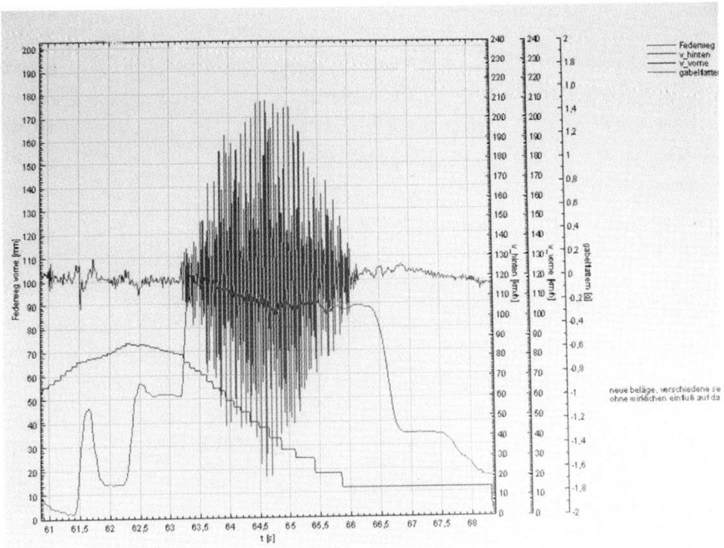

Beispiel #1: Das gefährliche Gabelflattern beim Bremsen, das auf dem Bildschirm eindrucksvoll bestätigt wird.

PRAXIS
ALLGEMEINE STABILITÄTS- UND FAHRWERKSPROBLEME

Bremsflattern

Zunächst erstaunt, dass ausgerechnet Hightech-Sportler dieses zwar selten auftretende, dann aber lästige Gabelflattern zeigten. Der Grund liegt nicht in unzureichend gedämpften Federelementen, sondern in zu großen Elastizitäten im Rahmen oder in den Gabelholmen. Bei den Supersport-Modellen bis etwa Baujahr 2010 ist Gabelflattern trotz steifer Rahmenbauweise keineswegs fremd. Honda tauschte beispielsweise 2004 bei einigen Fireblade-Besitzern (SC57) nach deren Beschwerden die Bremsbeläge, um die Anregung von Resonanzschwingungen bei hartem Anlegen der Bremsbeläge zu entschärfen.

Beim blitzartigen Zupacken der bissigen Zangen, etwa bei einer Schreckbremsung, geriet die Gabel in Resonanzschwingungen, die sich bis zum Stillstand nicht mehr beruhigten. Wird der Bremsvorgang mit einem langsameren, normalen Druckaufbau eingeleitet, sodass die Gabel genügend weit eintauchen kann, kommt es dagegen zu keinerlei Vibrationen. Und zwar deswegen, weil die große Überlappung von Gleit- und Standrohr die Gabel beim Einfedern steifer macht. Man hat als Ursache eine zu starke Durchbiegung der Gabelrohre oder des Rahmenvorderbaus bei abrupten Bremsmanövern ausgemacht, wodurch sich eine Resonanzschwingung mit rund 20 Ausschlägen pro Sekunde ergibt.

Als praktikable Lösung wurden auch Hohlschrauben am Handbremszylinder mit sehr kleinem Querschnitt verbaut, die den Druckaufbau auch bei hartem Zupacken (dem sogenannten Bremsschlag) drosseln. Solche speziellen Hohlschrauben wurden von Brembo in einigen Serienmotorädern verbaut, die mit dem Problem »Bremsflattern« zu kämpfen hatten.

Symptome: Starkes Zittern des Vorderrads in horizontaler Richtung. Im Extremfall starke Vibrationen des ganzen Motorrads

Auslöser: Plötzlicher, harter Bremseinsatz vorn, Anregung durch Bodenwellen beim Bremsen

Ursache: Zu geringe Biegesteifigkeit von Gabelholmen und/oder Rahmen, ungünstige Resonanzfrequenzen, zu großes Spiel durch gelöste Befestigungsschrauben (Motor, Rahmen) oder lose Lenkkopflager

Abhilfemaßnahmen: Sanftes Anlegen der Bremse, weniger aggressive Bremsbeläge verwenden, Einbau einer hydraulischen Drossel zwischen Handbremszylinder und Bremszange

Bremsstempeln

Beim Bremsen tritt manchmal auch am Hinterrad eine unangenehme Erscheinung auf, die die ganze Fuhre durchschüttelt. Wird die Hinterradbremse stark betätigt und gleichzeitig heruntergeschaltet, überträgt sich das unregelmäßige Schleppmoment des Motors durch die Verdichtungstakte über den Antriebsstrang auf die Federung und löst eine Schwingung aus, die vom hydraulischen Stoßdämpfer nicht mehr eingebremst werden kann. In Verbindung mit dem Drehmoment der Bremskraft gerät dann bisweilen das Hinterrad in eine Schwingungsfrequenz, das sogenannte Bremsstempeln.

Abgesehen von der unkomfortablen Schüttelei kann das Hinterrad in diesem Zustand natürlich nur noch wenig Bremskraft und Seitenführung übertragen.

Symptome: Starke Schwingungen des Hinterrads

Auslöser: Bremseinsatz hinten bei gleichzeitigem Herunterschalten

Ursachen: Resonanzschwingungen im Antriebsstrang, geringe Schwungmassen des Motors, hohes, ungleichförmiges Schleppmoment des Motors (speziell bei Ein- und Zweizylindern), großes Spiel im Antriebsstrang

Abhilfemaßnahmen: Kupplung beim Bremsen leicht anlegen (wirkt dann wie eine Anti-Hopping-Kupplung), niedrige Drehzahlen durch spätes Herunterschalten, Umbau auf Anti-Hopping-Kupplung. Zug- und Druckstufendämpfung erhöhen

Chattering

Ein Ärgernis, das speziell im Rennsport auftritt und den Fahrwerksspezialisten graue Haare wachsen lässt. Beim Chattering neigt vor allem das Vorderrad dazu, beim Einlenken in Kurven oder in Schräglage zu springen. Im Gegensatz zum Bremsflattern bewegen sich die Frequenzen nicht horizontal, sondern in Federrichtung, also in Längsachse der Gabel. Ursache für Chattering ist in erster Linie der Reifen, der im Rennsport meist einen sehr steifen Karkassaufbau benötigt, um Lenk- und Bremskräfte präzise zu übertragen. Wenn das Motorrad in maximaler Schräglage fährt und durch leichtes Öffnen des Gasgriffs wieder unter Zug steht, verschwinden diese Vibrationen oftmals.

Als Auslöser für Vorderrad-Chattering kommen durchaus auch Probleme der Hinterradfederung in Betracht. Bei zuviel Spiel in den Lagerstellen der Umlenkung, Stoßdämpfern mit unkontrollierter Lowspeed-Dämpfung oder Spiel im Umkehrpunkt können sich die Schwingungen aufbauen.

Auch ein schlecht gewuchteter Hinterreifen oder ein Motor mit zu wenig Schwungmasse und hohen Schleppmomentspitzen (siehe auch Bremsstempeln) übertragen die Vibrationen über das Chassis nach vorn.

Auch die in Mode gekommenen Kennzeichenhalter, die an der Schwinge angebracht sind, können durch den langen Hebelarm mitunter das Hinterrad auf holprigem Belag in Schwingungen versetzen, die dem klassischen Chattering sehr nahekommen..

Mit sogenannten Massedämpfern, die an den Gabeltauchrohren angebracht sind, wurden bei Rennmaschinen gute Erfahrungen gemacht, um das Problem zu minimieren. Diese Massendämpfer der Firma Tractive aus Holland (ehemals WP Suspension) werden am Gabelfuß befestigt und erzeugen durch innenliegende, bewegliche Stahlkörper eine Gegenfrequenz zum Chattering.

Symptom: In Schräglage Vibrationen von Vorder- und/oder Hinterrad in Federungsrichtung, die teilweise so stark sind, dass die Sicht verschwimmt und die Reifenhaftung abreißt

Auslöser: Bremsmomentspitzen des Motors, Überfahren von Bodenwellen in Schräglage, Überlagerung von Schwingungen in der Radaufhängung oder lose montierte Bauteilen

Ursache: Zu steife oder zu flexible Rahmen- oder Reifenkonstruktion, Unwucht in Reifen/Rädern, ungenügende Ruckdämpfung im Antrieb, lose Anbauteile, die die Vibrationen auslösen, Spiel in der Federbein-Umlenkung, defekter Stoßdämpfer, zu geringe Lowspeed-Dämpfung

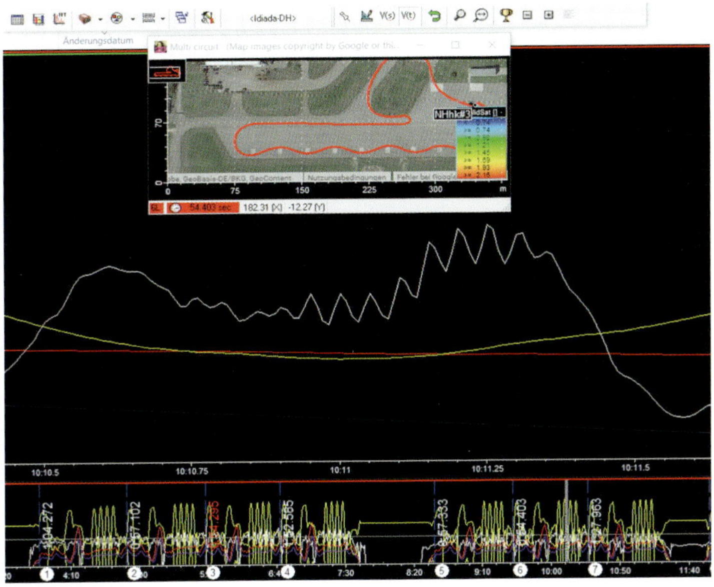

Beispiel #2: Chattering am Hinterrad, maßgeblich ausgelöst durch zu großes Spiel in der Umlenkung.

Abhilfemaßnahmen: Reifen mit weicherer Karkasse verwenden, Luftdruck korrigieren, Reifen optimal auswuchten, Dämpfungseinstellung im Lowspeed-Bereich optimieren, alle Bauteile auf festen Sitz prüfen

Lenkerpendeln / Shimmy

Betreffen die bisher aufgeführten Phänomene meist neue, technisch ausgereifte Maschinen, haben speziell ältere und billigere Motorräder mit Lenkerflattern, sogenanntem Shimmy, zu kämpfen. Bei diesem Effekt, benannt nach einem rhythmischen, körperbetonten Tanz, tritt eine Drehschwingung um die Lenkachse auf. Je nach Geschwindigkeit und Radmassen liegt die Frequenz zwischen 6 und 12 Ausschlägen pro Sekunde.

Ausgelöst werden diese Schwingungen vom Reifen, der durch Unwucht oder unrunden Lauf das Lenksystem anregt. Selbst kleine, im Reifen verborgene Unregelmäßigkeiten, zum Beispiel die überlappende Schnittstelle der Karkasslagen bei Diagonal- oder Schnittgürtelreifen, sind in der Lage, das Lenksystem in Schwingung zu versetzen.

Meist spürt der Fahrer das Phänomen zwischen 60 und 100 km/h durch leichte Vibrationen im Lenker. Warum gerade in diesem Geschwindigkeitsbereich? Weil sich dort die Raddrehzahl mit der Eigenfrequenz des Lenksystems, das sich aus allen um die Lenkachse drehenden Massen ergibt, überlagert. Verstärkt tritt Lenkerflattern beim Ausrollen oder bei konstanter Fahrt auf, während in der Beschleunigungsphase durch das entlastete Vorderrad kaum etwas zu spüren ist. Wirklich gefährlich ist Shimmy aber nicht, solange man den Lenker fest im Griff hat. Wenn man jedoch unvorsichtigerweise zum falschen Zeitpunkt die Hände vom Lenker nimmt, kann sich die Lenkung von Anschlag bis Anschlag aufschaukeln. Die Shimmy-Neigung verstärkt sich, je weiter das Reifenprofil abgefahren ist. Die dicke Gummilage und tiefen Profilrillen neuer Reifen dämpfen die Schwingungen.

Symptome: Drehschwingungen des Vorderrads um die Lenkachse zwischen 60 und 100 km/h

Auslöser: Anregung durch ungleichförmige Reifen beim Ausrollen

Ursache: Unwucht im Reifen, nicht zum Motorrad passender Reifentyp, unrunder Lauf von Reifen oder Felge, Achsmuttern oder Gabelbeklemmung nicht korrekt angezogen

Abhilfemaßnahmen: Anderen Reifentyp verwenden, Reifen optimal auswuchten, Gabelschrauben mit vorgeschriebenem Drehmoment anziehen

TIPP: Bei allen Problemen, die vom Reifen ausgelöst werden, hilft es oftmals, Reifen und Felge zu »matchen«. Dabei wird der Reifen zuerst um 180 Grad auf der Felge verdreht und nochmals überprüft. Stellt sich kein Erfolg ein, wird er in dieselbe Richtung um 90 Grad (also insgesamt 270 Grad) verdreht. Als letzter Schritt wird durch eine weitere Verdrehung um nochmals 180 Grad eine mögliche sogenannte innere Unwucht überprüft. Durch dieses »Matchen« versucht man, den ungünstigsten/unförmigsten Felgenbereich mit dem günstigsten/formhaltigsten Bereich des Reifens zu kombinieren.

Lenkerschlagen / Kickback

Dieses Problem sorgte vor allem seit der Generation der extrem leichten Supersportmaschinen Anfang der 90er-Jahre für Schlagzeilen, war aber bereits in den Achtzigern nicht unbekannt. Etwa bei BMW K 75-Modellen, die beim Beschleunigen auf holprigem Asphalt wild mit dem Lenker auskeilten. Die Ursache ist dieselbe: Das Lenksystem wird durch eine außermittig einwirkende Kraft schlagartig in eine Drehbewegung versetzt. Die Rückstellkraft des Nachlaufs am Vorderrad versucht, die Lenkung wieder in Geradeausstellung zu bringen. Bei diesem Kampf der Kräfte und Momente kann es zu einem heftigen Schlagen kommen, das entweder nur kurz auftritt oder auch mehrere Sekunden dauern kann. Im Extremfall schlägt es dem Fahrer den Lenker aus der Hand.

Hauptursache für Lenkerschlagen ist die seitliche Krafteinwirkung aufs Vorderrad. Wird diese nicht durch die weiche Karkasse des Reifens abgefedert, überträgt sie sich in die Gabel. Die sind heute aufgrund von Standrohren mit großen Durchmessern und massiven Brücken so steif, dass sie kaum noch Torsionsbewegungen zulassen. Mit dem Resultat, dass nichts mehr hilft, außer einem hydraulischen Lenkungsdämpfer.

Selbst ein zu hart abgestimmtes Federbein kann beim Überfahren von Kanten und Trennfugen dafür sorgen, dass durch einen kurzen Ruck mit seitlichem Versatz ein Schräglauf in der Lenkung entsteht, der Kickback auslösen kann.

TIPP: Mit einem schnellen Tritt auf die Hinterradbremse lässt sich gefährliches Lenkerschlagen durch den hohen Anpressdruck des Vorderrads schnell beruhigen

Symptome: Extreme Drehschwingung um die Lenkachse bei hohem Tempo, auf holprigem Fahrbahnbelag oder bei voller Beschleunigung

Auslöser: Geringer Anpressdruck am Vorderrad beim Beschleunigen, Anregung durch harte Trennfugen oder Querrillen, vor allem in leichter Schräglage

Ursache: Sehr sportliche, auf Handlichkeit getrimmte Fahrwerksgeometrie, Reifen mit geringer Eigendämpfung, harte Fahrwerksabstimmung vorn oder hinten, lose eingestelltes Lenkkopflager

Abhilfemaßnahmen: Lenkungsdämpfer einbauen, Dämpfung am Lenkungsdämpfer erhöhen, Vorspannung vorn verringern, weichere Druckstufendämpfung in der Gabel oder am Federbein verwenden, Spiel der Lenkkopflager minimieren. Verwendung von Reifen mit weicherer Karkasse

Pendeln

Diese klassische Fahrwerksschwäche ist heutzutage weitgehend verschwunden. Doch leichte Gelände-Enduros oder hochbeinigen Reise-Enduros nerven ihre Reiter bei hohem Tempo mitunter durch mehr oder weniger starkes Pendeln. Auch Maschinen mit Packtaschen oder Topcase, zeigen diese Unart. Dabei spürt der Fahrer eine permanente Drehschwingung am Lenker, die daraus resultiert, dass sich die Maschine über die Lenk- oder Hochachse – eine gedachte, vertikal durch den Maschinenmittelpunkt verlaufende Linie – verdreht.

Diverse Ursachen können dieses Pendeln auslösen. Dazu gehören schwach dimensionierte Rahmen, zu viel Spiel in den Schwingenlagern oder torsionsempfindliche Telegabeln. Auch sehr unflexible, steife Diagonalreifen können bewirken, dass die Maschine bei hohem Tempo ins Schlingern gerät.

Anderseits stehen die bei schweren Reise-Enduros verbauten und konstruktiv bedingt flexiblen Drahtspeichenräder im Verdacht, Pendeln auszulösen oder zu verstärken.

Bei Tourenmaschinen sind oftmals die Aufhängungen der Gepäckkoffer schwimmend ausgeführt, wodurch das Aufschaukeln der Gepäckmassen drastisch verringert wird.

Routinierte Piloten verlagern die Sitzposition nach vorn oder hinten und stabilisieren das Ganze mit einem festen Knieschluss am Tank.

Bei schnellen Maschinen kann auch der aerodynamische Auftrieb die Front aus den Federn heben, sodass das Vorderrad an Anpressdruck verliert, instabil wird und das Pendeln auslöst.

Symptome: Drehschwingungen des Motorrads um die Lenk- und/oder Hochachse

Auslöser: Bodenwellen, Windturbulenzen, hohe Geschwindigkeit

Ursache: Nicht ausreichende Steifigkeit im Rahmen und/oder in der Radaufhängung, Spiel in der Radaufhängung, abgefahrene oder unpassende Bereifung, aerodynamischer Auftrieb, ungünstige Gewichtsverteilung

Abhilfemaßnahmen: Anderen Reifentyp verwenden, sämtliche Lagerstellen überprüfen, Gepäckverteilung ändern, Gewichtsverlagerung und fester Knieschluss

Highspeed-Shimmy

Ähnlich dem bekannten Lenkerflattern bei zirka 80 km/h liegt auch die Frequenz des Highspeed-Shimmy bei rund 10 Herz und dreht sich um die Lenkachse. Allerdings, wie die Bezeichnung schon sagt, unter gänzlich anderen Vorzeichen. Bei unzähligen Testfahrten auf den sogenannten »Betonplatten-Autobahnen« (z.B. »Testautobahn« A81 Heibronn-Würzburg) setzt dieses Phänomen erst ab rund 180 bis 200 km/h ausschließlich auf den holprigen Autobahnabschnitten ein. Je härter ein Fahrwerk abgestimmt ist, desto eher und ausgeprägter treten diese Schwingungen auf und können letztendlich nur durch ein verringertes Tempo sicher abgestellt werden. Selbst straff abgestimmte Lenkungsdämpfer können bei Tempo über 200 km/h überfordert sein.

TIPP: Wie beim Kickback, hilft auch hier ein schneller Tritt auf die Hinterradbremse

Symptome: Extreme harte Drehbewegung des Vorderrads um die Lenkachse

Auslöser: Geringer Anpressdruck am Vorderrad bei hohem Tempo (aerodynamischer Lift) oder starker Beschleunigung, Anregung durch harte Trennfugen oder Querrillen.

Ursache: Sehr sportliche, auf Handlichkeit getrimmte Fahrwerksgeometrie in Verbindung mit einer harten Fahrwerksabstimmung vorn und hinten und/oder sehr steifer Reifenkarkasse

Abhilfemaßnahmen: Lenkungsdämpfer einbauen, Dämpfkraft am Lenkungsdämpfer erhöhen, Federvorspannung vorn verringern, weichere Druckstufendämpfung im Lowspeed-Bereich in der Gabel oder am Federbein verwenden, Reifen mit mehr Eigendämpfung verwenden

Taumeln

Der Begriff beschreibt den Fahrzustand bei Geschwindigkeiten unter etwa 70 km/h, also in einem Bereich, in dem die stabilisierenden Kreiselkräfte der Räder noch relativ gering ausfallen. Taumeln tritt zum Beispiel auf, wenn hydraulische Lenkungsdämpfer in kaltem Zustand die Lenkung leicht blockieren und sich die Lenkung dadurch nicht selbstständig auspendeln kann. Das Motorrad fährt dabei leichte Schlangenlinien und muss vom Fahrer permanent ausbalanciert werden. Dieses Taumeln kann auch in langsamen Kurven auftreten. Häufigste Ursache dafür sind zu stramm justierte oder eingelaufene Lenkkopflager, die in Geradeausstellung regelrecht einrasten.

Rückmeldung/Feedback

Die Eigenschaft, dass ein Fahrwerk dem Fahrer ein sicheres Gefühl für die Straße und den Grenzbereich vermittelt, ist enorm wichtig, aber sehr schwer zu definieren. Doch dieses Gefühl, die Straße fast mit dem Handschuh abzutasten und genau zu spüren, was sich zwischen Reifen und Fahrbahn abspielt, schafft enorm viel aktive Sicherheit und

Fahrspaß. Und zwar für den Anfänger ebenso wie für den Tourenfahrer oder Rennsport-Profi.

Tatsächlich sind es ein paar bestimmte Parameter, die die Übertragung zwischen Straße und Lenker bzw. Sitzfläche maßgeblich beeinflussen.

- Der Straßenbelag selbst ist als Impulsgeber für die Rückmeldung aus Bewegungen und Vibrationen ausschlaggebend. Dabei ist generell ein rauer, grobkörniger Asphalt gespickt mit kleinen Unebenheiten eine gute Grundlage. Schwierig und selbst für MotoGP-Profis oftmals kaum zu durchschauen, sind glattgebügelte, aber extrem griffige Rennstreckenbeläge mit exorbitanter Haftung, aber subjektiv sehr wenig Rückmeldung.
- Reifen mit einer stabilen Karkasse und großer Auflagefläche, dem sogenannten Latsch, nehmen die Signale der Straßenoberfläche gut auf und schaffen die Grundlage für ein transparentes Fahrverhalten.
- Stabile, extrem verwindungssteife Telegabeln sind theoretisch gut, in der Praxis aber bevorzugen die Konstrukteure zunehmend Radführungen, die eine bestimmte Flexibilität zulassen und den mechanisch-physikalischen Grenzbereich durch leichte Torsionsbewegungen verstärken.
- Das Kontaktgefühl zwischen Radachse und Lenkergriff, also der Übergang von Maschine zu Fahrer, verbessert sich, wenn die hydraulische Dämpfung sehr präzise und kontrolliert arbeitet. Das heißt cremige, satte Lowspeed-Dämpfung, keinen »Leerweg« im Umkehrpunkt und eine metallisch feste Verbindung zwischen Standrohr und Lenker. Was beispielsweise gummigelagerte, vibrationshemmende Lenkerbefestigungen ausschließt.
- Griffgummis und Handschuhe, die eine, schon bei geringer Handkraft, fast klebrige Verbindung herstellen, machen die flotte Kurvenfahrt nicht nur kraftschonend, sondern erzeugen auch eine klare Rückmeldung. Ähnliches gilt für eine möglichst große, homogene Kontaktfläche zwischen Ober-/Unterschenkel im Tankbereich. Wenn dieser anstatt einer rutschigen Lackierung eine griffige Oberfläche, wie beispielsweise die Stompgrip Pads trägt, werden Bremsvorgänge und Kurvenfahrten noch transparenter. Der Hintergrund dabei: Haftfähige Kontaktflächen erfordern weniger Muskelanspannung bei dynamischen Fahrzuständen und lassen so mehr Raum für die feinmotorischen Abläufe.

PRAXIS
BEGRIFFE FEDERUNG / DÄMPFUNG / LENKVERHALTEN

Um sicher zu sein, dass die unterschiedlichen technischen Begriffe und Fahrzustände klar definiert sind, ist eine einheitliche Sprachregelung notwendig. Nur so können Testfahrer, Techniker und Kunden unmissverständlich und effizient die Probleme und Schwierigkeiten am Fahrwerk besprechen und lösen. Zumal sich die drei Segmente Federung/Dämpfung und Lenkverhalten verzahnen können.

Technische Begriffe

N0-Nulllage: Fahrzeugwinkel in der vom Konstrukteur vorgesehenen Position, Fahrzeug komplett ausgefedert mit frei hängenden Radmassen (Topoutfeder durch Radmassen vorgespannt) mit leichter Bodenberührung.

N1-Lage: Fahrzeugwinkel in der vom Konstrukteur vorgesehenen Position, belastet mit Fahrzeuggewicht und ¾ Tankfüllung. Diese Lage wird durch Einstellen der Federvorspannung erreicht und wird vor der Messung der N2-Lage vorgenommen.

N2-Lage: Fahrzeugwinkel in der vom Konstrukteur vorgesehenen Position, belastet mit Fahrer. Diese Lage wird durch Einstellen der Federvorspannung erreicht und muss vor jedem Test mit Fahrergewicht und ¾ vollem Tank auf maximal plus/minus 3 Millimeter eingestellt werden.

Aus den N1- und N2-Werten lässt sich ableiten, ob die Federrate zum Fahrergewicht passt.

PRAXIS
BEGRIFFE FEDERVERHALTEN

Abblocken: Mechanisch oder hydraulisch harte Blockade der Federung bei Stößen oder hohen Belastungen vor dem Erreichen des Hydrostop oder

Testen heißt immer vergleichen: Gut, wenn man sechs Federbeine direkt überprüfen und vergleichen kann.

Gummipuffers. Meist eine zu hohe Highspeed-Druckstufe oder zu hohe Federprogression durch Umlenkung, Federrate oder Luftpolster.

Durchschlagen: Spürbares Abblocken der Federung vorn oder hinten am Hydrostopp oder dem Anschlagpuffer. Ein Vorgang, der durch eine zu weiche Federrate oder zu wenig Druckstufendämpfung zustande kommt und in jedem Fall vermieden werden muss, da speziell am Hinterrad extreme Lastspitzen auf Radaufhängung und Rahmen wirken.

Klemmen / Slipstick: Regelrechtes mechanisches Klemmen der Gabel, bei dem die Bewegungen der ungefederten Massen nahezu ungefiltert in Lenker oder Sitzbank weitergeleitet werden. Zur Sicherheit müssen sämtliche Klemmungen an Achse und Gabelbrücken gelöst und spannungsfrei nachgezogen werden.

Gleiten: Sanftes, feinfühliges Ansprechen und Absorbieren von Stößen und Unebenheiten aller Art.

Rattern: Mehrfaches hartes Springen der Räder bei Stößen oder Stoßfolgen mit einer hohen Frequenz, aber nicht im Bereich von Chattering. Tritt oftmals bei großem Radialspiel in den Umlenkhebeln an den Federbeinlagerstellen oder einer unkontrollierten Dämpfung am Umkehrpunkt auf, wenn beispielsweise das Wechselventil zu träge reagiert oder Luft im System ist.

Trampeln: Mehrfaches Springen der Räder mit relativ niederer Frequenz durch unkontrollierte Dämpfung, Beispiel: Federbeine mit abgenützten Dichtringen (Blow-by) oder sehr wenig Lowspeed-Dämpfung durch Verschleiß, defekte Shims oder den Verlust des Gasdruckes.

Prellen: Regelrecht ungebremstes Zurückprellen und Überfedern der Nulllage von Reifen/Rädern bei Stößen. Mögliche Ursache siehe oben.

Chattering: Hochfrequente Vibrationen der Räder/Reifen in Schräglage mit einer Frequenz von rund 15 Herz, meist ein Reifenproblem in Verbindung mit Spiel in der Umlenkung, unkontrollierte Dämpfung oder lose befestigten Anbauteilen.

Mechanisches Abstützen: Spürbare Federprogression durch Feder oder Luftpolster, die einem zu starken Abtauchen der Front entgegenwirken.

Einziehen: Hinterradfederung, die beim Beschleunigen stark eintaucht, meist ein Problem der Schwingengeometrie, neudeutsch: Squating-Effekt. Kann zu einer ungünstigen Lenkgeometrie führen, die Untersteuern am Kurvenausgang und bei Zuladung ein Durchschlagen der Federung bewirkt. Ursache ist meist ein zu flacher Schwingenwinkel und/oder eine zu weiche Abstimmung der Hinterradfederung.

Anheben: Hinterradfederung, die beim Beschleunigen ausfedert, ein gewollter Effekt der Schwingengeometrie, neudeutsch: Anti-Squating-Effekt.

Beide Effekte müssen durch Federwegsensoren überprüft werden, da das Motorrad beim Beschleunigen vorne mehr oder weniger stark ausfedert und der Fahrer dadurch nur ansatzweise erkennen kann, ob das Motorrad hinten aus- oder einfedert.

Bei einem komplett neu aufgebauten Fahrwerk und Federelementen, hier mit der Eigenbau-KTM RC4, erfolgt die Feinjustierung sicherheitshalber auf abgesperrten Teststrecken.

ACHTUNG: Zu starkes Anti-Squating kann zu Gripverlust auf Bodenwellen führen, wenn das Rad bis zum Topout-Anschlag ausfedert.

Kurven-Wobbling: Wenn Vorder- oder Hinterrad unter Belastung in Schräglage rhythmisch aufschaukeln und das Motorrad aus der Spur gerät. Kann am Vorderrad durch abgeblockte Federung oder auch durch eine Überlastung der Reifenkarkasse beim Bremsen in Schräglage hervorgerufen werden.

PRAXIS
BEGRIFFE DER HYDRAULISCHEN DÄMPFUNG

Hydraulisches Abstützen: Spürbar satte Stabilität beim Bremsen oder bei Bodenwellen durch eine stabile Druckstufendämpfung, wegabhängige Dämpfung oder Anti-Dive-System.

Abtauchen: Druckstufe oder Federung, die einem zu schnellen Abtauchen der Front beim Bremsen oder Kompressionen nicht oder mit zu wenig Widerstand entgegenwirken. Gilt für Gabel und Hinterradfederung. Kann sich am Hinterrad mit dem oben aufgeführten Squating-Effekt überlagern. Oftmals kann auch ein zu starkes Öffnen der Druckstufenhydraulik in der Gabel die Ursache sein.

Unkontrollierte Dämpfung: Der Fahrer empfindet die Verbindung von Rad zu Fahrzeug als lose und indirekt, meist einhergehend mit einer undeutlichen Rückmeldung. Als Folge kann das Rad in unkontrollierte Bewegungen wie Chattering oder Trampeln geraten oder bei dynamischen Radlaständerungen unnötig starke Fahrzeugbewegungen zulassen. Ursache ist häufig eine zu schwache Low- und Midspeed-Dämpfung in Zug- und Druckstufe oder eine defekte bzw. undichte Hydraulik.

Kontrollierte Dämpfung: Rad und Fahrzeug sind durch eine in allen Federgeschwindigkeiten spürbar satte Dämpfung verbunden. Das Rad bewegt sich bei Stößen oder Bodenwellen kontrolliert auf und ab, baut eine klare Rückmeldung zwischen Straße und Fahrer auf, hält das Fahrzeug stabil in der Nulllage und bremst bei einer dynamischen Radlaständerung die Nickbewegung.

Klackern am Umkehrpunkt: Mechanisches Klackern am Umkehrpunkt von Gabel oder Federbein. Ursache ist meist ein gewisses Spiel in der Hydraulik oder am Wechselventil der Gabel oder ein schlecht entlüftetes Federbein. Kann in der Folge zu Chattering oder Haftungsabriss führen. An der Gabel ist die Ursache dafür auch durch ein zu großes Spiel im Lenkkopflager oder Spiel zwischen Schaftrohr und Lagerinnenring zu suchen.

Festhalten: Starke Zugstufendämpfung, die das Motorrad zu langsam ausfedern lässt und vorn oder hinten in einer zu tiefen Lage festhält.

Auswerfen: Zu geringe Zugstufendämpfung am Federbein, seltener an der Gabel, die das Motorrad nach der Kompression regelrecht nach oben auswirft und dadurch den Fahrer unangenehm nach vorn kippt. Ursache kann auch eine viel zu geringe Druckstufendämpfung sein, die das Motorrad bei Kompressionen zu weit eintauchen und durch die hohe Federkraft zu schnell ausfedern lässt.

Rollen über die Längsachse: Dabei bewegen sich Front und Heck des Motorrades selbst auf ebenem Asphalt mit leichten, rhythmischen Bewegungen auf und ab. Ursache ist eine viel zu geringe oder nicht vorhandene Zug- und Druckstufendämpfung im Low- und Superlowspeed-Bereich, die der Federkraft keinen Widerstand entgegensetzt. Kann bei elektronischen Fahrwerken auftreten, wenn eine maximale Komforteinstellung geschaltet wird. Bei konventionellen Fahrwerken steckt meist ein Defekt/Undichtigkeit dahinter – oder ein maximal geöffnetes Nadelventil der Zugstufendämpfung.

Überfedern: Ausfedervorgang von Gabel oder Federbein, bei dem das Motorrad ein- oder mehrmalig über die Nulllage ausfedert, was zu Unruhe im Fahrwerk führt. Meist ein Problem einer zu geringen Zugstufendämpfung im Mid- und Lowspeed-Bereich. Beispiel: in den Wechselkurven, bei dem die Federung durch Schräglagenwechsel (Kompression/Dekompression) oder Lastwechsel nachfedert.

PRAXIS
BEGRIFFE FÜR BREMSVERHALTEN

Suchen auf der Bremse
Dabei weicht die Fahrzeugfront und Lenkung bei starker Verzögerung leicht von links nach rechts aus, ähnlich wie die Nase bei einem Hund, der eine Spur verfolgt. Ursachen dafür können lose Schraubverbindungen der Achse und Klemmfäusten sein. Auch Reifen mit einer zu weichen Karkasse verformen sich unter der Bremslast und erzeugen dieses schwammige Fahrverhalten.

Auslenken auf der Bremse
Wird das Motorrad stark abgebremst, neigt es je nach Schwerpunktlage, Lenkgeometrie und Bereifung dazu, dass das Hinterrad aus der Spur wandert und einen Schräglauf erzeugt. Dabei ist es nicht einmal notwendig, dass das Hinterrad abhebt, sondern nur noch mit wenig Anpressdruck zu wenig Seitenführung aufbauen kann.

Im Rennsport wird ein solches Auslenken gerne genutzt, um das Motorrad aggressiver in Kurven einzulenken.

Im Straßenverkehr hingegen versucht man diese Eigenschaft zu unterbinden, um den Bremsvorgang möglichst stabil und kontrolliert abzuschließen. Ein starker Auslenkwinkel kann auch dazu führen, dass sich das Motorrad um die Lenkachse gefährlich aufschaukelt. Ursache hierfür kann auch eine asymmetrische Schwerpunktlage außerhalb der Längsachse sein.

Liftverhalten beim Bremsen
Eine ebenfalls heikle Bremssituation ist das Abheben des Hinterrades. Je nach Fahrwerksgeometrie, Schwerpunktlage und Verzögerung, verlagert sich die dynamische Radlast zu 100 Prozent auf das Vorderrad, während das Hinterrad den Bodenkontakt verliert. Dieser Vorgang kann abrupt und plötzlich einsetzen, was sich vom Fahrer nur schwer kontrollieren lässt. Mit gut dosierbaren Bremsen und einer eher touristischen Fahrwerksauslegung kann das Liftverhalten aber auch sanft und gutmütig vonstattengehen. Moderne ABS verfügen über eine sogenannte Abhebekontrolle, die den Bremsdruck reduziert, sobald sich der Neigungswinkel über einem bestimmten Wert bewegt.

Aufrichten in Schräglage / Bremsen
Beim Bremsen in Schräglage wirkt über die außermittig (zur Kurveninnenseite) verlagerte Reifenaufstandsfläche ein Moment über den Hebelarm (Abstand zwischen Lenkachse und Mitte der Reifenaufstandsfläche) und verursacht ein zusätzliches Lenkmoment. Dieses Lenkmoment kann der Fahrer nicht oder nicht schnell genug kompensieren, so dass ein zusätzlicher Lenkeinschlag zur Kurveninnenseite entsteht. Als Folge richtet sich das Motorrad mehr oder weniger auf und verlässt den ursprünglichen Radius. Wird die Bremse gelöst, muss in gleichem Maß die Gegenlenkkraft reduziert werden. Durch die verzögerte Reaktion des Fahrers entsteht dann ein Lenkimpuls nach außen, und das Motorrad kippt nach innen. Eine Lenkkorrektur ist erforderlich, um den gewünschten Radius einzuhalten. Maßgeblich tragen folgende Parameter zum Aufstellen bei: Reifenbreite und Reifenkontur vorn, Karkasskonstruktion und Reifenluftdruck, Schräglage, Lenkgeometrie und Bremsverzögerung.

Versteifen beim Einlenken auf der Bremse
Ähnliche Faktoren wie beim Aufstellmoment in Schräglage sind auch für das Versteifen auf der Bremse in aufrechter Position des Motorrades verantwortlich. Also Reifenbreite, Karkasssteifigkeit, Reifenkontur, Lenkgeometrie und Fahrwerksabstimmung. Ebenso wie ein Aufstellmoment in Kurven, kann eine versteifte Lenkung zu gefährlichen Situationen führen, wenn der Fahrer mit etwas zu hoher Geschwindigkeit die Kurven anfährt und das Motorrad nur wiederwillig in Schräglage kippt. Auch hier muss mit einer mehr oder weniger hohen Lenkkraft gegen die Fahrtrichtung der Lenkimpuls eingeleitet werden. Dieser Vorgang erfordert jedoch einen konsequenten, kraftvollen Druck am kurveninneren Lenker.

Dank hervorragender Regeltechnik der kurventauglichen ABS ist dieses Manöver ohne die Gefahr einer Reifenblockade möglich. Bei Testfahrten im Rahmen von Entwicklungstests waren Schräglagen von weit über 20 Grad bei einer Verzögerung von über 8 m/s^2, also einer üblichen Vollbremsung, möglich. Womit natürlich auch Ausweichmanöver unter voller Bremsverzögerung möglich werden.

PRAXIS
BEGRIFFE FÜR LENK- UND KURVENVERHALTEN

Handlichkeit

Sie wird in erster Linie von folgenden konstruktiven Merkmalen bestimmt:

Das Maschinengewicht, das beim Einlenken und Schräglagenwechsel entscheidenden Einfluss auf die Handlichkeit hat.

Schwerpunktlage und Gewichtsverteilung, wobei eine leichte Frontpartie zwar die Lenkkraft reduziert, sich jedoch negativ auf die Lenkpräzision und Fahrstabilität auswirken kann.

Ein hoher Schwerpunkt beinflusst Handling und Agilität positiv, macht sich jedoch bei Fahrstabilität und Bremsverhalten (Überschlagsneigung) negativ bemerkbar.

Lenk- und Rahmengeometrie beeinflussen nicht nur die Lenkkraft, sondern machen sich auch bei konstanter Kurvenfahrt bemerkbar. Ein langer Nachlauf z.B. benötigt viel Kraft, um die notwendigen Lenkimpulse zum Richtungswechsel auszuführen. Ein langer Radstand erfordert einen größeren Lenkeinschlag und somit mehr Krafteinsatz. Bei Testfahrten kann über die Veränderung der Fahrhöhe durch Gabeldurchstoß oder Federvorspannung das Motorrad in die eine oder andere Richtung getrimmt werden

Die Reifenbreite und -kontur ist mit entscheidend für das Handling. Breite Reifen oder flache Reifenkonturen erfordern bei der gleichen Kurvengeschwindigkeit mehr Schräglage und höhere Lenkkräfte.

Mit zunehmender Geschwindigkeit entsteht ein überproportionaler Anstieg der Lenkkräfte. Die Lenkung wird steifer. Speziell bei Maschinen mit großen Raddurchmessern und/oder schweren Rädern beeinflussen Massenkräfte/Fliehkräfte die Handlichkeit negativ.

Neben den Kreiselkräften der Räder spielen auch die rotierenden Bauteile von Motor und Antrieb eine Rolle. Motoren mit großen Schwungmassen wirken sich nachteilig aus, da diese Massen bei einem Richtungs- und Schräglagenwechsel aus ihrer Drehebene bewegt werden müssen. Dabei spielt die Motordrehzahl eine entscheidende Rolle. Weshalb in schnellen Wechselkurven ein

Wer glaubt, der Lenkimpuls kann durch Gewichtsverlagerung ersetzt werden, möchte bitte hier Platz nehmen.

höherer Gang und entsprechend weniger Drehzahl oft spür- und messbare Vorteile bringt.

Die Ergonomie und vor allem die Lenkerbreite beeinflussen die subjektive Handlichkeit, weil sich die Lenkimpulse leichter übertragen lassen.

Durch Auf- oder Abtrieb und großflächige Verkleidungen können sich bei hohem Tempo aerodynamische Kräfte auf die Handlichkeit auswirken.

Ein Motorrad reagiert bei Richtungswechseln überwiegend auf den Lenkimpuls, also den Verdrehwinkel des Lenkers bzw. des Vorderrades. Eine Gewichtsverlagerung des Fahrers kann diesen Vorgang zwar unterstützen, aber niemals eine präzise und vor allem schnelle Kurvenfahrt einleiten. Ausgiebige Versuche mit einer Kawasaki Z 1000 und einem am Rahmen befestigten zweiten Lenker, der also keinerlei Lenkimpulse auslösen kann, demonstrierten dies klar und deutlich. Weder der Schenkeldruck am Tank, noch das bewusste Belasten einer Fußraste erzeugte den gewünschten Richtungswechsel. Bis etwa Tempo 100 km/h legt das Motorrad bei der Nutzung des Starrlenkers ein extrem instabiles, unberechenbares Fahrverhalten an den Tag, das weder durch Gewichtstransfer noch sonstigen Hokuspokus in den Griff zu bekommen ist. Einzig und allein mit sanften Bewegungen um die Lenkachse kann die Kawasaki präzise und sicher auf der Linie gehalten werden.

PRAXIS LENKVERHALTEN ÜBER DEN KURVENVERLAUF

Unterteilt in Einlenkphase, Rollphase und Beschleunigsphase:

Einlenkenphase (ohne Bremsen)

Gewünschte Eigenschaften
Exaktes Einlenken, Motorrad folgt der Blickführung mit geringem Widerstand.

Motorrad trifft die gedachte Fahrlinie ohne Lenkkorrekturen und lässt sich mit bester Präzision zum Scheitelpunkt der Kurve dirigieren.

Motorrad benötigt eine klar definierte, aber leichte, lineare bis leicht progressive Lenkkraft, um in Schräglage zu bleiben oder die Schräglage zu reduzieren.

Bodenwellen werden synchron und feinfühlig abgefedert, ohne dass eine Lenkkorrektur vorgenomen werden muss.

Unerwünschte Eigenschaften
Motorrad benötigt Lenkkorrekturen auf ebenem und welligem Belag, um den Radius zu halten, Verzögertes Umsetzen der Lenkbefehle.

Motorrad trifft den gewünschten Scheitelpunkt der Kurve erst verspätet.

Motorrad kippt unvermittelt in Schräglage und muss durch Drücken am kurvenäußeren Lenkerende gestützt werden.

Motorrad benötigt eine übermäßig hohe Lenkkraft, um in Schräglage gehalten zu werden, bzw. mehr Schräglage aufzunehmen.

ROLLPHASE, LENKVERHALTEN BEI KONSTANTER KURVENFAHRT

Erwünschte Eigenschaften
Klar definierte, gleichmäßige und lineare Lenkkräfte.

Gleichmäßiges, berechenbares Abkippen über den gesamten Schräglagenbereich.

Stabile Schräglage, die sich bei Bedarf mit geringem Lenkimpuls korrigieren lässt.

Motorrad hält die angepeilte kurze Linie zum Scheitelpunkt.

Klare Rückmeldung, speziell des Vorderreifens, um Reifenhaftung und Grenzbereich deutlich anzuzeigen.

Unerwünschte Eigenschaften
Ungleichmäßige Lenkkraft oder gar Wechsel der Lenkkraft (Ziehen statt Drücken) ab einem bestimmten Schräglagenbereich.

Motorrad benötigt eine übermäßig hohe Lenkkraft, um in Schräglage gehalten zu werden bzw. mehr Schräglage aufzunehmen.

Motorrad kippt unvermittelt in Schräglage und muss durch Drücken am kurvenäußeren Lenkerende gestützt werden.

BESCHLEUNIGUNGSPHASE LINIENTREUE / RUNNING-WIDE

Erwünschte Eigenschaften
Motorrad hält beim Beschleunigen mit geringer Lenkkraft die gewünschte kurze Fahrlinie.

Bei Sportmotorrädern kann auch ein leichtes Einkippen auf den engen Bogen positiv beurteilt werden. Dies erlaubt dem Fahrer ein frühes Beschleunigen bei wenig Schräglage auf dem kürzesten Weg.

Fahrzeugheck bleibt auch bei starker Beschleunigung stabil und schaukelt sich nicht auf.

Unerwünschte Eigenschaften
Motorrad drängt beim Beschleunigen auf den weiten Bogen und muss mit deutlicher Lenkkraft daran gehindert werden.

Fahrzeugheck beginnt sich beim Beschleunigen aufzuschaukeln und taumelt auf den weiten Bogen.

Zu beachten: Bei Auffälligkeiten sollten Lenkkopflager und ggf. Einstellung und Freigängigkeit des Lenkungsdämpfers sowie der Zustand der Bereifung/Luftdruck überprüft werden.

Analyse: Die Bewertungen erfolgen auf ebenen wie welligen Landstraßen mit unterschiedlichen Kurvenradien, von der Haarnadelkurve bis zu schnellen Wechselkurven mit zügigem Tempo, und in unterschiedlichsten Schräglagen. Ebenso in Wechselkurven und langen, weiten Bögen.

Die Lenkkraft in Schräglage sollte über den gesamten Bereich gleichmäßig verlaufen. Problematisch sind Motorräder, bei denen sich die Lenkkraft je nach Schräglage und Geschwindigkeit spürbar verändert oder gar umschlägt, also von »drücken« auf »stützen«.

Technischer Hintergrund: Die Lenkpräzision resultiert in erster Linie aus der Kombination von Rahmensteifigkeit, Lenkgeometrie, Reifenkonstruktion, Gewichtsverteilung, Schwerpunktlage und Feder-/Dämpfer-Abstimmung.

Gute Ergebnisse werden meist dann erreicht, wenn auf extreme Werte verzichtet wird. Verwindungssteife Radführungen, harmonische Reifenpaarungen, ausgewogene Feder-/Dämpfer-Abstimmungen, die wenig Eigenbewegung der Maschine zulassen, und ein guter Kompromiss der Lenkgeometrie zwischen Handlichkeit und Stabilität begünstigen die Lenkpräzision. Grenzwertige Geometriewerte (Lenkkopfwinkel steiler als 67 Grad, Nachlauf unter 90 mm) erzeugen erfahrungsgemäss einen schmalen Grat zwischen exzellenter Handlichkeit und nervöser Kippeligkeit.

Eine präzises und trotzdem stabiles Lenkverhalten ist für Motorräder aller Gattungen vom Tourer bis zum Supersportler extrem wichtig. Nur dann ist der Fahrer in der Lage, das Motorrad speziell in Wechselkurven durch ein Hinterschneiden der Fahrlinie sicher und trotzdem zügig zu bewegen. Diese Fahreigenschaften lassen sich durch eine kluge Ausrichtung der Geometrie, durch Anpassen der dynamischen Fahrhöhe (Federvorspannung, Gabel- oder Federbeinlänge) und die passende Bereifung sehr gut optimieren.

ACHTUNG: Abweichungen der Lenkeigenschaften in Links- und Rechtskurven sind ein Zeichen für:
- Spurversatz oder Schräglauf der Räder (Sichtprüfung)
- Asymetrische Gewichtsverteilung in der Längsachse durch außermittige Anbauteile wie Auspuff, Kardan, asymmetrisches Motorenlayout oder als Beispiel ausladende Doppelkupplungen.

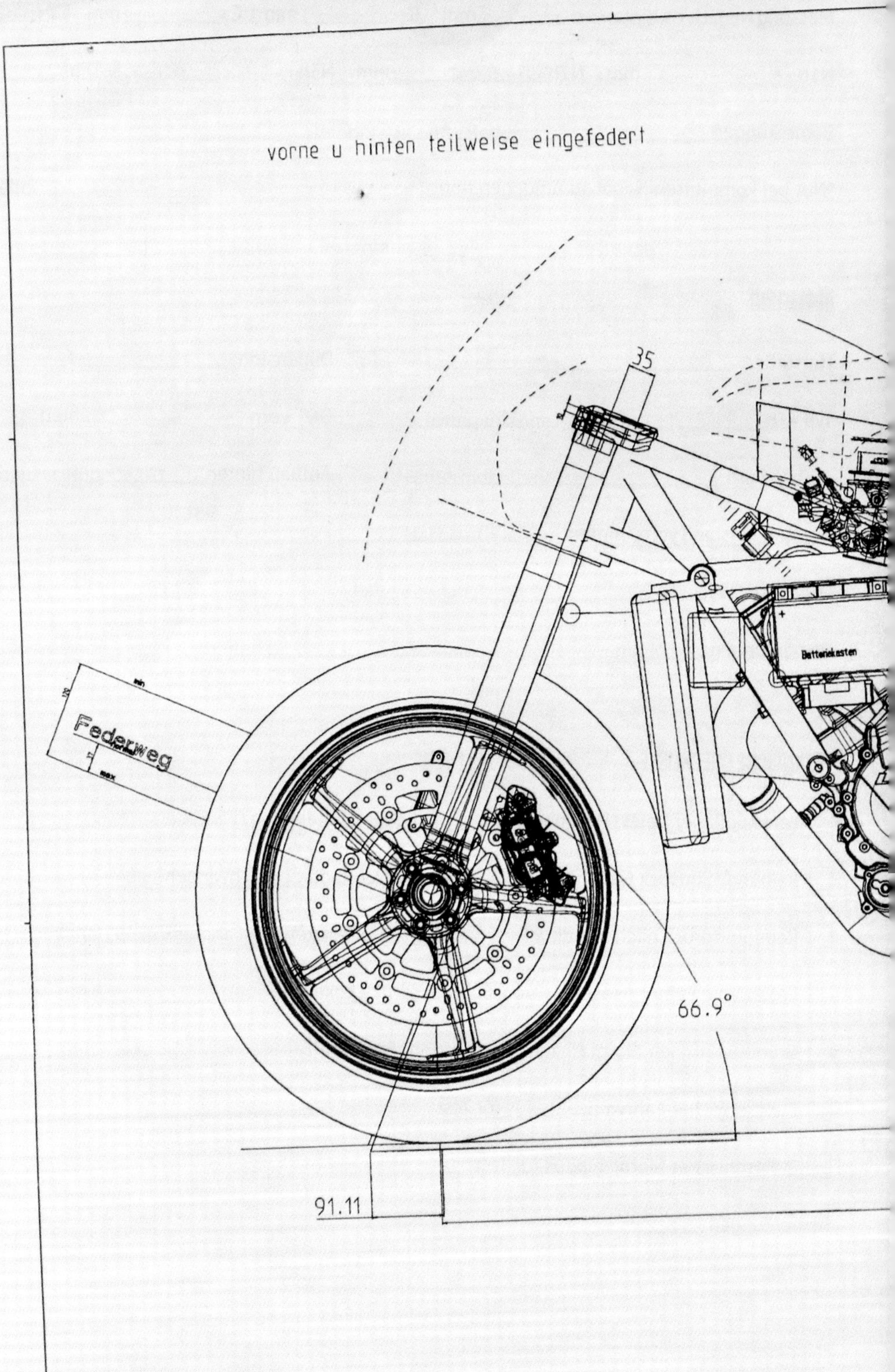
vorne u hinten teilweise eingefedert
35
Federweg
Batteriekasten
66.9°
91.11

Der Plan: Bis aus nahtlos gezogenem Präzisionsstahlrohr ein acht Kilogramm leichter und stabiler Rahmen, und letztendlich ein komplettes Motorrad wurde, gingen einige hundert Werkstattstunden ins Land.

KAPITEL 12

PRAXIS Fahrwerksprobleme, Ursache, Lösungen

- Probleme an der Telegabel, Feder und Dämpfung
- Probleme an der Hinterradfederung, Feder und Dämpfung
- Probleme bei Geometrie, Schwerpunktlage und Fahrhöhe

Die aufgelisteten Probleme können durch die vorgeschlagenen Lösungen reduziert oder behoben werden. Die technischen und mechanischen Änderungen und Messwerte sind in den Kapiteln PRAXIS 5 bis 9 detailliert aufgeführt und erklärt.

Bevor die Fahrwerksprobleme in diesem Kapitel analysiert und in Angriff genommen werden, muss das Motorrad dem in Kapitel 5 PRAXIS beschriebenen technischen Check unterzogen werden, um auszuschließen, dass ein verhältnismäßig einfacher Mangel wie etwa falscher Reifenluftdruck, eine verspannte Gabel oder viel zu weiche/harte Federn die Ursache darstellen.

Um die oftmals komplexen Zusammenhänge von Federung/Dämpfung und Geometrie zu verstehen, ist es auch ratsam, bei Fahrwerksproblemen die Grundfunktion von Telegabel und Hinterradfederung (TECHNIK Kapitel 3 und 4) zu studieren. Denn dort werden neben hilfreichen Tipps und Tricks zur Problemlösung auch die wechselseitigen Einflüsse der Veränderungen erklärt.

Generell sollte zuerst versucht werden, mit der einfachsten Lösung das Problem zu beheben. Beispiel: Bei einem Durchschlagen der Hinterradfederung zuerst die Federvorspannung überprüfen und einstellen, dann, wenn möglich, mittels mehr Druckstufendämpfung und erst als letzte Möglichkeit die Feder austauschen.

Die aufgeführten Probleme und Ursachen können je nach Fahrer/innen Gewicht und Fahrweise sehr individuell ausfallen. Generell geht es darum, für jedes Problem eine passende Lösung zu finden, die den Wünschen des Fahrers entspricht. Speziell die Auslegung der Feder- und Dämpferhärte muss den jeweiligen Ansprüchen angepasst werden.

Zu beachten ist auch, dass ein Problem durch mehrere Lösungsvorschläge behoben werden kann, wenn sich durch die Änderungen keine spürbare Verschlechterung in anderen Bereichen ergibt. Dies gilt speziell für die Veränderung der Lenkgeometrie, die entweder durch die Toleranzen in der Federvorspannung oder durch Änderung der Fahrhöhe bewerkstelligt werden kann. Wobei der Vorteil der Fahrhöhe (unterschiedliche Länge von Gabel oder Federbein) darin liegt, dass die einjustierten Negativfederwege nicht angetastet werden müssen.

LENKGEOMETRIE-VERÄNDERUNGEN

Um einen Überblick über die Veränderung der Lenkgeometrie zu bekommen, kann man sich an der angehängten Tabelle orientieren. Diese basiert auf gängigen Grunddaten von Radstand (1450 mm) Nachlauf (100 mm), Lenkkopfwinkel (66 Grad) und Radhalbmesser (≈295 mm, entspricht einer 120/70 ZR 17-Bereifung). Dabei entspricht eine Veränderung der Fahrhöhe von 25,3 mm einem

15 mm *steiler	10 mm steiler	5 mm steiler	Basis Geometrie	5 mm **flacher	10 mm flacher	15 mm flacher
≈66,6 Grad	≈66,4 Grad	≈66,2 Grad	66° Grad Lenkkopfwinkel	≈65,8 Grad	≈65,6 Grad	≈65,4 Grad
≈96,5 mm	≈97,6 mm	≈98,8 mm	100 mm Nachlauf	≈101,2 mm	≈102,4 mm	≈103,6 mm

**steiler bedeutet Heck höher oder Front tiefer; ** flacher bedeutet Heck tiefer oder Front höher. Bewährt hat sich das »Kippen«, also eine Kombination aus vorn halbe Höhenänderung und hinten halbe Höhenänderung. Beispiel: vorn 2,5 mm tiefer, hinten 2,5 mm höher. Macht gesamt zirka 5 mm »steiler«.*

Grad Fahrzeugwinkel und damit auch einem Grad Lenkkopfwinkel.

Diese Werte können mit kleinsten Abweichungen auch für Motorräder mit Geometrieabweichungen von plus/minus 1,5 Grad Lenkkopfwinkel, plus/minus 10 mm Nachlauf und plus/minus 25 mm Radstand verwendet werden.

ACHTUNG: Alle Änderungen an den serienmäßigen Einstellungen müssen mit aller Vorsicht vorgenommen werden, um ein mögliches Sicherheitsrisiko durch ein instabiles Fahrverhalten auszuschalten. Autor und Verlag übernehmen keinerlei Garantie oder Verantwortung für die aufgeführten oder empfohlenen Veränderungen und Einstellungen.

PRAXIS
PROBLEME AN DER VORDERRADFEDERUNG

TELEGABEL SPRICHT MECHANISCH SCHLECHT AN

Problem	Mögliche Ursachen	Lösung
▪ Spürbar hohe Losbrechkraft beim Drücken aus der Nulllage ▪ Unkomfortabel auf schlechten Straßen. Stöße werden in Lenkung und Fahrwerk eingeleitet ▪ Lenkung neigt beim Beschleunigen und in hohem Tempo auf holprigem Belag zum Lenkerschlagen ▪ Schlechte Vorderradführung auf holprigem Belag ▪ Trotz »harter Federung« wird der Federweg beim harten Bremsen oder bei tiefen Bodenwellen gänzlich ausgenutzt	▪ Gabelholme in den Gabelbrücken oder Achse verspannt oder mit zu hohem Anzugsdrehmoment montiert. Dadurch mechanische Reibung der Lagerungen am Tauchrohr zu hoch ▪ Vorderachse verbogen, dadurch verspannte Tauchrohre ▪ Gabelrohre sitzen verspannt in den Gabelbrücken (meist nach Unfall oder Transport mit unsachgemäßer Befestigung mit Spanngurten)	▪ Klemmungen der Vorderachse lösen, Gabel mehrfach durchfedern, Radachse und Standrohre in einen parallelen, spannungsfreien Zustand bringen und Klemmungen nach Drehmoment festziehen ▪ Bei Upside-Down-Gabeln Verzug/Ovalität der Standrohre im Bereich der unteren Gabelbrücke mit Mikrometerschraube messen ▪ Vorderachse demontieren und auf ebener Fläche abrollen oder auf der Drehbank auf Rundlauf prüfen ▪ Sollte sich keine Besserung einstellen, Gabel zerlegen, Oberflächen polieren, gründlich reinigen, Lagerschalen, Cartridge-Einsatz und Gabelrohre auf Verschleiß und Rundlauf/Verformung prüfen und Simmerringe sowie Gabelöl erneuern

FRONT UNKOMFORTABEL, MOTORRAD LENKT SCHWER EIN

Problem	Mögliche Ursachen	Lösung
▪ Stöße werden hart ins Fahrwerk eingeleitet ▪ Vorderrad neigt zum Springen und Abprallen ▪ Motorrad taucht auch beim harten Bremsen nur wenig ein ▪ Motorrad lenkt schwerfällig in Kurven ein ▪ Insgesamt unhandlich ▪ Neigt ab dem Scheitelpunkt zum Untersteuern	▪ Gabelfedern zu hart, Fahrhöhe an der Front zu hoch (unhandliche Geometrie, Negativfederweg N1 und N2 vermessen) ▪ Druckstufendämpfung zu hoch ▪ Gabel mit zu hoher Ölviskosität befüllt ▪ Gabelölstand zu hoch, dadurch zu progressive Federwirkung	▪ Weiche Gabelfedern montieren, Negativfederwege korrekt einstellen ▪ Druckstufen-Einstellung reduzieren ▪ Wenn nötig, dünnflüssigeres Gabelöl verwenden ▪ Ölstand nachmessen und gegebenenfalls verringern

FRONT INSTABIL, MOTORRAD TAUCHT BEIM BREMSEN ZU SCHNELL EIN

Problem	Mögliche Ursachen	Lösung
▪ Motorrad taucht beim Bremsen schnell und weit ein ▪ Schlägt beim Bremsen und auf Bodenwellen bis zum Anschlag durch ▪ Viel Bewegung bei Lastwechseln ▪ Federbalance zwischen vorn und hinten asymmetrisch ▪ Vermittelt wenig Gefühl fürs Vorderrad ▪ Unsicheres Lenk- und Fahrgefühl in Wechselkurven ▪ Kopflastig bei kurvigen Bergabpassagen	▪ Druckstufendämpfung im Mid- und Highspeed-Bereich zu gering ▪ Gabel mit zu dünnflüssiger Ölviskosität befüllt ▪ Gabelfedern zu weich, dadurch zuviel Bewegung in der Front ▪ Gabelölstand zu tief, dadurch zu wenig Federprogression	▪ Druckstufen-Einstellung erhöhen ▪ Wenn nötig dickflüssigeres Gabelöl verwenden ▪ Negativfederwege N1 und N2 vermessen, bei Bedarf härtere Gabelfedern verwenden ▪ Ölstand nachmessen und gegebenenfalls erhöhen

FRONT UNKOMFORTABEL, GABEL FEDERT ZU LANGSAM AUS

Problem	Mögliche Ursachen	Lösung
▪ Frontpartie federt beim »Drücken« im Stand zu langsam aus ▪ Fahrhöhe dadurch bei Bodenwellen und in Wechselkurven zu tief, wird unkomfortabel und fährt im »harten Federbereich« ▪ Instabil und kippelig auf Bodenwellen und in welligen Kurven ▪ Gabel saugt sich beim Bremsen im tiefen Bereich fest	▪ Zugstufendämpfung zu hoch ▪ Gabel mit zu dickflüssiger Ölviskosität befüllt	▪ Zugstufen-Einstellung reduzieren ▪ Wenn nötig dünnflüssigeres Gabelöl verwenden ▪ **ACHTUNG:** Eine reduzierte Zugstufendämpfung senkt bei konventionellen Cartridge-Telegabeln auch die Druckstufendämpfung, die, wenn möglich, dann in Richtung »hart« korrigiert werden muss. Ausnahme: die Split-Gabel

FRONT INSTABIL, GABEL FEDERT MEHRFACH NACH

Problem	Mögliche Ursachen	Lösung
▪ Frontpartie federt zu schnell aus ▪ Front schwingt beim »Drücken« im Stand mehrfach nach ▪ Unruhe bei Schräglagenwechsel ▪ Permanente Unruhe auf Bodenwellen ▪ Schlechte Rückmeldung	▪ Zugstufendämpfung zu gering ▪ Gabel mit zu dünnflüssiger Ölviskosität befüllt	▪ Zugstufen-Einstellung erhöhen ▪ Wenn nötig dickflüssigeres Gabelöl verwenden ▪ **ACHTUNG:** Eine erhöhte Zugstufendämpfung verstärkt bei konventionellen Cartridge-Telegabeln auch die Druckstufendämpfung, die, wenn möglich, dann in Richtung »weich« korrigiert werden muss. Ausnahme: die Split-Gabel

GABEL TAUCHT BEIM BREMSEN WEIT EIN, OBWOHL FEDERRATE, VORSPANNUNG UND DRUCKSTUFEN-EINSTELLUNG STIMMEN

Problem	Mögliche Ursachen	Lösung
▪ Gabel geht beim Bremsen und tiefen Bodenwellen auf Block	▪ Luftpolster viel zu groß, baut keine stabile Federwirkung auf	▪ Luftpolster auf einen passenden Wert verkleinern

GABEL BLOCKT BEIM BREMSEN UND BEI TIEFEN BODENWELLEN AB

Problem	Mögliche Ursachen	Lösung
▪ Motorrad fühlt sich frontlastig an, Gabel funktioniert aber im normalen Fahrbetrieb ohne Auffälligkeiten ▪ Frontpartie federt jedoch beim Bremsen bis auf einen spürbaren Anschlag durch ▪ Motorrad wirkt beim Einlenken und in Kurven sehr agil bis kippelig ▪ Vorderrad springt beim harten Bremsen und verliert den Grip	▪ Gabelfedern zu wenig vorgespannt (Negativfederweg N1 und N2 vermessen), Gabel federt deshalb bis auf den Hydrostopp durch ▪ Luftpolster viel zu groß	▪ Federvorspannung und Negativfederwege kontrollieren und gegebenenfalls einstellen ▪ Genutzten Gesamtfederweg mittels O-Ring oder Kabelbinder kontrollieren ▪ Gabelölstand kontrollieren und wenn nötig erhöhen

FRONT BLOCKT BEIM BREMSEN AB, OBWOHL NOCH AUSREICHEND FEDERWEG VORHANDEN IST

Problem	Mögliche Ursachen	Lösung
▪ Stöße werden hart ins Fahrwerk eingeleitet ▪ Motorrad taucht beim Gas Wegnehmen und Bremsen nur wenig ein ▪ Vorderrad neigt zum Springen und Abprallen	▪ Luftpolster viel zu klein. Dadurch Abblocken des Federwegs durch zu hohen Gabelölstand	▪ Luftpolster kontrollieren und auf ein passendes größeres Maß einstellen

FRONT FÜHLT SICH SEHR ZÄH UND UNSENSIBEL AN

Problem	Mögliche Ursachen	Lösung
▪ Sehr unkomfortabel auf schlechtem Belag ▪ Stöße werden fast ungefiltert an den Fahrer weitergeleitet ▪ Bei hohem Tempo auf schlechtem Belag Tendenz zum Lenkerschlagen	▪ Zug- und Druckstufe überdämpft, notwendige Federbewegungen werden von der Hydraulik blockiert	▪ Zug- und Druckstufendämpfung reduzieren, wenn nötig Viskosität des Gabelöls reduzieren

FRONT BEWEGT SICH BEI LASTWECHSELN ZUVIEL, MOTORRAD FÜHLT SICH INSTABIL AN

Problem	Mögliche Ursachen	Lösung
• Gute Stoßabsorbtion, aber wenig Gefühl fürs Vorderrad • Gabel federt beim Drücken mehrfach über die Nulllage	• Zug- und Druckstufe unterdämpft, Gabel erlaubt damit zuviel Federhub bei Lastwechsel und Bremsvorgängen	• Zug- und Druckstufendämpfung erhöhen, wenn nötig Viskosität des Gabelöls erhöhen

PRAXIS
PROBLEME AN DER HINTERRADFEDERUNG

HINTERRADFEDERUNG SPRICHT MECHANISCH SCHLECHT AN

Problem	Mögliche Ursachen	Lösung
• Spürbar hohe Losbrechkraft beim Drücken aus der Nulllage • Unkomfortabel auf schlechten Straßen • Stöße werden ins Fahrwerk eingeleitet • Lenkung neigt beim Beschleunigen und in hohem Tempo auf holprigem Belag zum Lenkerschlagen • Schlechte Hinterradführung auf holprigem Belag	• Lagerstellen/Kugelköpfe am Federbein oder Umlenkung schwergängig. Dadurch mechanische Reibung mit hoher Losbrechkraft	• Umlenkung zerlegen, Oberflächen gründlich reinigen, alle Lager auf Verschleiß und Freigängigkeit prüfen

HECK UNKOMFORTABEL, MOTORRAD SPRINGT REGELRECHT AUF HOLPRIGEM BELAG

Problem	Mögliche Ursachen	Lösung
▪ Stöße werden hart ins Fahrwerk eingeleitet ▪ Hinterrad neigt zum Springen und Abprallen ▪ Motorrad lenkt zu agil und kippelig in Kurven ein ▪ Insgesamt nervös und instabil	▪ Druckstufendämpfung speziell im Low- und Midspeed-Bereich zu hoch ▪ Federrate viel zu hoch (Negativfederwege N1 und N2 vermessen) ▪ Federvorspannung viel zu hoch ▪ Reifen mit zu stabiler Karkasse montiert ▪ Speziell für schwere Tourenmotorräder werden oftmals Reifen mit einem verstärktem Unterbau angeboten. Diese haben einen Buchstaben oder Code als Kennung und sind nicht für leichte, sportliche Motorräder geeignet	▪ Druckstufen-Einstellung reduzieren, bei Federbeinen ohne diese Verstellung kann auch die Zugstufe reduziert werden, da die Nadel auch die Druckstufe beeinflusst ▪ Federbein umbauen lassen ▪ Weichere Feder verwenden ▪ Negativfederwege korrekt einstellen ▪ Reifen mit weicherer Karkasse montieren

HECK INSTABIL, MOTORRAD FEDERT BEI BODENWELLEN UND IN SCHRÄGLAGE ZU SCHNELL UND ZU TIEF EIN

Problem	Mögliche Ursachen	Lösung
▪ Schlägt auf Bodenwellen bis zum Anschlag durch, speziell bei Zuladung oder mit Sozius ▪ Hinterrad vermittelt wenig Gefühl ▪ Unsicheres Lenk- und Fahrgefühl in Wechselkurven ▪ Federbein taucht in Kurven durch die Fliehkräfte bis auf den Anschlagpuffer ein (Kabelbinder als Kontrolle) und beansprucht die Reifenschulter als Federung. Folge: starkes Pumpen am Heck. Wird oft fälschlicherweise einer zu geringen Zugstufendämpfung angelastet	▪ Druckstufendämpfung speziell im im Mid- und High-speed-Bereich zu gering ▪ Tragfeder zu weich, dadurch zuviel Bewegung und wenig Durchschlagschutz (Negativfederwege N1 und N2 vermessen) ▪ Verlust des Gasdruckes im Federbein oder Undichtigkeiten im Stoßdämpfer (Blow-by)	▪ Druckstufen-Einstellung erhöhen, bei Federbeinen ohne diese Verstellung kann auch die Zugstufe erhöht werden, da die Nadel auch die Druckstufe beeinflusst ▪ Federbein umbauen lassen ▪ Negativfederwege N1 und N2 vermessen, bei Bedarf härtere Feder verwenden ▪ Federbein auf Undichtigkeit überprüfen (lassen)

HECK UNKOMFORTABEL, FEDERT ZU LANGSAM AUS

Problem	Mögliche Ursachen	Lösung
▪ Fahrhöhe bei Bodenwellen und in Wechselkurven hinten zu tief, wird unkomfortabel und fährt sich im »harten Federbereich« fest ▪ Unkomfortabel und instabil auf Bodenwellen und in welligen Kurven ▪ Heck saugt sich beim Beschleunigen und in Wechselkurven im harten Bereich fest, Motorrad neigt am Kurvenausgang zum Untersteuern (Running-wide)	▪ Zugstufendämpfung speziell im Low- und Midspeed-Bereich zu hoch	▪ Zugstufen-Einstellung reduzieren ▪ Wenn nötig Federbein umbauen lassen ▪ **ACHTUNG:** Eine geringere Zugstufendämpfung reduziert bei Federbeinen ohne Wechselventil auch die Druckstufendämpfung, die, wenn möglich, dann in Richtung »hart« korrigiert werden muss

HECK INSTABIL, ÜBERFEDERT BEIM AUSFEDERN DEUTLICH

Problem	Mögliche Ursachen	Lösung
▪ Heck federt zu schnell aus, bei tiefen Bodenwellen regelrechtes Auswerfen ▪ Heck schwingt beim »Drücken« im Stand nach ▪ Unruhe bei Schräglagenwechsel ▪ Permanente Unruhe auf Bodenwellen ▪ Schlechte Rückmeldung	▪ Zugstufendämpfung zu gering ▪ Undichtigkeiten im Stoßdämpfer (blow-by) durch Verschleiß ▪ Federvorspannung viel zu hoch	▪ Zugstufen-Einstellung erhöhen ▪ Wenn nötig Federbein umbauen oder reparieren lassen ▪ Negativfederwege vermessen und einstellen ▪ **ACHTUNG:** Eine stärkere Zugstufendämpfung erhöht bei Federbeinen ohne Wechselventil auch die Druckstufendämpfung, die, wenn möglich, dann in Richtung »weich« korrigiert werden muss

HINTERRAD RATTERT UND SPRINGT AUF HOLPRIGEM STASSENBELAG

Problem	Mögliche Ursachen	Lösung
▪ Reifen verliert auf holprigem Belag an Haftung ▪ Laute Klackergeräusche beim Überfahren von holprigen Passagen und Schlaglöchern	▪ Zuviel Spiel zwischen Schwinge und Federbeinaufnahme durch radiale Luft in den Lagerstellen	▪ Höhenspiel am Hinterrad prüfen ▪ Spiel an Federbeinaugen und im Umlenksystem überprüfen, verschlissene oder fehlerhafte Lager durch spielfreie Neuteile ersetzen

MOTORRAD FÄHRT SICH SPEZIELL BEI LANGSAMEM TEMPO SEHR INSTABL UND KIPPELIG

Problem	Mögliche Ursachen	Lösung
▪ Motorrad kippelt bei langsamer Fahrt um die Längsachse. Lässt sich dabei nur mit ständigen Korrekturen auf Kurs halten ▪ Schlechte Lenkpräzision in Kurven ▪ Neigt bei hohem Tempo zum Pendeln	▪ Lenkungsdämpfer mit zu hoher Dämpfkraft oder zuviel Reibung ▪ Zu straff eingestelltes Lenkkopflager ▪ Lenkkopflagerschalen eingelaufen. Verhindert eine absolut freigängige Lenkung und erfordert lästige Lenkkorrekturen	▪ Lager des Lenkungsdämpfers auf absolute Freigängigkeit überprüfen ▪ Dämpfkraft weicher einstellen oder durch Nachrüstbauteil mit weniger Dämpfkraft und Reibung ersetzen ▪ Lenkkopflager korrekt ohne Spiel einstellen. Bei manchen Motorradtypen muss das Lager mittels Federwaage vorgespannt und eingestellt werden ▪ Defekte Lagerschalen erneuern

LENKUNG AUF HOLPRIGEM BELAG SEHR NERVÖS

Problem	Mögliche Ursachen	Lösung
▪ Motorrad neigt zum Lenkerschlagen beim Beschleunigen oder auf holprigem Belag. ▪ Klappergeräusche auf schlechten Straßen und beim Bremsen im Lenkkopfbereich ▪ Verstärkte Motorvibrationen im Lenker	▪ Lenkkopflager mit zu viel Spiel. Dadurch reduziert sich der Reibungswiderstand im Lager, der ähnlich wirkt wie ein Lenkungsdämpfer	▪ Lenkkopflager korrekt ohne Spiel einstellen. Bei manchen Motorradtypen muss das Lager mittels Federwaage vorgespannt und eingestellt werden

MOTORRAD LENKT SCHWERFÄLLIG UND TRÄGE

Problem	Mögliche Ursachen	Lösung
• Motorrad benötigt bereits beim Rangieren hohe Lenkkräfte, Lenkung fühlt sich teigig und indirekt an • Motorrad stellt sich beim Bremsen stark auf. Muss dabei mit hoher Gegenlenkkraft auf der gewünschten Linie gehalten werden • Lenkpräzision in Kurven mangelhaft	• Luftdruck im Vorderrad zu gering. Dabei entsteht eine zu große Aufstandsfläche des Reifens, Lauffläche und Seitenwand sind zu instabil • Reifen mit ungünstiger, meist zu flacher Kontur montiert • Reifenverschleiß zu hoch oder schlechtes Verschleißbild durch eckig abgefahrene Lauffläche	• Luftdruck nach Angaben des Reifenherstellers einstellen • Reifentyp mit weniger »Aufstellmoment« und besserer Handlichkeit montieren • Neue Reifen montieren

HECK INSTABIL, SPEZIELL AM KURVENAUSGANG UND IN WECHSELKURVEN

Problem	Mögliche Ursachen	Lösung
• Motorrad neigt beim Beschleunigen in Schräglage und beim Schräglagenwechsel zum Pumpen, benötigt hohe Lenkkraft, um die gewünschte Linie zu fahren	• Luftdruck im Hinterrad zu gering, Reifen walkt unter Belastung stark, Reifenaufstandsfläche erhöht sich stark außermittig, stellt die Maschine auf und drängt zum Kurvenaußenrand • Reifen mit zu flexibler Karkasse montiert	• Luftdruck nach Angaben des Reifenherstellers einstellen • Reifen mit stabilerer Karkasse montieren • Speziell für schwere Tourenmotorräder werden oftmals Reifen mit verstärktem Unterbau angeboten. Diese haben einen Buchstaben oder Code als Kennung

PRAXIS
PROBLEME BEI GEOMETRIE UND SCHWERPUNKTLAGE

TRÄGES LENKVERHALTEN BEIM EINLENKEN UND IN WECHSELKURVEN

Problem	Mögliche Ursachen	Lösung
▪ Motorrad benötigt eine hohe Lenkkraft, um den Kurvenscheitelpunkt exakt zu treffen ▪ Am Kurvenausgang drängt das Motorrad auf die weite Linie (Running-wide)	▪ Lenkkopfwinkel zu flach, Nachlauf zu groß	▪ Lenkkopfwinkel und Nachlauf durch Kippen (3 Millimeter vorn tiefer, 3 Millimeter hinten höher) handlicher einstellen. Dazu entweder die Toleranz der Federvorspannung oder die Verstellmöglichkeiten der Fahrhöhe (Gabel und Federbeinlänge) nutzen. Schwerpunktlage und Schwingenwinkel ändern sich beim Kippen nur minimal

NERVÖSES LENKVERHALTEN BEIM EINLENKEN UND IN WECHSELKURVEN

Problem	Mögliche Ursachen	Lösung
▪ Motorrad fühlt sich extrem kippelig und überhandlich an, kippt am Scheitelpunkt ungewollt noch weiter in Schräglage und muss ständig korrigiert werden	▪ Lenkkopfwinkel zu steil, Nachlauf zu klein	▪ Lenkkopfwinkel durch Absenken des Hecks in5-Millimeter-Schritten stabiler einstellen und den Anti-Squat-Effekt abschwächen. Dazu entweder die Toleranz der Federvorspannung oder die Verstellmöglichkeiten der Fahrhöhe (Gabel und Federbeinlänge) nutzen ▪ Für den Rennsport sollte der Einbau längerer Topoutfedern im Federbein für einen weicheren oberen Federbereich in Betracht gezogen werden

Gute Fahrt: Letztendlich geht es uns auch in diesem Buch um nichts anderes als ums Motorradfahren. So schön und sicher wie möglich. Und das gelingt um so besser, wenn das Motorrad messerscharf und präzise sich auf der vorgegebenen Linie einfädelt. In diesem Sinne: viel Vergnügen.

BRIDGESTONE
Neu
für 2021
BATTLAX SPORT TOURING T32
BATTLAX SPORT TOURING T31
STOP
BATTLAX SPORT TOURING T32
PULSE GROOVE

GABEL ZU WEICH ?
Geballte Fahrwerkskompetenz für noch mehr Fahrspaß: mit den Sortimenten von WIRTH, BITUBO, IKON, ÖHLINS und YSS.
Progressive Gabelfedern, jetzt **poliert** (keine Reibung, keine Geräusche). Dazu Federbeine, Ion- und Gel-Batterien und Zubehör.
04189/811020
wirth-federn.de
W!RTH
FEDERN

KONI
ikon
suspension
50 YEARS OF MOTORCYCLE SUSPENSION
KIMPHI KFZ-Teile GmbH
Roermonderstraße 2
D-41372 Niederkrüchten
0049 - (0)241 - 51566956
WWW.IKONSHOCKS.COM